浙江省普通本科高校"十四五"重点立项建设教材

浙江省普通高校"十三五"新形态教材

医疗设备维修工艺
（第二版）

郑万挺　陈允玉　蔡志敏　曹国全　主编

科学出版社

北　京

内 容 简 介

本书以实用为原则,介绍医疗仪器维修的基础知识,并针对医院常用、具有代表性的医疗仪器进行详细阐述,包括血压计、电动吸引器、医用雾化器、医用注射泵、分光光度计、多参数监护仪、全自动酶标仪、化学发光免疫分析仪、人工呼吸机与麻醉机、血液透析设备、普通 X射线摄影设备、CT 成像设备、磁共振成像设备、医用电子直线加速器、制冷系统、医用气体系统的类型、结构、原理、故障现象分析与故障排除、维修方法。本书从实用维修角度介绍,内容深入浅出、条理分明,涵盖的医疗设备种类广,前沿知识容量大。

本书可作为生物医学工程、临床工程技术、医疗器械制造与维护及相关专业的教材,也可供各级医院、医疗单位从事医疗设备维修、管理等相关工作的医学工程技术人员学习与参考。

图书在版编目(CIP)数据

医疗设备维修工艺 / 郑万挺等主编. -- 2 版. -- 北京 : 科学出版社,2024. 6. --(浙江省普通本科高校"十四五"重点立项建设教材)(浙江省普通高校"十三五"新形态教材). -- ISBN 978-7-03-078981-5

Ⅰ. TH77

中国国家版本馆 CIP 数据核字第 202436338E 号

责任编辑:潘斯斯 / 责任校对:王 瑞
责任印制:师艳茹 / 封面设计:迷底书装

科 学 出 版 社 出版
北京东黄城根北街 16 号
邮政编码:100717
http://www.sciencep.com

北京九州迅驰传媒文化有限公司印刷
科学出版社发行 各地新华书店经销
*
2017 年 6 月第 一 版 开本:787×1092 1/16
2024 年 6 月第 二 版 印张:20 3/4
2024 年 6 月第九次印刷 字数:489 000
定价:85.00 元

《医疗设备维修工艺(第二版)》编委会

主　编　郑万挺（温州医科大学）

　　　　陈允玉（温州医科大学附属第一医院）

　　　　蔡志敏（温州医科大学附属第一医院）

　　　　曹国全（温州医科大学附属第一医院）

编　　委(按姓氏笔画排序)

　　　　金珏斌（温州医科大学附属第一医院）

　　　　周垂柳（温州医科大学附属第一医院）

　　　　闻彩云（温州医科大学附属第一医院）

　　　　郭明柔（温州医科大学附属第一医院）

　　　　凌伟丽（温州医科大学附属第一医院）

　　　　黄少花（温州医科大学附属第一医院）

　　　　缪　妙（温州医科大学附属第二医院）

前　　言

党的二十大报告指出："推进健康中国建设。人民健康是民族昌盛和国家强盛的重要标志。把保障人民健康放在优先发展的战略位置，完善人民健康促进政策。"保障人民健康是一项系统工作，站在新的历史起点，推进健康中国建设，需要精准对接人民群众更加重视生命质量和健康安全的新需求、新期盼，统筹推进预防、治疗、康复、健康促进等工作。因此，医疗设备是促进卫生健康事业加快发展，更好满足人民群众卫生健康服务需求，提高广大人民群众健康水平的医之重器，也是提升医学诊疗水平的重要手段。

现代医疗设备是综合了机械、电子、计算机、超声、核物理、化学、光学、新材料和传感器等一系列技术的高科技产品。随着我国现代医疗技术的迅猛发展以及医学对现代医疗设备的依赖性越来越强，当前医疗设备在现代诊疗活动中扮演着越来越重要的角色，它大大提高了临床诊治能力和水平，也为医院带来了可观的经济效益。

医疗设备在使用当中，不可避免地会出现各种故障，影响设备的正常使用，只有正确的分析常见故障，并且及时准确地维修、维护和保养，才能确保设备的正常使用。医疗设备的正常运转是医院开展医疗业务的重要保证，医疗设备维修工作为临床第一线提供有力的技术支持和保障，是医疗设备管理工作中的重要环节，直接关系到医院的发展。医疗设备维修工艺是具备医疗器械制造和维修保养基础理论知识，从事医疗器械生产、维修和销售等工作的高级技术应用性专门人才必须掌握的技术之一。本书编写的目的是使广大生物医学工程等专业的学生和医疗企事业单位内从事医疗设备维修的技术人员不断提高专业维修技能，解决医疗设备在使用及维修中出现的问题。

本书由温州医科大学生物医学工程系教师和温州医科大学附属第一医院及第二医院资深工程师根据多年从事医疗设备维修教学的经验体会，联合编写而成，针对性和实用性强，符合行业需求和专业特色，体现了"以生为本，医工融合，注重实践，促进创新"的教学理念。全书围绕各种不同种类医疗设备的原理与维修，深入浅出、简明扼要地进行阐述。全书共十八章。第一章介绍医疗设备的分类、特点及维修需要掌握的基础知识；第二章讲解常用电子元器件的识别和维修工具的介绍；第三章至第八章介绍使用面广、故障率高、维修频繁的小型医疗设备，如血压计、电动吸引器、医用雾化器、医用注射泵、分光光度计、多参数监护仪的原理、故障分析思路及维修方法；第九章至第十二章重点从分析电路、气路、光路、液路等方面的故障入手，全面地介绍较为复杂的大型医疗设备，如全自动酶标仪、化学发光免疫分析仪、人工呼吸机与麻醉机、血液透析设备的原理、故障现象、故障排除；第十三章至第十六章介绍大型放射影像类医疗设备，如普通 X 射线摄影设备、CT 成像设备、磁共振成像设备、医用电子直线加速器的原理、常见故障现象及检修方法；第十七章介绍医疗设备制冷原理及制冷系统维修操作技能、冷却系统的检修与保养；第十八章介绍医用气体系统的设计。书中所介绍的维修方法、故障分析与处理，都是作者多年实践证明和工作经验的积累。希望通过对医院常用的、极具代表性的各种医疗设备原理与故障现象分析和处理的介绍，能够对读者起到举一反三的效果，指导读者在实际维修工作中对各种不同类型的医疗设备故障尽快做出准确的判断并有效处理，使医疗设备的使用寿命得到延长。

书中部分重点知识的拓展内容配有视频讲解，读者可以扫描相关二维码进行学习。

本书由温州医科大学的郑万挺，温州医科大学附属第一医院的陈允玉、蔡志敏和曹国全担任主编。温州医科大学附属第一医院的金珏斌、周垂柳、闻彩云、郭明柔、凌伟丽、黄少花，温州医科大学附属第二医院的缪妙等参与了本书的编写、排版和校对等工作。本书在编写过程中，得到了各级部门和有关专家的关怀、支持与指导，在此表示由衷的感谢和崇高的敬意！

由于作者水平和经验有限，尽管做了很大的努力，但书中难免会有疏漏之处，敬请广大读者批评指正。

作　者

2023 年 12 月于温州

目　　录

第一章 概 论

本章讨论医疗设备分类、维修的基本知识技能和检修故障的一般步骤，针对检查和判断故障的一般方法进行较全面地讨论与分析，使初学者建立医疗设备维修初步的感性认识，为今后的工作实践打下基础。

第一节 医疗设备的分类和特点

医疗设备是医院医疗行为正常运行的物质基础。随着医疗设备功能的逐渐强大，临床医师无论诊断还是治疗，都越来越离不开医疗设备。医疗设备用于临床，但国内外至今没有统一、公认的名称，例如，美国食品药品监督管理局（Food and Drug Administration，FDA）定义为医学设备（medical device），英国的药品和保健产品监管署（Medicines and Healthcare products Regulatory Agency，MHRA）称之为卫生设备（health equipment），我国国家药品监督管理局（National Medical Products Administration，NMPA）颁布的《医疗器械监督管理条例》中称为"医疗器械"，并有明确的定义，国内行业内的常用名称还有"医用设备""医疗设备"等。但各种名称的内涵基本一致，即用于医学领域中的有显著专业技术特征的物资与装备的总称，包括器械、设备、软件、器具、材料和其他物品。习惯上，往往将列入固定资产管理范围并具有相对复杂的结构和能完成较复杂功能的医疗器械称为医疗设备。医疗器械中的一些简单的固定资产并不属于本书研究的医疗设备范畴，如基础外科类手术器械、器械台、器械柜等。

医疗设备种类繁多，价值从几十元到几千万元不等。对于高价值的正电子发射断层成像/计算机断层扫描（positron emission tomography/computed tomography，PET/CT）仪、直线加速器（linear accelerator）、多排螺旋 CT（multi-slice computed tomography，MSCT）、磁共振成像（magnetic resonance imaging，MRI）设备等，这些设备的体积都较大，需要一两百平方米的机房，有些甚至要一个大的楼层；低价值的只有几十元，如血压计等。对于有些大型医疗设备，一个高素质的工程师终身为之服务也有可能不能掌握其全部的关键技术；而小型设备又往往不能引起足够的重视，认为更换一台就可以了，没有必要做进一步的修理；在对待中档设备的问题上，又不可能用专职专责的人员来进行维护和修理。为了较全面地剖析医疗设备的特点和维修规律，本章首先介绍医疗设备的分类，其次介绍医疗设备的特点，再次介绍维修仪器的基本步骤和规则，最后对其他相关的问题进行探讨。

一、医疗设备的分类

医疗设备可以有很多的分类方法，有按设备的结构特征，即它的结构是以光学结构为主还是以机械结构为主或其他的功能特征为主来进行分类的。按设备的功能，医疗设备可分为治疗设备、诊断设备、辅助设备等。

（一）治疗设备

在医疗活动中，仪器参与的功能起治疗作用，如直线加速器、呼吸机（respirator）、麻醉机（anesthetic equipment）、血液透析机（hemodialysis machine）、人工心肺机（artificial heart-lung machine）、高频电刀（endotherm knife）、手术导航系统（surgical navigation system）、腹腔镜（laparoscope）、高压氧舱（hyperbaric oxygen chamber）、准分子激光器（excimer laser）、超声碎石机（ultrasonic lithotrite）以及理疗科的一些仪器设备等。研制新的治疗设备是当今时代的发展趋势，现代化的大型医院所拥有的大型治疗设备越多，其实力就越强。

（二）诊断设备

医院中这类设备占大部分，其形式多种多样，依其特征可分为如下几种类型。

1. 影像设备

影像设备包括 MRI 设备、计算机断层扫描（computed tomography，CT）仪、超声诊断仪（ultrasonic diagnostic apparatus）、数字化 X 射线摄影（digital radiography，DR）设备、单光子发射型计算机断层扫描（single photon emission computed tomography，SPECT）仪、正电子发射断层扫描（positron emission tomography，PET）仪等。这类设备的特点是在人体器官几乎没有损伤或损伤很少的情况下，对人体内部组织器官的解剖结构或生理特征做出有无疾病的判断。另一更明显的特点就是这类仪器设备在检查前先要对人体施加一个能量，可以是超声波，也可以是 X 射线或强磁场等，在外加能量或物质的干预下，人体内一些潜在的参数被激发出来，然后对这些参数进行收集或检测，从而判断人体组织器官有无形态或功能的变化。这就像想知道一个池塘里大概有多少条鱼而不一定要把池塘的水抽干来数鱼有几条一样，可以用撒网等很多方法来间接地知道水中大概有多少条鱼及多少类型的鱼，这就是黑箱理论。如图 1-1 所示，对不明物体加入一个又一个不同的激励信号，然后检测输出信号，对一系列输出信号进行分析，就可以间接地知道其黑箱大概是什么。像这种需要外加能量才能获得的信息称为被动信息。

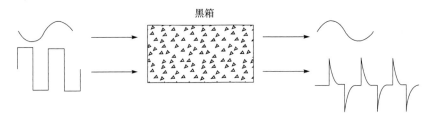

图 1-1　黑箱理论示意图

实际上，图 1-1 所示的黑箱是一个微分电路。

2. 生理仪器

生理仪器包括心电图机（electrocardiogram，ECG）、脑电图机（electroencephalograph，EEG）、肌电图机（electromyograph，EMG）、血压计（blood-pressure meter）、肺功能仪（pulmonary function meter），以及由这些所派生的仪器设备，如心电监护仪（electrocardiogram monitor）、多道生理记录仪（multi-channel physiology recorder）、24小时动态心电图（holter）等。这一类仪器的特点是人体中这些信号原本就存在，不需外来干扰，人们所做的事情就是对这些信号用相应的仪器设备进行比较简单的放大或处理，这一类仪器所获得的信息称为主动信息。

3. 临床检验仪器

临床医学检验是采用各种实验室检查方法和技术，对来自机体的血液、体液、排泄物、分泌物及组织细胞等标本进行一般性状观察，以及理学、化学、免疫学、病原学和显微镜等检查，为疾病筛查和诊断提供准确的检测结果。

根据临床用途，临床检验仪器可分为以下 8 类。

（1）分离分析仪器：离心机（centrifugal machine）、色谱仪（chromatograph）、电泳仪（electrophoresis apparatus）等。

（2）临床形态学检测仪器：显微镜（microscope）、流式细胞仪（flow cytometry）等。

（3）临床化学分析仪器：分光光度计（spectrophotometer）、生化分析仪（biochemistry analyzer）、尿液分析仪（urine analyzer）等。

（4）临床免疫分析仪器：酶标仪（ELISA instrument）、化学发光免疫分析仪（chemiluminescence immunoassay analyzer）等。

（5）临床血液分析仪器：血细胞分析仪（hematology analyzer）、血液凝固分析仪（blood coagulation analyzer）等。

（6）临床微生物检测仪器：血培养检测系统（blood cultivating detection system）、微生物鉴定和药敏分析系统（microbial identified and susceptibility system）等。

（7）临床基因分析仪器：聚合酶链反应（polymerase chain reaction，PCR）核酸扩增仪、DNA测序仪（DNA sequencer）等。

（8）其他临床实验仪器。

4. 光学设备

光是一种自然现象。因为人们的眼睛接收了物体发射、反射或散射的光，所以才看到客观世界中斑驳陆离、瞬息万变的景象。眼睛是人类感官中所接收到外界信息量最大的途径。在临床中，光学设备主要包括以下几类。

（1）眼科光学仪器：裂隙灯（slit lamp）、检眼镜（ophthalmoscope）、眼底照相机（fundus camera）等。

（2）显微镜：生物显微镜（biological microscope）、手术显微镜（operating microscope）等。

（3）内窥镜：硬式内镜（rigid endoscope）、纤维内镜（fiber endoscope）。

（4）医用激光仪器：各类眼科激光治疗仪等。

5. 其他类型的设备

诊断设备除了上述四种类型外，其余的可归为其他类型的设备，如看片灯（negatoscope）等。

（三）治疗和诊断兼顾的设备

有一类设备既可以用来诊断，又可以用来治疗，如数字减影血管造影系统（digital subtraction angiography，DSA）等。

（四）辅助设备

辅助类医疗设备主要包括消毒供应中心的清洗消毒器（washer-disinfector）、蒸汽灭菌器（steam sterilizer）、低温等离子灭菌器（low temperature plasma sterilizer），病理科的组织脱水机（tissue processor）、石蜡包埋机（paraffin embedding machine）、切片机（microtome）等。

二、医疗设备的特点

由于医疗设备作用于人体，因此它相对于民用电器在价格上要高得多，在许多方面有特殊的要求，综合起来有如下几个方面。

（一）安全性

安全性分为患者的安全和医护人员的安全。

1. 患者的安全

医疗设备与患者身体密切接触，而大部分医疗设备都是用 220V 市电，因此就必须对其做特殊的处理。对于电生理仪器（如心电图机），必须引入隔离电路，其漏电流必须小于 10μA；对于插入人体内的电极，其要求更加苛刻。超声对人体的安全阈值为 100mW/cm^2，对于孕妇和小孩，应该尽可能把超声发射功率调小（胎儿的声强要小于 20mW/cm^2）。CT、X 射线机（X-ray apparatus）等产生辐射线的设备要经过现场测试，在保证图像质量的前提下医护人员必须以尽可能少的剂量来照射患者。对于一些治疗仪器的使用更要慎重，诊断床或治疗床的推进或拉出不能碰到患者，使用发射型计算机断层扫描（emission computed tomography，ECT）仪检查时，注射了放射性核素的患者在一定的时间内要与普通人分离，而心脏起搏等装置的使用更要慎重。

2. 医护人员的安全

患者只接触一次或一段时间后就脱离其可能有危害的环境，而医护人员则不然，医护人员和仪器设备是长期共处的，因此医护人员每次哪怕接受平常患者的万分之一射线也不行。例如，^{60}Co 机、后装机因为卡源而伤及医护人员甚至致其死亡的事件时有发生。

（二）精确性

精确性这一点尤其重要，因为精确性是医疗仪器的生命。医生凭借临床检验数据来判断患者的病情，如果数据出错，超过临界值，其结果可想而知。设备不精确的原因主要有两个：一个是仪器本身有缺陷，这就需要对仪器进行维修或校准；另一个是工作人员使用不当。

（三）方便和可操作性

一切仪器的使用都是为了使患者得到更好的诊治。因此，CT 的诊断床就必须能让患者舒适地躺着，而且其可自由地伸缩。有些仪器设备，如 B 型超声诊断仪（B-mode ultrasound diagnosis instrument，B 超）、心电图机、X 射线机都方便携带，从而可以方便地获得危重患者的第一手资料。

三、医疗设备的结构特征

医疗设备千变万化，那么它们的结构特征到底有没有规律可言呢？人体可以分为消化系统、呼吸系统、神经系统、运动系统等，对于某一特定类别的仪器设备，人们也可以细致地分析它的结构组成，但对于大多数医疗设备，怎样分析它们共有的、普遍的结构特征呢？

（一）诊断类医疗设备的构成

从信息的角度来看，可以把诊断设备分为信息的获得、信息的转换、信息的传输、信息的放大、信息的处理，以及信息的显示、存储和记录，如图 1-2 所示。以 B 超为例，设备通过 B 超探头向人体发射超声脉冲（向人体施加外加能量——超声波），经过人体一系列组织的吸收和作用，反射回来的微弱超声波又进入探头中的压电晶体（信息的获得），完成了声电转换（信息的转换），在探头中的信号非常微弱，要适当地加以放大，然后通过电缆传送到主机内（信息的传输），接下来再进行进一步地放大（信息的放大），并把干扰波和调制波滤除或抑制（信息的处理）。通过扫描转换电路（scan conversion circuit）把超声信号转换成图形信号表露在显示器上或用打印机打印出来（信息的显示、存储和记录）。对于一些仪器，其中的某一个或几个环节可能没有或不需要，但诊断类或检验类仪器的结构基本上是这样的。

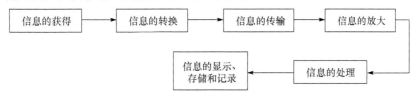

图 1-2　诊断类医疗设备结构框图

（二）治疗类医疗设备的构成

大部分的治疗仪器是向人体发送某一类型的能量或物质，这类医疗设备的结构特征可以由图 1-3 表达，以直线加速器为例。

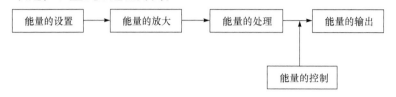

图 1-3　治疗类医疗设备结构框图

第二节　医疗设备维修应具备的基础知识和技能

一、具备的基础知识

"维修"一词包含两层意义：维护和修理。

维护是指仪器的性能检测、调整、定期校准与部分元器件的更换工作，以及在运输、存储和使用中的保养工作（如清洁除尘、加油、加水、加气、换电池等）；修理是指仪器设备出现故障后，检查故障和清除故障，使仪器设备达到既定技术指标，恢复正常工作。

维修的分类有两个视角。按维修时间划分可分为事后维修和预防性维修；按维修后设备的运行状态划分，可分为不完全维修、完全维修、最小维修、较差维修和最差维修。其中，预防性维修（也称预防性维护）是以预防故障为目的，通过对设备的检查、检测，发现故障征兆，以消除潜在故障或为防止故障发生，使其保持在规定的功能状态所进行的各种维修活动。预防性维修是防止设备故障发生的有效手段，是对故障后果会危及安全和影响任务完成，或导致较大经济损失的关键性设备采用的一种维修方式。

维修是一个非常复杂的脑力和体力的综合活动过程。设备维修的过程既要在不断的失败中度过，又要通过维修人员不断地努力和锲而不舍地坚持才有可能使设备完好如初。一位高素质的工程师除了对待维修的仪器设备能熟练地掌握和使用，更与本身的维修经验、基础知识的掌握程度、心理素质、维修时的心境，甚至非专业知识有关。因此维修人员不能心急，要耐着性子、甘于寂寞。其与维修人员手头上掌握的资料（电路图、元件手册、仪器使用说明书、同行间的维修文献等）、维修工具是否先进、配件是否齐全等也有极大的关系。总体来说，维修人员应具备以下条件。

（一）技术资料

1. 技术说明书或维修手册

这两种类型的资料一般都记载着仪器设备各部分的技术要求和参数，这是维修时的重要参考依据。只要按要求的指标进行维修，修复后就能达到原技术要求。

一般在这两种资料中还提供一些该机常见故障及其排除方法，尽管有的并不完善，但总能提供一些对实际维修操作起一定参考作用的维修方法。

2. 结构（框）图和装配图

结构（框）图标出各单元的相互连接关系，装配图标出各单元的装配位置。这两种图可帮助维修人员了解仪器设备各部分间的连接方式和位置，为维修带来了很多方便。

3. 电路原理图

维修人员只有对仪器设备的电路原理有充分的认识和理解，结合实践经验，才能在修理过程中少走弯路，尽快找出故障所在，并很快予以排除，尤其对那些较为复杂或隐蔽的故障更是如此。

4. 印刷电路图

印刷电路图将电路原理图所用元器件及标号直接印刷在图上，一目了然，检查起来十分方便。否则，在查找实物位置、测量元器件性能时将浪费许多时间。

5. 元器件明细表

元器件明细表记录着各元件的名称、规格和参数等，可作为维修中更换元器件的指标依据，有些明细表中还指出了该元件在电路中所起的作用，以及相同型号的元器件的数量。

6. 参考资料

针对一些中大型医疗设备，专业期刊或书籍会有同行的使用心得、维修经验和故障排除的记录。记录中会对某一故障点专门做系统、详细的描述，甚至还会给出故障前后的波形图和电压参数等。初学者多查阅这些资料，对于提高其自身功底、积累经验，成为一名合格的维修工程师是很有助益的，对形成自己的维修风格和该类论文的撰写也很有好处。

7. 网络支持

借助计算机网络可以查找相关的信息和资料。

（二）维修工具和测试仪器

（1）一套小型组合工具，如电烙铁、镊子、剪刀、一字起子、十字起子、尖嘴钳、斜口钳、老虎钳、吸锡器、锉刀等。

（2）万用表，最好是多功能的数字式万用表，可以测量电容量、二极管极性等参数。

（3）示波器是检修中的"眼睛"，用于观察和测试各种单元电路信号的波形及幅度、频率、相位等，最好选用频率为 20～100MHz 的双踪示波器。

（4）信号发生器有音频、高频、脉冲、锯齿波信号发生器，也有用于某一特定设备的信号发生器，如用于校正电视机性能的电子源（电视信号发生器）。

（5）备用电源，仪器设备的某些部件可以独立地进行修理，这就必须有独立的电源供给其工作，如交直流电源和可调的交直流电源，交直流电源中有多组的固定或可调的输出。

（三）备件

对于加快排除和发现故障点、更好更快地修理，备用一些常用的电阻、电容、电感、二极管、三极管、数字或模拟集成电路、光电器件等无疑是必要的。

一些中大型的仪器设备往往是积木式结构，售后服务好的厂家会提供许多备板（容易出故障模块的备用电路板），当怀疑是哪一个部件出现问题时，如果手头上有备板来替代，就可以明显地加快维修的进程。从这个意义上来说，如果手头上的备件越多，仪器设备修理的成功率就越高。

二、具备的基本技能

并不是随便什么人都可以从事仪器设备的维修工作。如果一台仪器设备由不合格的人员来修理，可能越修越糟，故障越搞越大，最后会到不可收拾的地步。只有深刻理解设备原理和充分掌握维修技术的人员才能完成修理任务。维修人员至少应具备以下一些基本要求，并掌握一些基本技能和相应的知识。

（一）焊接技能

除了焊接一般的分立电子元件，焊接技能还包括在印刷电路板上焊接集成电路元器件，以及从印刷电路板上取下与替换元器件等。

1. 焊接工具

维修仪器设备常用功率为 20～40W 的内热式电烙铁，要求外壳接地，用三线插头接入 220V 市电时，插座上的地线也必须妥善接地。

焊接集成电路时，采用恒温式电烙铁可以避免元件过热损坏。

取下损坏元器件时，常用吸锡器、带吸锡器的电烙铁、铜丝纺织带（吸除多余焊锡）、电热吹风枪（用于取下损坏的集成电路）以及专用烙铁头等。

2. 焊锡与焊料

应选用含锡量高、熔化温度较低的焊锡，以保证锡的流动性好，焊点光滑。焊料常用松香或松香粉溶于乙醇做成的助焊剂等，不得用焊油作为焊料。

3. 焊接要点

焊点或引线应预先刮净氧化物，吃好锡；烙铁头上也应吃锡良好、使锡在焊料的作用下能均匀地焊到焊点上。

焊接场效应管和 MOS（metal-oxide-semiconductor）集成电路时要特别当心，不要带电焊接以防止电烙铁漏电或静电影响造成击穿。

要严防虚焊（焊接不良），因为虚焊是故障的直接原因之一，所以掌握焊接技术与善于发现"虚焊点"都是维修工作中不可缺少的。

（二）能熟练掌握各种基本电子元器件的性能和测试方法

现代医用电子仪器设备中不仅大量采用各种类型的电阻器、电容器、电感器、半导体元件、集成电路块、光电器件、继电器、电机、电表等元件，还采用各种传感器、微处理器、显示器等器件，要修理好仪器设备，必须熟练掌握这些电子元器件的性能和测试方法。

（三）能熟练使用测试设备对整机性能进行测试

会利用万用表测电路中的电压、电流等参数；会利用示波器观察和测试电路中的信号波形及其参数；还会应用一些特殊仪器对电路其他一些性能进行测试，如用逻辑分析仪测试数字电路的逻辑功能等。

（四）能熟练将电路图和相应的实物进行对照

对于所维修的仪器设备，根据电路图，对照实物找出各测试点及相应元件，就能顺利进行工作。但对于初学者，面对色彩斑斓、纵横交织的实物，很难与电路图联系起来，因此其工作速度很慢。这时可以一方面熟悉电路图，另一方面反复做对照练习，利用印刷电路板图或实物印刷板，查清每个单元电路以及整机电路，了解布线规律，最后做到看实物就如同看电路图一样。看图或看实物时，对于一个比较复杂的整机，一定要先弄清其原理框图，再按框图的指引，逐个去查对，最后达到对整机有一个全面了解。

在修理的过程中，常遇到无说明书及其他资料的情况，这就需要根据实物绘出电路原理图，以便修理时胸有成竹。这个过程可以分两步走，先根据实物相互位置和联系线画出实体装配图（引线的颜色、晶体管引脚的排布等都在图上标出），然后根据实体装配图绘出电路图。

掌握好这项技能，能面对实物的布线，头脑清晰地检查与处理故障，事半功倍。

（五）能灵活运用各种故障检查方法

仪器设备故障的原因和损坏的程度千差万别，修理时，为了查找故障，可以用不同的方法，采用不同的检查程序，以尽快找出故障的根本原因。实际检修时，维修人员的工作经验、学识水平和灵活采用检查故障方法的能力等，将起决定性的影响，能力越强，效率越高。该项能力的提高，丝毫不能离开实践，应在实际修理工作中仔细观察，认真分析，不断总结经验。

（六）能够掌握基本操作技术

现代医用电子仪器设备常包含光学、精密机械零部件、电子、微机等技术内容，所以维修人员除了懂得所维修仪器的基本原理，还应掌握光学与精密机械零部件的安装、拆卸与清洗、加油调整等基本操作技能。例如，一些光学零件的安装位置误差常以 $10\mu m$ 来计算，这就需要借助仪器或用手动调节来达到，其紧固螺钉的松紧要恰到好处等。

（七）应具有维修安全意识

1. 维修人员自身安全

维修人员自身安全主要包括用电安全、防范机械夹碰、生物感染、激光伤害、烫伤或冻伤等。

在用电与带电维修时，维修人员要懂得安全知识，有良好的操作习惯（如单手操作等），特别在维修底板带电的仪器设备中存在高压的情况下，不致受到电击。

在调试机械部件时，维修人员要避免维修时因全神贯注而被运动部件撞击或夹持。

在维修检验仪器时，维修人员需要采取防护手段，避免在维修过程中皮肤破损而产生生物感染的风险。所有接触过阳性患者的医疗设备送修前，都需要经过必要的消毒处理。

在维修低温设备时，维修人员须防止冻伤。在维修高温设备时，维修人员须等待充分冷却后再进行修理，防止烫伤。

2. 仪器设备的安全

仪器设备的安全指采用合理的维修方法和程序，保证不致进一步损坏机件与扩大故障范围。为此必须做到以下几点：①修理前应搞清原理，不可盲动；②尽量掌握利用非通电检查故障的方法；③仔细分析故障现象及其产生的原因；④正确运用各种检测故障的方法和选用可靠的替换件等；⑤当用检测仪器查找故障时，应正确地选择测试点，以及选取合适的量程，以保证检测仪表不致损坏。

（八）应培养观察、分析的能力并养成记录的习惯

维修时，应强调维修者必须培养在发现故障时的观察、分析能力，并能养成及时记录的良好习惯，全部记录在专用记录本中，此原始资料是分析与总结的依据。

对于初次接触维修的工作者，应该设法做一些动手实验，制作一些简单装置，如简易电疗仪等实用装置，通过简单的设计装配、调试、校准、刻度、消除故障的训练，为以后维修工作打下基础。

（九）良好的沟通能力

故障有时是非常复杂的，单凭现场维修工程师一个人无法处理，需要与资深工程师、使用人员等进行深入的面对面、电话、邮件沟通。因此，良好的沟通能力是不可或缺的，特别是口头表达能力，包括口齿的清晰度、用词的准确性、语意的清晰度、术语和专用名词的使用等。

其中，术语和专用名词的使用非常重要。名词是人与人之间交流的基础，婴儿最早学会的"爸爸""妈妈"也都是名词。概念的定义，也是推理的起点。术语和专用名词构建了一个行业的话语体系，听不懂行内话，那就是外行人。因此，在设备维修过程中，术语和专用名词是跟其他人准确交流的基石；而初学者对这些名词非常陌生，所以有意识地强化术语和专用名词训练是非常有必要的。

良好的沟通需要注意以下几个要点：沟通前先澄清概念；明确沟通的真正目的，希望得到什么；考虑沟通时的背景、环境及条件；重视双向沟通，正确理解；沟通中运用通俗易懂的语言，条理清楚、有层次，少用长句，意思要明确，注意非语言的表达；认真倾听对方讲话、有耐心、不轻易插话、不打断别人的表达；善于提问，搞清问题；言行一致，心平气和，感情真挚；进行有必要的反馈；不仅着眼于现在，更着眼于未来，不能只顾一时的满足。

（十）知识面

维修工作对维修人员的知识面要求比较广，特别是随着现代医用电子仪器设备的精密度、复杂程度的提高，维修人员需要具备的知识面会越来越广阔和深化，这是不言而喻的。

维修现代医用电子仪器设备一般应具备以下几方面的知识。

（1）电工基础、电子线路和现代医用电子仪器设备知识。

（2）微型电子计算机方面的知识。随着医用电子仪器设备智能化，由微型电子计算机控制的设备或系统不断涌现，所以进行维修工作要求维修人员一定要具有微型计算机硬件和软件方面的知识，没有一定的理论和实践素养势必寸步难行。

（3）电子仪器设备可靠性问题。许多电子仪器设备的故障，可以归结为仪器在设计、制造与使用中忽视可靠性技术或可靠性管理的结果。

（4）计量测试方面的知识。经修理后的电子测量仪器，都需要进行性能检测，根据测量所得的数据，计算其误差，务必使其满足仪器技术指标规定的要求。掌握有关计量方面的知识，力所能及地建立一些能满足预定准确度要求的计量标准，如频率标准、时间标准、电压标准、温度标准等。

三、故障产生的规律

在仪器设备的使用早期，出现故障的可能性较高，主要原因是元器件的质量不佳、筛选老化处理不严格、装配工艺上的缺陷、设计不合理以及人为的操作失误等，此时仪器设备的可靠度较低，故障发生率较高。这一时期称为早期故障期，故障常发生在电子元器件上。

经过一段时间运行后，仪器设备的元器件、机械结构等都已逐步适应正常的运行状态，故障发生率较低，而且一般以偶然性故障居多，仪器设备处于最佳工作状态，这一时期称为有效使用期。

经过长期运行以后，尤其是元器件、机械结构的损耗、磨损程度逐渐增加，仪器故障发生率又逐渐上升，这一时期称为仪器的损耗故障期。故障多见于机械零部件、光学零部件等。

在以使用时间为横坐标、故障率为纵坐标的坐标系中，设备的故障率曲线两头高、中间低，有些像浴盆，所以称为"浴盆曲线"。

四、故障的种类及产生的原因

（一）人为引起的故障

这类故障是由操作不当引起的，一般由操作人员对操作过程不熟悉或不注意所造成。例如，心电图机接地不良造成的各种干扰就属于这类故障。

这类故障轻则导致仪器不能正常工作，形成虚故障，重则可能损坏仪器。因此，在操作使用前，必须熟读用户使用说明书，正确了解仪器的操作步骤，规范操作，才能减少这类故障的产生。

（二）仪器设备质量缺陷引起的故障

（1）元器件质量不好引起的故障。这类故障是因为元器件本身质量不好，同一类元件发生故障是具有一定规律的。

（2）设计不合理引起的故障。这类故障有时会导致有关元器件频繁损坏，有时则可能使仪器性能下降而无法正常工作。

（3）装配工艺上的疏忽引起的故障。这类故障多在装配过程中因虚焊、接插件接触不良以及各种原因引起的碰线、短路、断线、零件松脱等而产生。

（三）长期使用后的故障

这类故障与元器件使用寿命有关，因各种元器件老化所致，所以是必然性故障。大多数器件长期使用后，均会出现故障，如光电器件、显示器件的老化，机械零件的逐步磨损等。各类元器件的使用寿命差别很大，因此要使仪器能够长期正常工作，除了对易损元件加强维护，及时更换这类器件也不失为一种积极手段。

（四）外因所致的故障

仪器设备使用环境的条件不符合要求，常常是造成仪器故障的主要外因。一般环境条件指的是市电电压、温度、湿度、电场、磁场、振动、接地电阻等因素。因此，在使用中，除了选择合适的环境，还要特别注意防尘、防潮、防蚀、防热、防震等日常维护工作，以减少此类故障的发生。

第三节 检修故障的一般步骤

一、准备工作

（1）修理人员会同送修人员一起落实仪器设备是否存在故障，若确实存在，则应首先办好交接手续。

（2）登记设备名称、型号、使用单位及使用人，以及故障现象、发生过程和故障前使用情况等，特别注意故障是缓慢发生的还是突发性的。

（3）尽量收集使用说明书、维修说明书（最好有线路图、印刷电路图、装配图）等资料。

（4）在动手之前，一定要注意熟悉所修仪器的工作原理、使用方法等，分析电路及整机结构，避免贸然行动造成故障范围扩大等恶果。

二、查找故障

这是修理过程中的重要一步，其过程大体可分为三个阶段。

（1）不通电做感观检查。先不通电，检查设备是否存在接插件接触不良、电子元件是否存在烧坏的痕迹或气味等，观察仪器设备内部是否存在短路等现象。

（2）不通电用万用表做简单测试。在不通电情况下，用万用表测各种电源对地的电阻，以判断电源负载有无短路现象，若有则应先排除，在确信无短路现象后再进行通电检查。

（3）通电检查。仪器设备通电后，首先密切观察是否有冒烟、打火、异味等现象，一经发现应立即停止通电；排除这一故障后再按上述的过程来检查，直至查出故障原因。

有些仪器设备说明书上介绍有检修程序，可供参照执行；如果没有检修程序，修理者可根据准备情况及所了解的情况自行编制。熟练的维修工作者也可凭自己积累的经验和知识迅速查出故障。

三、分析故障

在查出故障原因后，应分析故障的根源，这对修理是很重要的，对防止日后故障的复发也非常有意义。

四、处理故障（排除故障）

在确定故障产生的部位、原因以后，即可处理（排除）故障。一般要注意以下几点。

（1）拆下或焊下元器件时，一定要有全面的记录，并在仪器上做适当的记号。

（2）元器件更换时，必须先关机再拔出电源插头，以防操作时损伤仪器或危及人身安全。断电后要注意高压部分及储能元件仍有较高的能量，不可马上触碰，必须等到放电完毕以后方可接触。

（3）应按仪器原来的技术和设计要求更换元器件，否则轻则造成仪器性能下降，重则使故障再次发生。

（4）更换晶体管、集成电路时要注意焊接技术，以防虚焊、烧坏、电击穿等现象产生，焊点要可靠。集成电路不能随便用手拿下来，手要良好接地。

（5）调换机械零部件时，应注意换上的零部件在承受压力、规格、精度方面是否符合要求，并记清装配顺序以免装错等。

（6）对如光学元件等精细元件更换或修复时，一定要谨慎进行，按说明书要求进行更换。

（7）对于难以处理和无把握处理的故障，应请资深工程师、专家或与厂家联系，由专人修理，千万不能勉强行事。

五、调整和校准

（1）更换或修理元器件或机械零部件后，首先通电调整，使仪器设备能正常工作。

（2）测试仪器设备的主要参数，如果仍未满足原设计要求，必须反复调整电路使参数满足要求；有些电路必须校准，如调谐放大器的中心频率、倍频回路、标准分压电路等；对频率、表盘刻度必须重新进行定标。

六、小结

仪器修理好后，整理和补充修理过程中的记录，写出修理报告，总结修理经验，积累仪器的资料，必要时用户将维修信息反馈给制造厂或制造厂反馈给用户。

第四节　检查和判断故障的一般方法

通过观察和触摸等方式发现仪器明显故障和简单故障的方法，在实际工作中是必要和常用的。可是这些方式对仪器的实质性故障却无能为力，必须采用其他方法来检查判断。仪器故障的检查和判断方法很多，但并非在一次检查中各种方法都能用得到，有时仅采用一种方法就可以查出故障，有时则需用几种方法才能解决问题，这些方法之间是相互关联的，因此一定要在长期实践中不断摸索总结经验，勤于实践，才能提高对这些方法的综合运用能力，迅速排除故障。

常用的检查和判别故障的方法很多，本书介绍以下几种。

一、万用表检查法

这是检查仪器故障常用而又重要的一种方法，有一大半故障可以用这种方法检查和判断出来。通过用万用表对电压、电流、电阻、电容、晶体管、集成电路块进行检查来确定故障。使用中要注意普通指针式万用表（其内阻和灵敏度有高低之分）与数字式万用表存在某些差别，以及它们对被检电路的影响。用内阻较低的万用表测电压时，可能改变被检电路的工作状态，带来较大的误差。

许多故障都与电压有关，所以检查电压在许多情况下是首选的方法。例如，某台仪器无输出，首先应该考虑是否有电源电压，可以用万用表从电路的输出向输入方向检查各级电源电压，如果无电压，当然无能量来源，所以就没有输出。查出无电源电压，还需进一步缩小故障范围，进一步检查电源电路，直至查出故障点。

二、电流的检查

实际检修中，如果发现电压正常而仍有故障，可以通过测量电流来判断故障产生的原因及故障点等。因电流和电压存在一定关系，同检查电压一样，也可以通过电流的测试判断故障。例如，对于 X 射线电视系统中的摄像管，有时它的各级工作电压基本与正常值相符，但就是不能正常工作，这时可以测量它的阴极电流（一般正常值为 $120\mu A$ 左右），如果太小，则说明是由它的阴极发射能力降低而造成的，可以降低阴极负压来增大发射电流，直至出现满意图像。

三、电子元器件的检查

（一）电阻、电容的检查

如果怀疑电阻、电容元件损坏，首先应了解该元件的数值及在电路中的连接，再用万用表在不通电时粗略测量一下，如果与在电路中估算数值不符，可焊下单独测量，判别是否已损坏。也可以在通电的情况下，测试电阻、电容上的电压或电流，以判断是否损坏，但一定要了解所测电阻或电容在电路中的作用原理。用万用表检查电容，只能检查击穿、漏电、失效等，不能测试其规格，要测试规格只能利用测试电容器的专用仪表。

（二）晶体管的检查

在通电情况下，检查晶体二极管和三极管各电极之间的电压是否正常，但要注意它们是工作在模拟信号电路中，还是工作在数字脉冲电路中（或其他电路中），也就是说，要搞清楚它们在电路中的作用，否则难以判断正确。经过通电时的初步判断，再焊下用万用表检查它们是否损坏。

（三）集成电路块的检查

首先应弄清集成电路块的功能、引脚连线等，在通电情况下用万用表测试各引脚直流电压是否正常，可大致判断是否损坏。由于集成块和功能块的类型繁多，不一定都可用万用表检查出故障来，这就必须借助其他测试仪器设备进行检查，如用示波器观察波形、用逻辑分析仪测试逻辑功能等。

四、信号跟踪法（用示波器检查）

示波器有电子眼之称，它对故障检查不但能定性也能定量分析。信号跟踪法是信号检测、放大、处理等信号传送通道中检查故障最有效的手段。其具体方法是根据不同的信号要求，用不同类型的示波器（低频或高频、单踪或双踪显示等）由前级向后级逐级观察信号是否畅通、有无畸变等情况，以确定故障的范围。这不但适用于各种模拟信号的检查，还适用于脉冲数字电路、图像处理电路等的信号跟踪检查。此外，可以对这些信号的幅度、形状参数（如上升沿、下降沿等）、频率、相位等进行定量测试，将这些测得参数与正常参数进行比较，即可找到故障范围。有些仪器的电路原理图上标有各测试点的标准波形，与用示波器测量实际工作电路相应测点的波形进行比较，即可迅速查出故障点。

五、信号注入法

对于某些具有信号通道的电路，可以采用某种信号注入通道中，再用示波器跟踪检查信号，从中查出故障范围。常采用的信号注入法有如下几种。

（1）用干扰信号注入。空间中的各种强大的电磁波（特别是 50Hz 交流电磁波）可以通过人体感应产生人体信号源（干扰源）。这种信号源靠近被检电路通道的输入端，即可注入信号通道中，这时再用示波器逐级观察，就可以进行跟踪检查，直至找到故障范围。

（2）利用信号发生器产生的正弦波、方波、锯齿波、图像信号等作为信号，向相对应的通道逐级加入输入端，用示波器观察输出端来进行信号检查，既快速又能定量分析，是较为标准的方法，但携带不方便。

六、逐级分割法

这种方法也是常用的检查方法之一，即将故障范围逐渐缩小，直至最后查出故障点。首先判定故障的大致范围，将这个范围再分割成若干部分，分别逐一进行检查，找到存在故障的那一部分。依次类推，将存在故障的部分再分割，逐一检查，直至确定故障发生在哪一些或哪一个元器件上。

七、等效替换法

等效替换法是指当判定所修理的仪器在各种电源电压正常的条件下时，用另外正常的元件、单元甚至系统去逐一替换具有故障嫌疑的相应元件、单元和系统等，再观察故障是否排除，以找出故障点。这是一种行之有效而又十分方便的方法，通常各种集成块的检修均可采用这种方法。

当仪器有备件时，可以利用备件进行替换，如果没有备件，也可采用同一型号完好的设备，通过交换相同功能单元的插板，迅速判断故障范围。

目前由于仪器设备集成化、模块化程度的提高，采用这种方法进行维修更具有优越性，使用频率也更高，但维修成本也可能随之增高。要特别注意，故障仪器设备的各种直流稳压电源一定要保证正常，否则将很可能损坏替换的正常元器件等。

等效替换法实际上还是排除故障的常用手段，因为使用各种检查手段、方法能够查出故障范围，但常常难以确定故障点。故障点一般是失效的元器件等，有时难以从外观上或用仪表进行判断，因此只能借助于等效替换法以最终作出正确判断。

八、对照法

在进行故障检查时，可以准备一台同型号但必须是完好的正常仪器设备，即可以进行对照检查。

（1）不通电对照检查。最好先采用其他检查方法，确定故障大致范围，然后在不通电情况下，用万用表电阻挡分别测试两台电路（在大致故障范围内）中所有节点之间的电阻或节点对地电阻，并一一进行对照，若发现相差较大，即可找出故障点。

（2）通电对照检查。在确定故障大致范围后，通电情况下，对两台仪器在故障大致范围内的电路中进行电压（工作点）、工作波形等的对照检查，可将故障范围缩小，直至查出故障点。

九、电容旁路法

当用示波器查到电路中有自激振荡、噪声、干扰或电源纹波较大时，可以选择适当的测试点，利用适当容量的电容器临时跨接在测试点与参考接地点之间，以旁路（交流短路）掉有害噪声、干扰等交变信号，可判断干扰等的来源。例如，若接上电容后干扰消除，说明干扰源是在电路交流短路之前产生的，否则就是在其之后产生的，并继续向前或向后移动交流短路点，即可查出干扰等有害信号产生处。

要特别指出，旁路电容选择要适当，必须能较好地旁路掉有害信号。如果采用电解电容器，切勿将电容先与较高的直流电位点相接后不经放电，立即又去短接其他测试点，否则会导致新的故障。

十、暴露法

某些仪器出现故障时隐时现，造成一些假象，给维修工作带来困难。

当使用仪器时发现存在故障，但并不十分肯定时，首先应了解是因使用操作不当，还是确属质量有问题。对于仪器内部确实有故障的情况，修理时可通过以下方法，让问题暴露出来。

（一）连续工作法

让仪器连续工作数小时，机内升温，随时注意观察仪器的变化，看是否出现故障现象。

（二）振动法

用橡皮锤或手拍打仪器外壳，或轻拍印刷电路板及接插件等，使接触不良暴露出来。注意不能拍得过猛，以免损坏元器件。此法不一定见效。

（三）烘烤法

对于开机一段时间才能工作的仪器可考虑用此方法。可用 20W 电烙铁在距离元件

1cm 左右进行烘烤，顺序是先半导体器件后阻容元件，当烤到某个元器件故障消失时，说明此元器件存在故障，更换后再进行测试。

（四）冷却法

此法可用于当遇到工作一段时间后，由于温度升高出现故障现象，停机一段时间后再开机又正常的情况。开机后出现故障，用无水乙醇棉球对怀疑的元器件逐个散热 1min 左右，如果故障消失，即可找出出现故障的元器件。

十一、点焊法和清洁法

（一）点焊法

这种方法用于故障时有时无，而且机器受震动后故障更明显的情况，其原因是内部接触不良或焊头虚焊，这些多数用肉眼无法看清，不易找到故障点。此时，可在怀疑部件焊点上用合适的电烙铁重新焊接一次，直至故障消失。

（二）清洁法

当出现种种奇特、不符合逻辑分析的故障（如监视器不亮）时，可能是因为潮湿、灰尘增多，形成一定通路，造成元器件间无规则连接，破坏了电路的正常工作。排除的方法是：首先用刷子、特制吸尘器等将机内、外各部位的灰尘清洁干净，或用乙醚、无水乙醇冲洗干净，然后让其自然干燥，可使许多疑难故障得以排除。

第二章 常用电子元器件的识别及维修工具的介绍

医疗设备中使用大量各种类型的电子元器件，通常医疗设备发生故障多数是由于电子元器件失效或者损坏。因此，正确辨别和检测各种常用电子元器件就显得尤为重要。本章对各种常用电子元器件的命名方法、分类、主要参数、检测方法以及维修工具等进行简要的阐述。

第一节 电阻器的识别与检测

一、电阻器的作用

电阻器（resistor）是电路元件中应用最广泛的一种耗能元件，其作用就是导电体对电流的阻碍，电流通过会产生热能。电阻在电路中的功能多是稳定、调节、控制电压或电流的大小，起到限流、降压、偏置、取样、调节时间常数、抑制寄生振荡等作用。

二、电阻器的型号命名方法

根据国家标准，国产电阻器的命名（型号）由以下四部分组成，如图 2-1 所示。

（1）第一部分：主称，产品的名称用字母表示，如 R-电阻器、W-电位器。

（2）第二部分：材料，电阻器的组成材料用字母表示，如 T-碳膜、H-合成碳膜、S-有机实心、N-无机实心、J-金属膜、Y-氧化膜、C-沉积膜、I-玻璃釉膜、X-绕线。

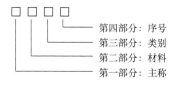

图 2-1 电阻器的代号表示法

（3）第三部分：类别，电阻器所属的类型一般用数字表示，个别类型用字母表示，如 1-普通、2-普通或阻燃、3-超高频、4-高阻、5-高温、6-高湿、7-精密、8-高压、9-特殊、G-高功率、I-被漆、J-精密、T-可调、X-小型。

（4）第四部分：序号，用数字表示电阻器中不同品种，以区分不同电阻器的外形尺寸和性能指标等。

三、电阻器的分类

电阻器按照结构形式、材料类型、用途等进行分类，主要有以下几种。

（1）绕线电阻器：主要有通用绕线电阻器、精密绕线电阻器、大功率绕线电阻器、高频绕线电阻器等。

（2）薄膜电阻器：主要有碳膜电阻器、合成碳膜电阻器、金属膜电阻器、金属氧化膜电阻器、化学沉积膜电阻器、玻璃釉膜电阻器、金属氮化膜电阻器等。

（3）实心电阻器：主要有无机合成实心碳质电阻器、有机合成实心碳质电阻器等。

（4）敏感电阻器：主要有压敏电阻器、热敏电阻器、光敏电阻器、力敏电阻器、气敏电阻器、湿敏电阻器等。

四、电阻器的主要特性参数

（1）标称阻值：通常是指标注在电阻器表面的阻值。在实际应用中，电阻的单位为欧姆，简称欧，用符号"Ω"来表示。不同的电阻器生产厂家的阻值标注方式未必一致，如使用千欧（$k\Omega$）、兆欧（$M\Omega$）等单位。其不同标注值之间的换算关系是 $1M\Omega=1000k\Omega$，$1k\Omega=1000\Omega$。

（2）允许误差：由于电阻器的实际阻值不可能与标称阻值保持绝对一致，实际阻值和标称阻值之间的差值与标称阻值之比的百分数称为允许误差，用来表示电阻器的精度。电阻器的允许误差越小，表示阻值精度越高、稳定性越好；反之，允许误差越大，稳定性越差。通常情况下，普通电阻器的允许误差值为±5%、±10%、±20%，而高精度电阻器的允许误差值是±1%、±0.5%等。

（3）额定功率：电阻器在交流或者直流电路中，在特定条件下（正常的大气压力为 $90\sim106.6kPa$ 及环境温度为$-55\sim70℃$），电阻器长期工作所允许消耗的最大功率称为额定功率。电阻器的额定功率常规值有 1/16W、1/8W、1/4W、1/2W、1W、2W、4W、8W、10W 等多种。

（4）额定电压：由阻值和额定功率换算出的电压。

（5）最高工作电压：允许的最大连续工作电压。

（6）温度系数：温度每变化 1℃所引起的电阻值的相对变化，称为电阻器的温度系数。温度系数越小，电阻器的稳定性越好；反之，温度系数越大，电阻器的稳定性越差。阻值随温度升高而增大的为正温度系数；反之，为负温度系数。

（7）老化系数：表示电阻器寿命长短的参数，指的是电阻器在额定功率长期负荷下，阻值相对变化的百分数。

（8）电压系数：在规定的电压范围内，电压每变化 1V，电阻器的相对变化量。

（9）噪声：电阻器的噪声包括热噪声和电流噪声两部分，是指产生于电阻器中的一种不规则的电压起伏。

五、电阻器阻值的标示方法

通常情况下，固定电阻器采用直标法、数字标注法、色环标注法三种标注方法。

（1）直标法：直标法就是在电阻器表面用数字和单位符号标出阻值，其允许误差直接用百分数表示，如 100Ω、$1k\Omega$、$1M\Omega$ 等，若电阻上未注偏差，则均默认为±20%。

（2）数字标注法：数字标注法就是用三位数码标注在电阻器表面，用来表示其标称值的标示方法。数码从左到右，第一、二位为有效值，第三位为指数（即零的个数），单位为欧姆。例如，电阻器表面标注 100，表示其标称阻值是 10Ω；105 则表示标称阻值是 1MΩ；当电阻器表面标称阻值小于 10Ω 时，通常用 R 代替小数点，如电阻器表面标注 8R5 表示其标称阻值是 8.5Ω，R47 表示其标称阻值是 0.47Ω。

（3）色环标注法：色环标注法简称色标法，就是在电阻器表面用不同颜色的带或点标出标称阻值和允许误差。国外电阻大部分采用色标法。色标电阻（色环电阻）器可分为三环、四环、五环三种标法，其含义如图 2-2 所示。

图 2-2 中电阻器的表面色环与数字的关系为：黑-0、棕-1、红-2、橙-3、黄-4、绿-5、蓝-6、紫-7、灰-8、白-9、金-±5%、银-±10%、无色-±20%。

三色环电阻器的色环表示标称电阻值（允许误差均为±20%）。例如，色环为棕、黑、红表示电阻器的阻值为 $10×10^2=1.0kΩ±20\%$。

四色环电阻器的色环表示标称值（前两位是有效数字，第三位是倍率）及精度。例如，色环为棕、绿、橙、金表示电阻器的阻值为 $15×10^3=15kΩ±5\%$。

五色环电阻器的色环表示标称值（前三位是有效数字，第四位是倍率）及精度。例如，色环为红、紫、绿、黄、棕表示电阻器的阻值为 $275×10^4=2.75MΩ±1\%$。

一般四色环和五色环电阻器表示允许误差的色环具有离其他环较远的特点。电阻器表示允许误差的色环的宽度是其他色环的 1.5～2 倍，此为现行较标准的表示方法。

市场上还有部分色环电阻器由于厂家生产不规范，表面标注的特征无法判断，这时只能借助万用表判断。

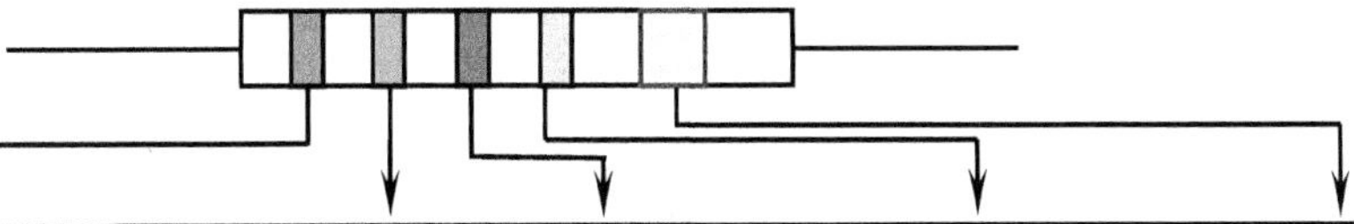

颜色	第一位有效值	第二位有效值	第三位有效值	倍率	允许误差
黑	0	0	0	10^0	—
棕	1	1	1	10^1	±1%
红	2	2	2	10^2	±2%
橙	3	3	3	10^3	—
黄	4	4	4	10^4	—
绿	5	5	5	10^5	±0.5%
蓝	6	6	6	10^6	±0.25%
紫	7	7	7	10^7	±0.1%
灰	8	8	8	10^8	—
白	9	9	9	10^9	−20%～+50%
金	—	—	—	10^{-1}	±5%
银	—	—	—	10^{-2}	±10%
无色	—	—	—		±20%

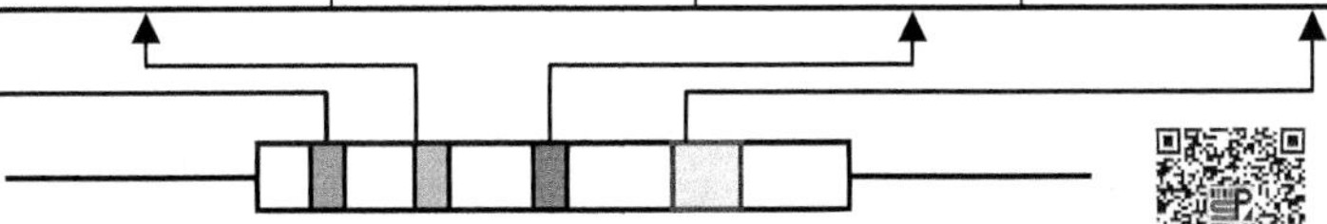

图 2-2　电阻器表面色环与数字的关系示意图

图 2-2 彩图

六、典型电阻器的识别

常见的医疗设备电路中比较典型的电阻器主要包括普通电阻器、可调电阻器（电位器）、贴片电阻器、排电阻、敏感电阻器等。

（一）普通电阻器

常见的普通电阻器包括实心碳质电阻器、绕线电阻器、碳膜电阻器、金属膜电阻器、金属氧化膜电阻器、合成膜电阻器、金属玻璃釉膜电阻器、水泥电阻器。

1. 实心碳质电阻器

实心碳质电阻器由碳质颗粒状导电物质、填料和黏合剂混合制成，价格低廉，但其阻值误差、噪声电压都大，稳定性差，目前比较少用。

2. 绕线电阻器

绕线电阻器由高阻合金绕线在绝缘骨架上制成，外面涂有耐热的釉绝缘层或绝缘漆，具有温度系数低、阻值精度高、稳定性好、耐热耐腐蚀、高频性能差、时间常数大等特点。

3. 碳膜电阻器

碳膜电阻器由有机黏合剂将碳墨、石墨和填充料配成悬浮液涂覆于绝缘基体上，经加热聚合而成，具有成本低、性能稳定、阻值范围宽、温度系数和电压系数低等特点。

4. 金属膜电阻器

金属膜电阻器采用高温真空镀膜技术将镍铬或类似的合金紧密附在瓷棒表面形成皮膜，具有精度高、稳定性好、噪声及温度系数小等特点。

5. 金属氧化膜电阻器

金属氧化膜电阻器是以特种金属或合金作为电阻材料，用真空蒸发或溅射的方法，在陶瓷或玻璃基体上形成氧化的电阻膜层的电阻器，具有高温下稳定、耐热冲击、负载能力强等特点。

6. 合成膜电阻器

合成膜电阻器由导电合成物悬浮液涂敷在基体上而得，因此也称漆膜电阻，具有噪声大、精度低等特点，主要用于制造高压、高阻、小型电阻器。

7. 金属玻璃釉膜电阻器

金属玻璃釉膜电阻器由金属粉和玻璃釉黏合剂混合成浆料，涂覆在绝缘骨架上，经高温烧结而成，具有耐潮湿、耐高温、温度系数小等特点，主要应用于厚膜电路。

8. 水泥电阻器

水泥电阻器由电阻绕线在无碱性耐热瓷件上，外面加上耐热、耐湿及耐腐蚀的材料保护固定并把绕线电阻体放入方形瓷器框内，用特殊不燃性耐热水泥充填灌封而成，其外形尺寸较大、耐震、耐湿、耐热、散热好，具有优良的绝缘性能，同时具有优良的阻燃、防爆性等特点。

（二）可调电阻器

常见的可调电阻器（电位器）包括绕线电位器、合成碳膜电位器、有机实心电位器、金属玻璃釉膜电位器、导电塑料电位器、多圈精密可调电位器。

1. 绕线电位器

绕线电位器由康铜丝或镍铬合金丝作为电阻体，并把它绕在绝缘骨架上制成，具有接触电阻小、精度高、温度系数小等优点，但是也有分辨力差、阻值偏低、高频特性差等缺点。

2. 合成碳膜电位器

合成碳膜电位器是目前应用最广泛的电位器之一，其电阻体由经过研磨的碳黑、石墨、石英等材料涂敷于基体表面而成，具有分辨力高、耐磨性好、寿命较长等优点，同时也有电流噪声大、非线性大、耐潮性差以及阻值稳定性差等缺点。

3. 有机实心电位器

有机实心电位器是一种新型电位器，它是用加热塑压的方法，将有机电阻粉用加热塑压的方法压在绝缘体的凹槽内，相较于碳膜电位器，有机实心电位器具有耐热性好、功率大、可靠性高、耐磨性好的优点，同时也有温度系数大、动噪声大、耐潮性能差、制造工艺复杂、阻值精度差等缺点。

4. 金属玻璃釉膜电位器

金属玻璃釉膜电位器由金属玻璃釉电阻浆料涂覆在陶瓷基体上，用丝网印刷法按照一定图形，经高温烧结而成，具有阻值范围宽、耐热性好、过载能力强、耐潮、耐磨等优点，同时也具有接触电阻大和电流噪声大等缺点。

5. 导电塑料电位器

导电塑料电位器是一种以导电塑料为电阻体的碳质电位器，具有平滑性好、分辨力优异、耐磨性好、寿命长、动噪声小、可靠性极高、耐化学腐蚀等优点。

6. 多圈精密可调电位器

多圈精密可调电位器是一种可调的电子元件，由一个电阻体和一个转动或滑动系统组成，除了具有绕线电位器的相同特点外，还具有线性优良、能进行精细调整等优点，可广泛应用于对电阻实行精密调整的场合。

（三）贴片电阻器

贴片电阻器又称片式固定电阻器，俗称贴片电阻（SMD resistor），是从 chip fixed resistor 直接翻译过来的，是金属玻璃釉膜电阻的一种形式，它的电阻体由高可靠的钌系列玻璃釉材料经过高温烧结而成，电极采用银钯合金浆料。贴片电阻器具有体积小、精度高、稳定性好等优点，因为其为片状元件，所以高频性能好。

（四）排电阻

排电阻（line of resistance）也称集成电阻，是一种集多只电阻于一体的电阻器件，由多个阻值相同的电阻构成，有单列和双列两种封装结构。

（五）敏感电阻器

常见的敏感电阻器包括热敏电阻器、压敏电阻器、湿敏电阻器、光敏电阻器、气敏电阻器、力敏电阻器。

1. 热敏电阻器

热敏电阻器是敏感元件的一类，具有半导体特性，其特点是电阻值会随着热敏电阻本体温度的变化呈现出阶跃性的变化。热敏电阻器按照温度系数的不同分为正温度系数热敏电阻器、负温度系数热敏电阻器。

正温度系数（positive temperature coefficient，PTC）热敏电阻器，其电阻值随着 PTC 热敏电阻本体温度的升高呈现出阶跃性的增加，具有灵敏度较高、工作温度范围宽、体积小、使用方便、易加工、稳定性好等优点。

负温度系数（negative temperature coefficient，NTC）热敏电阻器，其电阻值随温度的升高呈阶跃性的减小，具有稳定状态下功率损耗极小、热及电特性稳定性高等特点。

2. 压敏电阻器

压敏电阻器是一种限压型保护器件，利用压敏电阻的非线性特性，当端电压低于某一阈值时，压敏电阻器的电流几乎等于零，相当于一个断开的开关；超过此阈值时，电流值随端电压的增大而急剧增加，相当于一个闭合的开关，具有广泛的可变电阻电压范围、多种浪涌承受能力、大电流处理和能量吸收能力、单体通流量可达到 70kA 甚至更高、快反应时间、低泄漏电流等特点。

3. 湿敏电阻器

湿敏电阻器是利用湿敏材料吸收空气中的水分而导致本身电阻值发生变化的原理制造的，由感湿层、电极、绝缘体组成，在基片上覆盖一层由湿敏材料制成的膜，当空气中的水蒸气吸附在感湿膜上时，元件的电阻率和电阻值都发生变化，利用这一特性即可测量湿度。当环境湿度发生改变时，湿敏电容的介电常数发生变化，使其电容量也发生变化，其电容变化量与相对湿度成正比。

4. 光敏电阻器

光敏电阻器又称光导管，是利用半导体的光电效应制成的一种电阻值随入射光的强弱而改变的电阻器。入射光强，电阻减小；反之，入射光弱，电阻增大。其特性是对光线十分敏感，电阻值能随着外界光照强弱（明暗）变化而变化。它在无光照射时，呈高阻状态；在有光照射时，其电阻值迅速减小。

5. 气敏电阻器

气敏电阻器是一种半导体敏感器件，它对特殊气体敏感，是利用气体的吸附而使半导体本身的电导率发生变化这一机理来进行检测的，可以将被测气体的浓度和成分信号转变为相应的电信号。

6. 力敏电阻器

力敏电阻器又称压电电阻器，是一种能将机械力转换为电信号的特殊元件，利用半导体材料的压力电阻效应制成，即电阻值随外加力大小而改变，具有使用灵活、体积小巧、结构紧凑、坚固耐用等特点。

七、电阻器的检测方法

（一）固定电阻器的检测

（1）如果选择用指针式万用表测量固定电阻器，那么应选择与待测电阻器相对应的量程，调零，然后将万用表的红、黑表笔分别与电阻器的两端引脚接触，待表针停稳后读数，再乘以倍率，就是所测的电阻值。

若万用表测得的阻值与电阻标称阻值相等或在电阻的误差范围内，则电阻正常；若两者出现较大偏差，则该电阻不良；若万用表测得电阻值为无穷大（断路）、阻值为零（短路）或不稳定，则该电阻已损坏，不能再继续使用。注意检测电阻时，由于人体是具有一定阻值的导电电阻，手不要同时触及电阻两端引脚，以免在被测电阻上并联人体电阻造成测量误差。

（2）如果选择用数字式万用表测电阻，一般无须调零，可直接测量。将黑表笔插入"COM"插座，红表笔插入"VΩ"插座，挡位开关转至相应的电阻挡上，打开万用表电源开关，再将两表笔跨接在被测电阻的两个引脚上，万用表的显示屏即可显示出被测电阻的阻值。

若电阻值超过所选挡位值，则万用表显示屏的左端会显示"1"，这时应将开关转至较高挡位上。当输入端开路时，万用表则显示过载情形。另外，测量在线电阻时，要确认被测电路所有电源已断开及所有电容都已完全放电才可进行。

（二）可调电阻器的检测

首先通过转动轴柄、听一听电位器内部接触点和电阻体摩擦的声音等方法来初步检查可调电阻器的好坏。用万用表测试时，选择与待测可调电阻器合适的电阻挡位，将万用表的红、黑表笔分别接在定片引脚（即两边引脚）上，万用表读数应为电阻器的标称阻值。若万用表读数与标称阻值相差很多，则表明该可调电阻器已损坏。

若可调电阻器的标称阻值正常，再测量其变化阻值及活动触点与电阻体（定触点）接触是否良好。此时用万用表的一个表笔接动触点引脚（通常为中间引脚），另一表笔接一定触点引脚（两边引脚），万用表应显示为零或标称阻值，再将万用表的转轴从一个极端位置旋转至另一个极端的位置，阻值应从零（或标称阻值）连续变化到标称阻值（或零）。在可调电阻器的轴柄转动或滑动过程中，若万用表的指针平稳移动或显示的示数均匀变化，则说明被测可调电阻器良好；旋转轴柄时，若万用表阻值读数有跳动现象，则说明被测可调电阻器活动触点有接触不良的故障。

（三）排电阻的检测

根据待测排电阻的标称阻值选择合适的万用表欧姆挡位（指针式万用表注意调零），将两表笔（不分正负）分别与排电阻的公共引脚和另一引脚相接即可测出实际电阻值。通过万用表测量就会发现所有脚对公共脚的阻值均是标称值，除公共脚外其他任意两脚之间阻值是标称值的两倍。

（四）热敏电阻器的检测

热敏电阻器分 NTC 热敏电阻器和 PTC 热敏电阻器。

1.NTC 热敏电阻器的检测

测量时需分两步进行，第一步测量常温电阻值，第二步测量温变时（升温或降温）的电阻值，如图 2-3 所示，其具体测量方法与步骤如下。

(a) 常温测量示意图　　　　　　　　(b) 变温测量示意图

图 2-3　热敏电阻器测量示意图

常温检测：将万用表置于合适的欧姆挡（根据标称电阻值确定挡位），用两表笔分别接触热敏电阻器的两引脚测出实际阻值，并与标称阻值相比较，如果两者相差过大，则说明所测热敏电阻器性能不良或已损坏。

在常温测试正常的基础上，即可进行升温或降温检测。加热后热敏电阻器阻值减小，说明这只 NTC 热敏电阻是好的。

2. PTC 热敏电阻器的检测

PTC 热敏电阻器的检测原理同 NTC 热敏电阻器，测量时需分两步进行，第一步测量常温电阻值，第二步测量温变时（升温或降温）的电阻值。常温检测就是在室内温度接近 25℃时进行检测，具体做法是将万用表两表笔接触 PTC 热敏电阻器的两引脚，测出实际阻值，并与标称阻值相比较，两者相差不大即正常。实际阻值若与标称阻值相差过大，则说明其性能不良或已损坏。

在常温测试正常的基础上，即可进行升温或降温检测，升温具体方法是用一热源（如电烙铁）加热 PTC 热敏电阻器，同时用万用表检测其电阻值是否随温度的升高而增大。若是，则说明热敏电阻器正常；若加热后阻值无变化，则说明其性能不佳，不能再继续使用。

（五）压敏电阻器的检测

检测压敏电阻时，将万用表设置成最大欧姆挡位。常温下测量压敏电阻的两引脚间阻值应为无穷大，若阻值为零或有阻值，则说明所测压敏电阻已被击穿损坏。

（六）湿敏电阻器的检测

用万用表检测湿敏电阻，应先将万用表置于欧姆挡（具体挡位根据湿敏电阻阻值确定），再将蘸水棉签放在湿敏电阻上，若万用表显示的阻值在数分钟后有明显变化（依湿度特性不同而变大或变小），则说明所测湿敏电阻性能良好。

（七）光敏电阻器的检测

检测光敏电阻时，需分两步进行，第一步测量有光照时的电阻值，第二步测量无光照时的电阻值。两者相比较有较大差别，通常光敏电阻有光照时电阻值为几千欧（此值越小说明光敏电阻性能越好）；无光照时电阻值大于 $1500k\Omega$，甚至无穷大（此值越大说明光敏电阻性能越好）。

（八）气敏电阻器的检测

检测气敏电阻时，首先判断哪两个极为加热极引脚，哪两个极为阻值敏感极引脚。由于气敏电阻加热极引脚之间阻值较小，应将万用表置于最小欧姆挡。万用表两表笔任意分别接触两个引脚测其阻值，其中两个引脚之间的阻值较小，一般阻值为 $30\sim40\Omega$，则这两个引脚为加热极，余下引脚为阻值敏感极。

其次检测气敏电阻是否损坏。将指针式万用表置于 $R \times 1k\Omega$ 挡或将数字式万用表置于 20kΩ 挡，红、黑表笔分别接气敏电阻的阻值敏感极，气敏电阻的加热极引脚接一限流电阻与电源相连，对气敏元件加热，观察万用表显示阻值变化。在清洁空气中，接通电源时，万用表显示阻值应先变小，随后逐渐变大，大约几分钟后，阻值稳定。如果测得阻值为零、阻值无穷大或测量过程中阻值不变，则说明气敏电阻已损坏。在清洁空气中检测，待气敏电阻阻值稳定后，将气敏电阻置于液化气灶上（打开液化气瓶，释放液化气，不点火），观察万用表显示阻值。如果测得阻值明显减小，说明所测气敏电阻为 N 型；如果测得阻值明显增大，则说明所测气敏电阻为 P 型；如果测得阻值变化不明显或阻值不变，则说明气敏电阻灵敏度差或已损坏。

（九）力敏电阻器的检测

检测力敏电阻时，将指针式万用表置于 R×10Ω 挡，或将数字式万用表置于 200Ω 挡，两表笔分别与力敏电阻两引脚相接测阻值。对力敏电阻未施加压力时，万用表显示阻值应与标称阻值一致或接近，否则说明力敏电阻已损坏；对力敏电阻施加压力时，万用表显示阻值将随外加压力大小变化而变化。若万用表显示阻值无变化，则说明力敏电阻已损坏。

第二节　电容器的识别与检测

一、电容器的作用

电容器（capacitor），通常简称电容，是电子设备中大量使用的电子元件之一，主要用于交流电路及脉冲电路中，在电路中广泛应用于隔直、耦合、旁路、滤波、调谐回路、能量转换、控制电路等方面。

二、电容器的型号命名方法

根据我国的国家标准，国产电容器的命名（型号）由以下四部分组成，依次分别表示名称、材料、分类和序号，如图 2-4 所示。

第四部分：序号，用数字表示
第三部分：分类，用字母或数字表示
第二部分：材料，用字母表示
第一部分：名称，用字母表示

图 2-4　电容器的代号表示法

（1）第一部分：名称，用字母表示，电容器用 C 表示。

（2）第二部分：材料，用字母表示，表示电容器由什么材料组成，如 A-钽电解、B-聚苯乙烯等非极性薄膜、C-高频陶瓷、D-铝电解、E-其他材料电解、G-合金电解、H-复合介质、I-玻璃釉、J-金属化纸、L-涤纶等极性有机薄膜、N-铌电解、O-玻璃膜、Q-漆膜、T-低频陶瓷、V-云母纸、Y-云母、Z-纸介。

（3）第三部分：分类，一般用数字表示，个别用字母表示。

（4）第四部分：序号，用数字表示。

三、电容器的分类

（1）按结构可分为固定电容器、可变电容器和微调电容器。

（2）按电解质可分为有机介质电容器、无机介质电容器、电解电容器和空气介质电容器等。

（3）按用途可分为高频旁路电容器、低频旁路电容器、滤波电容器、调谐电容器、高频耦合电容器、低频耦合电容器和小型电容器。

① 高频旁路电容器：陶瓷电容器、云母电容器、玻璃膜电容器、涤纶电容器、玻璃釉电容器。

② 低频旁路电容器：纸介电容器、陶瓷电容器、铝电解电容器、涤纶电容器。

③ 滤波电容器：铝电解电容器、纸介电容器、复合纸介电容器、液体钽电容器。

④ 调谐电容器：陶瓷电容器、云母电容器、玻璃膜电容器、聚苯乙烯电容器。

⑤ 高频耦合电容器：陶瓷电容器、云母电容器、聚苯乙烯电容器。

⑥ 低频耦合电容器：纸介电容器、陶瓷电容器、铝电解电容器、涤纶电容器、固体钽电容器。

⑦ 小型电容器：金属化纸介电容器、陶瓷电容器、铝电解电容器、聚苯乙烯电容器、固体钽电容器、玻璃釉电容器、金属化涤纶电容器、聚丙烯电容器、云母电容器。

四、电容器的主要特性参数

（1）标称电容量和允许误差：标称电容量是标示在电容器上的电容量。

电容器实际电容量与标称电容量的偏差称为误差，在允许的偏差范围称精度。精度等级与允许误差对应关系如下：00（01）-±1%、0（02）-±2%、Ⅰ-±5%、Ⅱ-±10%、Ⅲ-±20%、Ⅳ-（+20%～10%）、Ⅴ-（+50%～20%）、Ⅵ-（+50%～30%）。一般电容器常用Ⅰ、Ⅱ、Ⅲ级，电解电容器用Ⅳ、Ⅴ、Ⅵ级，根据用途选取。

（2）额定电压：在最低环境温度和额定环境温度下可连续加在电容器的最高直流电压有效值，一般直接标注在电容器外壳上，如果工作电压超过电容器的额定电压，电容器击穿，则将造成不可修复的永久损坏。

（3）绝缘电阻：直流电压加在电容上，并产生漏电电流，两者之比称为绝缘电阻。当电容量较小时，主要取决于电容的表面状态，电容量 $> 0.1\mu F$ 时，主要取决于介质的性能，绝缘电阻越小越好。为恰当地评价大容量电容的绝缘情况，引入时间常数，它等于电容的绝缘电阻与其容量的乘积。

（4）损耗：电容在电场作用下，单位时间内因发热所消耗的能量称为损耗。各类电容都规定了其在某频率范围内的损耗允许值，电容的损耗主要由介质损耗、电导损耗和电容所有金属部分的电阻所引起。在直流电场的作用下，电容的损耗以漏导损耗的形式存在，一般较小；在交变电场的作用下，电容的损耗不仅与漏导有关，而且与周期性的极化建立过程有关。

（5）频率特性：随着频率的上升，一般电容器的电容量呈现下降的规律。

五、电容器容量的标示方法

通常情况下，电容器的容量采用直标法、文字符号法、色环标注法三种标注方法。

（一）直标法

用数字和单位符号直接标出，如 01μF 表示 0.01μF。有些电容用 R 表示小数点，如 R56 表示 0.56μF。

（二）文字符号法

用数字和文字符号有规律的组合来表示容量，如 p10 表示 0.1pF、1p0 表示 1pF、6p8 表示 6.8pF、2μ2 表示 2.2μF。

（三）色环标注法

用色环或色点表示电容器的主要参数，一般使用三环标注，如表 2-1 所示。其中第一、第二位色环表示电容器的有效数字，第三位色环表示后面零的个数。例如，电容器三圈色环分别为红、紫、红，表示 $27 \times 10^2 \text{pF} = 2700 \text{pF}$。

表 2-1 电容器的色环标注法

颜色	棕	红	橙	黄	绿	蓝	紫	灰	白	黑
有效数字	1	2	3	4	5	6	7	8	9	0
乘数	10^1	10^2	10^3	10^4	10^5	10^6	10^7	10^8	10^9	10^0

注：电容器偏差标识符号为+100%~0-H、+100%~10%-R、+50%~10%-T、+30%~10%-Q、+50%~20%-S、+80%~20%-Z。

六、典型电容器的识别

常见的医疗设备电路中比较典型的电阻器主要包括铝电解电容器、钽电解电容器、薄膜电容器、瓷介电容器、独石电容器、纸介电容器、微调电容器、玻璃釉电容器等。

（一）铝电解电容器

铝电解电容器属于有极性电容，以铝箔为正极、铝箔表面的氧化铝为介质、电解质为负极制成。铝电解电容器体积大、容量大，与无极性电容相比绝缘电阻低、漏电流大、频率特性差、容量与损耗会随周围环境和时间的变化而变化，特别是在温度过低或过高的情况下，且长时间不用还会失效。

电容量：0.47~10000μF。

额定电压：6.3～450V。

主要特点：体积小、电容量大、损耗大、漏电大。

应用：电源滤波、低频耦合、去耦、旁路。

（二）钽电解电容器

钽电解电容器属于有极性电容，以钽金属片为正极、其表面的氧化钽薄膜为介质、二氧化锰电解质为负极制成。

电容量：0.1～1000μF。

额定电压：6.3～125V。

主要特点：损耗、漏电小于铝电解电容器。

应用：在要求高的电路中代替铝电解电容器。

（三）薄膜电容器

薄膜电容器属于无极性、有机介质电容。薄膜电容器以金属箔或金属化薄膜作为电极，以聚酯、聚苯乙烯、聚丙烯或聚碳酸酯等塑料薄膜为介质制成，据此又分别称为聚酯电容器、聚苯乙烯电容器、聚丙烯电容器和聚碳酸酯电容器。

1. 聚酯电容器

聚酯电容器又称涤纶电容器，以聚酯薄膜为介质、金属膜为极板，卷绕成形并密封而成。

电容量：40pF～4μF。

额定电压：63～630V。

主要特点：体积小、容量大、耐热耐湿、稳定性差。

应用：对稳定性和损耗要求不高的低频电路。

2. 聚苯乙烯电容器

聚苯乙烯电容器选用电子级聚苯乙烯膜作为介质、高电导率铝箔作为电极卷绕而呈圆柱状，并采用热缩密封工艺制作而成。

电容量：10pF～1μF。

额定电压：100V～30kV。

主要特点：稳定、低损耗、体积较大。

应用：对稳定性和损耗要求较高的电路。

3. 聚丙烯电容器

聚丙烯电容器以金属箔作为电极，将其和聚丙烯薄膜从两端重叠后，卷绕呈圆筒状制成。

电容量：1000pF～10μF。

额定电压：63～2000V。

主要特点：性能与聚苯乙烯电容器相似，但体积小、稳定性略差。

应用：代替大部分聚苯乙烯电容器或云母电容器，用于要求较高的电路。

4. 聚碳酸酯电容器

聚碳酸酯电容器是以极性的聚碳酸酯薄膜为介质制成。

电容量：0.01～0.33μF。

额定电压：63～100V。

主要特点：体积小、有良好的自愈特性和电气特性。

应用：在封闭或密封的系统内作为隔直流、滤波以及旁路电路。

（四）瓷介电容器

瓷介电容器以高介电常数的电容器陶瓷（钛酸钡-氧化钛）挤压成圆管、圆片或圆盘作为介质，并用烧渗法将银镀在陶瓷上作为电极制成。它又分为高频瓷介电容器和低频瓷介电容器两种。

1. 高频瓷介电容器

电容量：1～6800pF。

额定电压：63～500V。

主要特点：高频损耗小、稳定性好。

应用：高频电路。

2. 低频瓷介电容器

电容量：10pF～4.7μF。

额定电压：50～100V。

主要特点：体积小、价格低廉、损耗大、稳定性差。

应用：要求不高的低频电路。

（五）独石电容器

独石电容器是一种多层陶瓷电容器，即在若干片陶瓷薄膜坯上敷以电极浆材料，烧结成一块不可分割的整体，外面再用树脂包封而成。

电容量：10pF～10μF。

耐压：2倍额定电压。

主要特点：体积小、电容量大、可靠性好、耐高温耐湿性好。

应用：电子精密仪器和各种小型电子设备作为谐振、耦合、滤波、旁路。

（六）纸介电容器

纸介电容器一般是以两条铝箔作为电极，中间以厚度为 0.008～0.012mm 的电容器纸隔开重叠卷绕而成。

电容量：1～20μF。

额定电压：150～1000V。

主要特点：固有电感和损耗比较大、稳定性差。

应用：要求不高的低频电路。

（七）微调电容器

微调电容器实际上是一种可变电容器，其原理是让两极板的距离、相对位置或面积可调，从而可以调节电容量，它的中间填充介质有空气、陶瓷、云母薄膜等，主要用来调整谐振频率。

1. 空气介质可变电容器

电容量：100～1500pF。

主要特点：损耗小、效率高，可根据要求制成直线式、直线频率式及对数式等。

应用：电子仪器、广播电视设备等。

2. 薄膜介质可变电容器

电容量：15～550pF。

主要特点：体积小、重量轻、损耗比空气介质大。

应用：通信、广播接收机等。

3. 薄膜介质微调电容器

电容量：10～29pF。

主要特点：损耗较大、体积小。

应用：收录机、电子仪器等电路作为电路补偿。

4. 陶瓷介质微调电容器

电容量：0.3～22pF。

主要特点：损耗较小、体积小。

应用：精密调谐的高频振荡回路。

（八）玻璃釉电容器

玻璃釉电容器是一种常用电容器件，其介质是玻璃釉粉加压制成的薄片，能耐受各种气候环境，一般可在200℃或更高温度下工作。

电容量：10pF～0.1μF。

额定电压：63～400V。

主要特点：稳定性好、损耗小、耐高温。

应用：脉冲、耦合、旁路等电路。

七、电容器的检测方法

（一）固定电容器的检测

1. 电容量小于 0.01μF 的固定电容器检测

对于电容量为 0.01μF 以下的小电容，由于其电容量太小，只能用万用表进行测量是否有漏电、内部是否有短路或者被击穿的现象。用指针式万用表测量时，选用 R×10kΩ挡，将红、黑表笔接电容的两个引脚，阻值应显示为无穷大。若阻值显示为零，则可判定该电容漏电损坏或者内部被击穿。

2. 电容量大于 0.01μF 的固定电容器检测

用指针式万用表检测时，将指针式万用表调至 R×10kΩ挡，调零，然后观察万用表指示电阻值的变化。若表笔接通瞬间，万用表的指针向右微小摆动，然后又回到无穷大处，调换表笔后，再次测量，得出同样的结果，可以判断该电容正常；若表笔接通瞬间，万用表的指针摆动至"0"附近，可以判断该电容被击穿或严重漏电；若表笔接通瞬间，指针摆动后不再回至无穷大处，可判断该电容漏电；若两次万用表指针均不摆动，可以判断该电容已开路。

用数字式万用表检测时，将数字式万用表置于电容挡，根据电容量选择适当挡位，待测电容充分放电后，将待测电容直接插到测试孔内或两表笔分别直接接触进行测量。数字式万用表的屏幕上可以直接显示电容值。

（二）电解电容器的检测

电解电容器的容量比一般固定电容大得多。选用指针式万用表测量时，针对不同容量选用合适的量程。测量前应让电容充分放电，即将电解电容的两根引脚短路，把电容内的残余电荷放掉。电容充分放电后，将指针式万用表的红表笔接负极，黑表笔接正极。在刚接通的瞬间，万用表指针应向右偏转较大角度，然后逐渐向左返回，直到停在某一位置。此时的阻值便是电解电容的正向绝缘电阻，一般应为几百千欧以上；调换表笔测量，指针重复前面的现象，最后指示的阻值是电容的反向绝缘电阻，应略小于正向绝缘电阻。

选用数字式万用表测量时，待测电容充分放电后，将待测电容直接插到测试孔内或两表笔分别直接接触进行测量。数字式万用表的屏幕上可以直接显示电容值。

（三）可变电容器的检测

可变电容器的电容量通常都较小，主要检测电容器动片和定片之间是否有短路情况。

（1）手缓慢旋转转轴，应感觉十分平滑，不应有时松时紧甚至卡滞现象。将转轴向前、后、上、下、左、右各方向推动时，转轴不应有松动的迹象。

（2）用一只手旋动转轴，另一只手轻摸动片组的外缘，不应感觉有任何松脱迹象。若检测发现转轴与动片之间接触不良的可变电容器，应停止使用。

（3）用指针式万用表测量时，将万用表置于 R×10kΩ挡，一只手将红、黑两支表笔分别接可变电容器的动片和定片的引出端，另一只手将转轴缓慢来回转动，万用表的指针都应在无穷大位置不动。如果指针有时指向零，说明可变电容动片和定片之间存在短路点；如果旋到某一角度，万用表读数不是无穷大而是出现一定的阻值，说明可变电容器动片和定片之间存在漏电现象，应停止使用。

第三节　电感器的识别与检测

一、电感器的作用

电感器（inductor），通常简称电感，是储存磁能的元件，是电子设备中大量使用的电子元件之一。它在电路中的主要作用是对交流信号进行扼流、滤波、调谐、延时、耦合、补偿等。

二、电感器的型号命名方法

根据我国的国家标准，国产电感器的命名（型号）一般由以下四部分组成，依次分别表示名称、特征、类型和区别代号，如图 2-5 所示。

L(ZL) □ □ □
　　　　　　　　第四部分：区别代号，用字母表示
　　　　　　　第三部分：类型，用字母表示
　　　　　　第二部分：特征，用字母表示
　　　　　第一部分：名称，用字母表示

图 2-5　电感器的代号表示法

（1）第一部分：名称，用字母表示，L 表示电感线圈，ZL 表示阻流圈。

（2）第二部分：特征，用字母表示，常用 G 表示高频。

（3）第三部分：类型，一般用字母表示电感器的类型，常用 X 表示小型。

（4）第四部分：区别代号，用字母表示。

例如，LGX 型为小型高频电感线圈。

三、电感器的分类

按电感形式分类，电感器可分为固定电感器和可变电感器。

按导磁体性质分类，电感器可分为空心线圈、铁氧体线圈、铁心线圈和铜心线圈。

按工作性质分类，电感器可分为天线线圈、振荡线圈、扼流线圈、陷波线圈和偏转线圈。

按绕线结构分类，电感器可分为单层线圈、多层线圈和蜂房式线圈。

四、电感器的主要特性参数

（一）电感量

电感量表示线圈本身固有特性，也称为自感系数，与电流大小无关，是表示电感元件自感能力的一种物理量，主要取决于线圈的圈数（匝数）、绕制方式、有无磁芯及磁芯的材料等。除了专门的电感线圈（色码电感）外，电感量一般不专门标注在线圈上，而是以特定的名称标注。电感量的基本单位是亨利（简称亨），用字母 H 表示。常用的单位还有毫亨（mH）和微亨（μH），它们之间的关系是 1H=1000mH，1mH=1000μH。

（二）感抗

由于电感线圈的自感电势总是阻止线圈中的电流变化，因此电感线圈对交流电流存在阻碍作用，其大小称为感抗（XL）。它与电感量 L 和交流电频率 f 的关系为 XL=$2\pi f L$。

（三）品质因数

品质因数 Q 是表示线圈质量的一个物理量，Q 为感抗 XL 与其等效电阻的比值，即 $Q = \mathrm{XL}/R$。

线圈的 Q 值大多是几十至几百。Q 值越高，电路回路的损耗越小，效率越高，但 Q 值提高到一定程度后便会受到多种因素限制。线圈的 Q 值与导线的直流电阻、骨架的介质损耗、屏蔽罩或铁心引起的损耗、高频趋肤效应的影响等因素有关。

（四）分布电容

线圈的匝与匝之间、线圈与屏蔽罩之间、线圈与底板之间存在的电容称为分布电容。分布电容的存在使线圈的 Q 值减小，稳定性变差，因而线圈的分布电容越小越好。

（五）额定电流

额定电流是指电感器在允许的工作环境下能承受的最大电流值。若工作电流超过额定电流，则电感器会因发热而使性能参数发生改变，甚至还会因过流而烧毁。

五、电感器的标示方法

通常情况下，电感器的容量采用直标法、色环标注法、数码标注法三种标注方法。

（一）直标法

直标法就是直接用数字和单位将电感量标注在其表面，如 2.2μH、4.7mH 等。

（二）色环标注法

电感器的色环标注法就是在其表面涂上不同的色环来代表电感量，与电阻器和电容器的标注类似（图 2-2），通常用四个色环来表示，如图 2-6 所示。

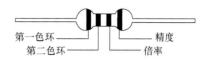

图 2-6 中，第一色环表示十位数，第二色环表示个位数，均属于有效数字，第三色环为倍率（单位为 μH），第四色环表示允许误差（精度）。例如，若电感器表面标注的颜色色环依次是红、橙、黑、金，表示该电感器的容量为 23μH±5%。

图 2-6　电感器的色环标注法

（三）数码标注法

数码标注法就是用三位数字来表示电感器的标称值，前两位表示有效数字，第三位表示有效数后零的个数（单位为 μH），小数点用 R 表示，如 330 表示 33μH、5R6 表示 5.6μH。

六、典型电感器的识别

常见的医疗设备电路中比较典型的电感器主要包括空心电感器、铁氧体电感器、可调电感器、色环电感器、贴片电感器等。

（一）空心电感器

空心电感器由导线在非磁导体绕制而成，这种电感器的电感量小、无记忆、很难达到磁饱和。

主要应用：高频扼流、分频器、滤波器等。

（二）铁氧体电感器

铁氧体是一种铁镁合金或铁镍合金，这种材料具有很高的磁导率。铁氧体电感器是电感器的一种特殊形态，就是在铁氧体的上面或者外面绕上导线而成的，它的基本构成是在铁氧体磁柱中穿入一根导线，早期也将它称为铁氧体磁珠。

主要应用：射频及微波电路中的供电系统的退耦、高速数字电路供电系统的退耦，以及防止通过电源形成级间的不良耦合。

（三）可调电感器

可调电感器是一种常用的电感器件，利用旋动手柄或者磁芯在线圈中的位置来改变电感量，这种调整较为方便。

主要应用：频率调整电路。

（四）色环电感器

色环电感器是使用颜色环带或色点表示电感线圈性能的小型电感器。色环电感器和色环电阻器类似，用不同的颜色表示不同的数字，进而可以表示电感器的电感量。有些电感器的值是直接标在电感封装上的；有的还需要用表测量。

主要应用：中、高频电路。

（五）贴片电感器

贴片电感器是用绝缘导线绕制而成的电磁感应元件，属于常用的电感元件，外形与贴片电阻器和贴片电容器基本相同。

主要应用：在电路中主要起滤波和振荡作用。

七、电感器的检测方法

检测电感器时，首先进行的是外观检查，注意线圈有无松散，引脚有无折断、生锈，线圈有无烧毁或外壳有无烧焦等现象。若出现上述现象，则表明电感已损坏。若无上述现象，再用万用表的欧姆挡检测线圈的直流电阻，如果测量值为无穷大，则说明线圈的引出线之间存在断路现象；若测量值比正常值小得多，则说明线圈存在局部短路现象；若测量值为零，则说明线圈被完全短路。对于外壳用金属屏蔽罩的电感器线圈，还需要检查它的线圈与屏蔽罩之间是否存在短路的现象；对于有磁芯的可调电感器，检查磁芯的螺纹是否配合好，是否出现旋转不轻便、滑扣等现象。若均无上述现象存在，则可判定电感器为正常。

（一）指针式万用表检测电感器

常用的指针式万用表并不具备专门用来测试电感器的挡位，因此只能大致测量电感器的好与坏，具体方法如下。

用指针式万用表的 R×1Ω 挡来检测电感器的电阻值，若结果显示电阻值极小（零点几欧姆），说明电感器基本属于正常；若结果显示电阻值为无穷大，说明电感器已经开路损坏。对于外壳用金属屏蔽罩的电感器，若检测结果显示振荡线圈的屏蔽罩与电感器各个引脚之间的电阻值不是无穷大，而是有一定的电阻值或者是零，说明该电感器的内部已经被击穿，不能正常使用。

（二）LCR 测试仪检测电感器

普通数字式万用表并不具有直接测量电感器的功能，因此可以采用 LCR 测试仪来检测电感器。打开 LCR 测试仪的开关，选择测量参数为电感量 L，然后用红、黑表笔与电感器的两个引脚相连即可从显示屏上读出该电感器的电感量。若 LCR 测试仪显示屏显示的电感量与标称值相近，说明该电感器正常；若显示的电感量与标称值相差很大，说明该电感器是有问题的。如图 2-7 所示，用 LCR 测试仪测量标称值分别为 10μH、37μH 的色码电感器和 10mH 的工字电感器。

注意事项：由于电感器属于非标准器件，并不像电阻器那样方便地进行检测，而且有些电感器表面没有进行任何标注，因此一般都要借助图纸上的参数标注来识别其电感量。在医疗设备维修时，一定要用与原来相同规格、相近参数的电感器进行替代。

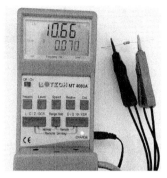 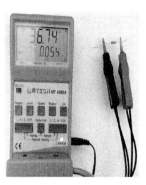 

(a) 标称值10μH的色码电感器　　(b) 标称值37μH的色码电感器　　(c) 标称值10mH的工字电感器

图 2-7　LCR测试仪检测电感器示意图

第四节　医疗设备维修常用工具的介绍

医疗设备维修工具种类繁多，包括电子测量仪器、电源供给设备、手动及气动工具、焊接工具。"工欲善其事，必先利其器"，了解这些常用工具的作用并熟练掌握使用方法是从事医疗设备维修应当具备的基本技能。本节对各种医疗设备维修常用工具进行简要的介绍。

一、电子测量仪器

（一）万用表

1. 概述

万用表又称复用表、多用表、三用表、万能表等，是一种多功能、多量程的测量仪表，在医疗设备维修中使用频繁，其体积小、携带方便、使用简便、应用普及，是最常用的维修工具之一。一般万用表可测量直流电流、直流电压、交流电流、交流电压、电阻和音频电平等，有的还可以测量电容量、电感量及半导体的一些参数（如β）等。若按显示方式简单区分，万用表可分为指针式万用表和数字式万用表。

2. 注意事项

（1）使用前应熟悉万用表各项功能，根据被测量的对象，正确选用挡位、量程及表笔插孔。

（2）在被测数据大小不明时，应先将量程开关置于最大值，而后由大量程往小量程挡处切换，使仪表指针指示在满刻度的 1/2 以上处即可。

（3）测量电阻时，在选择适当倍率挡后，将两表笔相碰使指针指在零位，若指针偏离零位，应调节"调零"旋钮，使指针归零，以保证测量结果准确。若不能调零或数显表发出低电压报警，应及时检查。

（4）在测量某电路电阻时，必须切断被测电路的电源，不得带电测量。

（5）使用万用表进行测量时，要注意人身和仪表设备的安全，测试中不得用手触摸表笔的金属部分，不允许带电切换挡位开关，以确保测量准确，避免发生触电和烧毁仪表等事故。

（二）示波器

1. 概述

示波器是一种用途十分广泛的电子测量仪表，在医疗设备维修过程中使用示波器已经十分普遍，它能把肉眼看不见的电信号变换成看得见的图像，便于人们研究各种电现象的变化过程，具有波形触发、存储、显示、测量、波形数据分析处理等独特优点，是最常用的维修工具之一。利用示波器能观察各种不同信号幅度随时间变化的波形曲线，还可以用它测试各种不同的电量，如电压、电流、频率、相位差、调幅度等。若按照信号的不同来分类，示波器可分为模拟示波器和数字示波器。

2. 注意事项

（1）探头与被测电路连接时，探头的接地端务必与被测电路的地线相连，否则在悬浮状态下，示波器与其他设备或大地间的电位差可能导致触电或损坏示波器、探头及其他设备。

（2）测量建立时间短的脉冲信号和高频信号时，请尽量将探头的接地导线与被测点的位置邻近。接地导线过长，可能会引起振铃效应或过冲等波形失真现象。

（3）为避免接地导线影响对高频信号的测试，建议使用探头的专用接地附件。

（4）为避免测量误差，请务必在测量前根据探头衰减补偿的校准原理与方法对探头进行检验和校准。

（5）对于高压测试，要使用专用高压探头，分清楚正负极后，确认连接无误才能通电开始测量。

（6）两个测试点都不处于接地电位时，要进行浮动测量，也称差分测量，要使用专业的差分探头。

（三）信号发生器

1. 概述

信号发生器又称信号源或振荡器，是一种能提供各种频率、波形和输出电平电信号的设备，在电路实验和医疗设备维修中有着十分广泛的应用，是最常用的维修工具之一。一般信号发生器能够产生多种波形，如三角波、锯齿波、矩形波（含方波）、正弦波等电路。信号发生器按照其信号波形可分为正弦信号发生器、脉冲信号发生器、函数信号发生器、任意信号发生器。

2. 注意事项

（1）信号发生器设有"电源指示"，若使用时指示灯不亮，应更换电池后再使用。

（2）把仪器接入电源之前，应检查电源电压值和频率是否符合仪器要求。

（3）信号发生器不用时应放在干燥通风处，以免受潮。

（4）控制信号输出电缆的长度，太长或太短都会引起高频段的电压误差。

（5）为了确保信号发生器的精度，请勿将强磁物体靠近仪器。

二、电源供给设备（直流稳压电源）

1. 概述

直流稳压电源是一种能为负载提供稳定直流电源的电子装置，是医疗设备维修中必备的维修工具之一。直流稳压电源可分为两类：线性直流稳压电源和开关型直流稳压电源。

2. 注意事项

开机：

（1）先将电压调节旋钮旋转到最小位置（一般是逆时针旋转为减小），再将稳流旋钮旋转到最小位置。

（2）将直流稳压电源的电源线插头接到交流电插座上，打开直流稳压电源的开关。

调压：

（1）旋转稳流旋钮，对稳流数值做适当的调节。

（2）旋转稳压旋钮，根据需要调节电压，电压值一般不要太大。

关机：

医疗设备维修完毕后先将全部的稳压、稳流旋钮旋转到最小位置，再关闭稳压电源开关。

三、手动及气动工具

（一）螺丝刀

1. 概述

螺丝刀是一种用来拧转螺丝钉以迫使其就位的工具，通常有一个薄楔形头，可插入螺丝钉头的槽缝或凹口内，是一种最基本的维修工具。螺丝刀种类繁多，在医疗设备维修中常用的螺丝刀主要有普通螺丝刀、内六角螺丝刀、内梅花螺丝刀、转角螺丝刀、微型组合螺丝刀、电动螺丝刀等。

2. 注意事项

（1）若医疗设备维修涉及强电部分，必须使用带绝缘手柄的螺丝刀。

（2）使用螺丝刀紧固或拆卸带电的螺钉时，手不得触及螺丝刀的金属杆，以免发生触电事故。

（3）在更换电动螺丝刀的刀头时，一定要注意先将电源插头拔离电源插座，并且关闭螺丝刀电源。

（4）使用时应注意选择与螺钉槽相同且大小规格相应的螺丝刀。

（5）不可用锤击螺丝刀手把柄端部的方法撬开缝隙或剔除金属毛刺及其他物体。

（二）钳子

1. 概述

钳子是一种用于夹持、固定加工工件或者扭转、弯曲、剪断金属丝线的手工工具，在医疗设备维修中使用很频繁，是必备的一种工具。钳子的外形呈 V 形，通常包括手柄、连接轴和钳头三个部分。在医疗设备维修中常用的钳子主要有尖嘴钳、斜口钳、钢丝钳、网口钳、剥线钳、管子钳等。

2. 注意事项

（1）使用前应先擦净钳子上的油污，以免工作时滑脱而导致事故；使用后应及时擦净并放在适当位置。

（2）钳子的规格应与工件规格相适应，以免钳子小、工件大，造成钳子受力过大而损坏。

（3）严禁用钳子代替扳手使用，以免损坏螺栓、螺母等工件的棱角。

（4）使用时，不允许用钳柄代替撬棒使用，以免造成钳柄弯曲、折断或损坏，也不可以用钳子代替锤子敲击零件。

（三）扳手

1. 概述

扳手是一种常用的安装与拆卸工具，利用杠杆原理拧转螺栓、螺钉、螺母和其他螺纹紧固螺栓或螺母的开口或套孔固件的手工工具，也属于维修必备工具之一。在医疗设备维修中，通常采用的是呆扳手、梅花扳手、两用扳手、活动扳手、钩形扳手、组合套筒扳手。

2. 注意事项

（1）无论何种扳手，最好的使用效果是拉动，若必须推动时，也只能用手掌来推，并且手指要伸开，以防螺栓或螺母突然松动而碰伤手指。要想得到最大的扭力，拉力的方向一定要和扳手柄成直角。

（2）在使用活动扳手时，应使扳手的活动钳口承受推力而固定钳口承受拉力，即拉动扳手时，活动钳口朝向内侧；用力一定要均匀，以免损坏扳手或螺栓、螺母的棱角，造成打滑而发生事故。

（四）锤子

1. 概述

锤子是敲打物体使其移动或变形的工具，最常用来敲钉子、矫正或将物件敲开，在医疗设备维修中时常用到，属于常见维修工具之一。锤子有圆头和方头两种，其规格是以锤子本身的质量为计量单位规定的。

2. 注意事项

（1）使用前，应先检查锤柄是否安装牢固，若有松动应重新安装，以防在使用时锤头脱出而发生事故；应清洁锤头工作面上的油污，以免敲击时滑脱而发生意外。

（2）使用时，应将手上与锤柄上的汗水和油污擦干净，以免锤子从手中滑脱。

（3）使用时，手要握住锤柄后端，握柄时手的用力要松紧适当。锤击时要靠手腕的运动，眼要注视工件，锤头工作面和工件锤击面应平行，这样才能保证锤面平整地打在工件上。

（五）手持式小电钻

1. 概述

手持式小电钻是一种携带方便的小型钻孔用工具，由小电动机、控制开关、钻夹头和钻头几部分组成，在医疗设备电路板维修中经常用到，属于常见维修辅助工具之一。

2. 注意事项

（1）在电路板上钻孔前，应在被钻位置处用冲钉打上冲眼，钻头直径不能超过规定，防止超负荷使用，操作时对准孔后再开动小电钻，禁止在转动中手扶钻杆对孔。

（2）钻孔时产生的钻屑严禁用手直接清理，应用专用工具清屑。

（3）装卸钻头前，必须关闭电源并拔掉电源线后方可操作，不能用锤和其他器件敲打钻夹头或夹头钥匙。应避免小电钻受到冲击而损坏外壳和其他机件。

四、焊接工具

（一）电烙铁

1. 概述

电烙铁是电子制作和设备维修的必备工具，主要用途是焊接元件及导线，是最常用的焊接工具，在医疗设备维修中经常使用，按机械结构可分为内热式电烙铁和外热式电烙铁。

2. 注意事项

（1）电烙铁要有可靠的接地保护，防止人员触电或者元器件被静电击穿而损坏。

（2）暂时不需要使用电烙铁时，应小心地把电烙铁放置在合适的烙铁架上，避免烙铁头碰撞而损坏。

（3）电烙铁通电后不能任意敲击、拆卸及安装其电热部分零件。

（4）为防止烙铁头氧化，应该经常将烙铁头上锡，使烙铁头更加耐用。

（二）吸锡枪

1. 概述

吸锡枪是一种修理设备用的工具，在焊接时收集拆卸焊盘电子元件时熔化的焊锡，在医疗设备维修拆卸零件或维修大规模集成电路时，使用频繁，是维修的必备工具之一。常见的吸锡枪主要分为手动吸锡枪和电动吸锡枪。

2. 注意事项

（1）吸锡枪使用结束后要用清洁针把吸咀及吸管内的残锡清理掉，并让吸锡枪在空气中自然冷却。

（2）残留在储锡筒的锡会降低吸锡效率，要勤于清理。

（3）不能任意敲击、拆卸和安装电热吸锡枪的电热及控制部分的零件。

（三）热风枪

1. 概述

热风枪主要是利用发热电阻丝的枪芯吹出的热风来对元件进行焊接与摘取的工具，是医疗设备维修中使用最多的工具之一。常见的热风枪类型有普通型热风枪、标准型热风枪、数字温度显示型热风枪、高温型热风枪。

2. 注意事项

（1）当启动使用热风枪时，如果中途要离开，不管时间的长短，应先将其关闭并且拔出电源插头。

（2）使用热风枪时，请尽量在干燥的地方使用，若是非要在潮湿的地方使用，请尽量选择干燥的地方站立，并穿着绝缘防护工作服。

（3）不要直接将热风对着人或动物。

（4）不要直接用手触摸高热的前管，或将热风枪作为一般的电吹风使用，否则可能会引起严重的事故。

（5）不要用任何物品堵塞热风枪的出入口，以免发生安全事故及损坏热风枪。

第三章 血 压 计

第一节 概 述

一、血压的概念

血压（blood pressure，BP）是血液在血管内流动时，作用于血管壁的压力，它是血液在血管内流动的动力。由于血管分动脉、毛细血管和静脉，因此也就有动脉血压、毛细血管压和静脉血压。通常所说的血压是指动脉血压。心室收缩，血液从心室流入动脉，此时血液对动脉的压力最高，称为收缩压（systolic blood pressure，SBP）。心室舒张，动脉血管弹性回缩，血液仍慢慢继续向前流动，但血压下降，此时的压力称为舒张压（diastolic blood pressure，DBP）。根据 1999 年世界卫生组织/国际高血压学会治疗指南，高血压诊断标准是收缩压 ≥ 18.7kPa（140mmHg），舒张压 ≥ 12.0kPa（90mmHg）。一个心动周期中动脉血压的平均值称为平均动脉压（mean arterial pressure，MAP）。成年人平均动脉压正常值为 70～105mmHg。

血压是人体的重要生命体征之一，在临床上具有十分重要的意义。

二、血压计的发展史

1628 年，英国科学家威廉·哈维（Harvey William）注意到当动脉被割破时，血液就像被压力驱动一样喷涌而出。通过触摸脉搏的跳动，会感觉到血压。

1733 年，一位名叫斯蒂芬·黑尔斯（Stephen Hales）的牧师，首次测量了动物的血压。他用尾端接有小金属管、长 270cm 的玻璃管插入一只马的颈动脉内，此时血液立即倾入玻璃管内，高达 270cm，这表示马颈动脉内血压可维持 270cm 的血柱高，且血柱的高度会因马的心跳而稍微升高或降低。

1835 年，尤利乌斯·埃里松（Herisson Julius）发明了一个血压计，它把脉搏的搏动传递给一个狭窄的水银柱，当脉搏搏动时，水银会相应地上下跳动，医生第一次能在不切开动脉的情况下测量脉搏和血压。但由于它使用不便，制作粗陋，并且读数不准确，因此其他科学家对它进行了改进。

1860 年，法国科学家艾蒂安·朱尔·马雷（Étienne-Jules Marey）研制成了一个当时最好的血压计。它将脉搏的搏动放大，并将搏动的轨迹记录在卷筒纸上。这个血压计也能随身携带。马雷用这个血压计来研究心脏的异常跳动。

如今医生使用的水银血压计是意大利科学家希皮奥内·里瓦·罗奇（Sciopione Riva Rocci）在 1896 年发明的。它有一个能充气的袖带，用于阻断血液的流动。医生用一个听诊器听脉搏的跳动，同时在刻度表上读出血压值。

三、血压计的测量原理

血压计的测量原理可分为直接测量法和间接测量法两种。

直接测量法又称有创测量法，也就是通过穿刺在血管内放置导管后测得血压，例如，在做心脏介入诊断及治疗时就要监测患者的有创血压。用有创方法直接测量血压，因所测部位不同，方法各异，也不能完全反映人体的血压。

间接测量法又称无创测量法，也就是不通过穿刺在血管内放置导管而是间接测得血压，比较常用的间接测量法有两种：听诊法和振荡法。临床使用与家用血压计中，使用最多的两种血压计都是无创测量血压的。一种是水银血压计，采用听诊法测量血压；另一种是电子血压计或多参数监护仪的血压模块，一般采用振荡法测量血压。

1. 听诊法

用听诊器听取血压柯氏音进行人体血压测量的方法称为听诊法。听诊法血压计分为人工听诊法血压计、半自动听诊法血压计和自动听诊法血压计。人工听诊法血压计常见的有水银血压计和血压表；半自动听诊法血压计常见的有助读式血压计；自动听诊法血压计常见的有听诊法自动血压计。

人工听诊法血压计就是用水银等作为压力计，通过袖带加气囊挤压血管，使血流完全堵断，这时用听诊器听血管的搏动声是没有的。然后慢慢放气至听到脉搏声，此时，压力计显示的压力是收缩压。继续放气通过听诊器能听到强而有力的脉搏声，且随着放气过程慢慢变轻，直至听到很平稳较正常脉搏声，此时血管完全恢复到未受挤压状态。此时，压力计显示的压力就是舒张压。这种血管的摩擦、冲击音是 1905 年俄国学者柯洛特柯夫（Korotokoff）发现的，由于这一发现的重要性，这种声音就命名为柯氏音，其测量原理如图 3-1 所示。用听诊器听取柯氏音进行人体血压测量，称为血压测量的金标准。

听诊法虽然是目前最准确的测量血压的方法，但是人工听诊法受以下几个因素影响：①接受训练的水平；②听力；③注意力；④判断时的目击差。血压测量可靠与否完全取决于测量者的专业水平、听觉、疲劳程度和工作态度，又由于血压是瞬时值，不可重复，无从复合，测量者说多少就是多少。

半自动听诊法血压计就是用类似于听诊器一样的电子探头，听取血压柯氏音，并通过电子技术把音量放大，在血压计旁边的人都能听到节律鸣叫的血压柯氏音（都是一样重的声音），并根据听到的柯氏音配合压力计读出收缩压和舒张压。这种方法排除了接受训练的水平、听力、注意力等影响，但仍然受判断时的目击差影响，它虽然能使更多的人用它来测量血压，但是还有一部分人觉得使用很麻烦。

自动听诊法血压计也是用类似于听诊器一样的电子探头，听取血压柯氏音，并通过现代数字技术把血压柯氏音转化为数字信号，最后显示在血压计的显示器上，即实现了血压测量自动化。这种血压计也有半自动和全自动之分：手动打气、自动放气的称为半自动；自动打气、自动放气的称为全自动。这种血压计没有接受训练的水平、听力、注意力和判断时的目击差影响，人人都能用它准确测量血压。

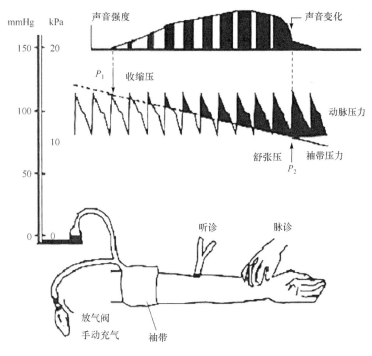

图 3-1　柯氏音法测量原理

2. 振荡法

振荡法的工作过程是先将袖带快速充气以阻断动脉血流，然后在放气过程中检测袖带内的气体压力并提取微弱的脉搏波。如图 3-2 所示，当袖带压力 P 远高于收缩压时，脉搏波消失，随着袖带压力下降，脉搏开始出现。当袖带压力从高于收缩压降到收缩压 P_S 以下时，脉搏波会突然增大，在平均压 P_m 时幅值达到最大，然后脉搏波又随袖带压力下降而在 P_D 处开始衰减。根据脉搏波幅度与袖带压力之间的关系，可以估计血压值。脉搏波最大值对应的是平均压 P_m，收缩压 P_S 和舒张压 P_D 分别由对应脉搏波最大幅值的比例来确定。根据医学临床普遍采用的比例系数，$P_S = 0.48P_m$，$P_D = 0.58P_m$。

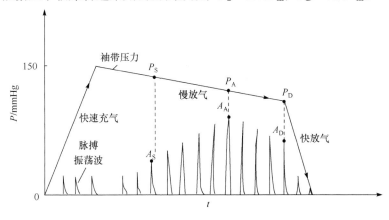

图 3-2　脉搏波的波幅与袖带压力对应关系图

血压计的准确度是非常重要的技术指标。因此，血压计是国家规定的强制检定器具，必须定期检定，在检定血压计准确度时必须使用精密血压计进行校正。

血压计的显示单位常用的有两种：mmHg 与 kPa。两个单位的换算公式为：1mmHg=0.133kPa。

第二节　水银血压计

一、工作原理与构造

水银血压计（mercurial sphygmomanometer）由气球、袖带（内含橡胶皮囊）、测压计、橡胶管路以及外壳五个部分组成，其实物图如图 3-3 所示。

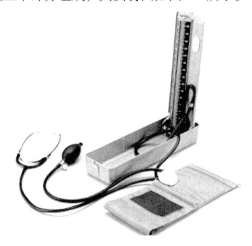

图 3-3　水银血压计实物图

气球是给橡胶皮囊充气与放气的装置。在气球的前后两端分别安装一个内置单向阀的三通活塞阀和一个单向阀。充气时，旋紧三通阀。用手挤压气球，后端单向阀关闭，前端单向阀打开，气体被挤压进入橡胶皮囊；手松开后，后端单向阀打开，前端单向阀关闭，气体进入气球，同时阻止之前进入橡胶皮囊内的气体回流。在前后单向阀的作用下，气体只进不出。多次按压气球，即可将气体充入橡胶皮囊之内。放气时，将三通活塞阀旋钮打开，气体从橡胶皮囊直接经三通活塞阀出口排出。

袖带是一端带有黏性的布袋，内置橡胶皮囊，可将橡胶皮囊环绕手臂紧固在肱动脉位置，保证在充气过程中体积尽可能保持不变。根据克拉佩龙方程式 $pV=nRT$，当气球往橡胶皮囊内送气时，体积 V 保持不变，橡胶皮囊内的气压可以快速增加。

测压计包括玻璃管、标尺和水银壶三部分。标尺上有刻度与单位标记。玻璃管位于标尺中心凹槽内。玻璃管的顶端盖着中心有小孔的金属帽，帽内装有过滤棉片，可以使空气自由出入，水银却不能外溢。金属帽连接弹簧，因此可以紧紧压扣住玻璃管顶端，同时将玻璃管按压在水银壶接口处。玻璃管上端与金属帽的连接处、下端与水银壶的连接处均用环形橡胶垫圈压紧，以免漏气和水银外溢。整个测压计均固定在血压计的盖板面上。在盖板底端有一片金属钩,当盖板打开开始测量血压时,金属钩可以保持血压计盖板(关键是水银柱)的垂直,保证血压计的示数准确。

水银血压计可以说是一种最简单的医疗器械。在水银血压计中,最重要的部件看起来却最不起眼,即单向阀。

1. 单向阀

单向阀是一类非常重要的部件,在气路、液路中经常出现,有弹簧式、重力式、旋启式、塑料隔膜式等多种类型。血压计的气球有两个单向阀,分别位于气球的前后两端。

气球的前气孔装有一个金属的三通活塞阀,如图 3-4 所示,其内部有一条特殊的小橡胶充当着单向阀的角色。小橡胶的一端开口连接进气口,另一端是实心的。仔细观察可以发现,在小橡胶侧面有一道裂缝。当进气口有气体进入时,由于另一端不通,气体聚集在小橡胶内部,使橡胶发生形变,进而导致原本由于本身弹性的挤压而处于关闭状态的裂缝被冲开,气体从裂缝中通过,进入气体管路。当气流反向时,橡胶外部的气流却无法打开裂缝作为气流通路。因此,实现了气流的单向流动。

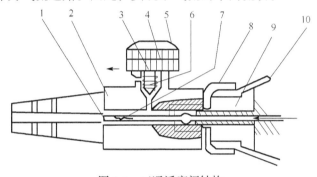

图 3-4 三通活塞阀结构

1-小橡胶;2-阀体;3-放气顶针;4-活塞螺栓;5-放气螺母;6-短弹簧;7-进气口;8-气球钢圈;9-气球螺钉;10-气球

气球的后端是一块特殊的金属制单向阀。它有一个圆孔,内部有一质量很轻、可自由活动、但直径大于圆孔的塑料片或小珠子,塑料片或小珠子的前方用金属丝罩住。当气球从挤压状态恢复到原状时,气流顶开塑料片或小珠子,从圆孔进入。当气球受到挤压时,塑料片或小珠子受力往圆孔处压,将圆孔挡住,阻止了气流的反向流动,使气流前进。

2. 水银壶

在水银壶下方,有一个银色的小扳手,这就是控制水银壶内的水银进出的开关,如图 3-5 所示。开关靠向右边是关闭状态,此时水银不会从水银壶中出来。开关靠向左边时,水银可以自由地随着压力的变化而进入玻璃管上下浮动,指示出当前气路中的压力。当测量完毕放

图 3-5 水银进出控制开关

气后，水银柱液面会回到零刻度线。此时，一定要注意不能直接关闭开关，而应当将水银血压计向右倾斜 45°，等所有能看见的水银都回到水银壶内，再关闭开关。否则，残留在玻璃管内的水银可能从顶部漏出，水银总量减少；或在玻璃管内氧化形成污垢，影响测量。

二、维护保养与检修

血压计的气球、橡胶皮囊和三通活塞里的小橡胶，都是橡胶制品，由于经常使用和受气候影响，容易老化变质；水银使用久了也要氧化，其氧化物质附着在玻璃管内壁和橡胶垫上，会造成通气不畅、堵塞或漏气，影响血压计的准确度。因此，必须经常维护保养，使其处于良好状态。

1. 水银量的加减

水银量是否符合要求，会影响血压计的准确性。一台血压计所用水银约为 60g。放气后零压力状态下，视线与水银柱凸面切线平齐观察，水银柱液面维持在与零刻度线平齐的位置。如果水银柱液面在零刻度线以下，说明水银不够，需要添加。如果在零刻度线以上，说明水银量过多，需要减少。水银不够是很常见的，一方面，因为长期使用，水银氧化；另一方面，有时候忘记关水银开关等不当操作也会损失少量水银。水银过多通常是在检修过程中水银加多引起的。

加水银一般采用针筒注射器，从备用水银中吸取适量的水银，在水银开关打开且零压力状态下，将针头从玻璃管顶端的金属帽中心圆孔中刺入，缓慢推动注射器，将水银逐滴加入，一边加一边轻轻晃动水银血压计，使注入的水银和从水银壶中涌出的水银融合，然后静置观察水银液面位置是否到达零刻度线，若仍在零刻度线下方，则重复上述步骤。加水银时要注意不能太快，应该少量加，多次观察，保证水银不过量。加到足量水银后，一定要注意更换顶部被注射器针头刺破的过滤棉，然后做漏水银检查。

去除多余水银的最简单方法是，用注射器刺破过滤棉，打开水银开关，对准开口较大的容器倾斜血压计，倒出少量水银。由于这种方法不精确，一般选择倒出稍多的水银，再重新加回到零刻度线。

2. 血压计的校准

修理后的血压计按要求都需要校准。此时，可将血压计用一个 Y 形管直接与标准血压计串联起来，闭合气路后打气，比较两个血压计的示数是否一样。另一种方法是采用 Fluke 血压模拟器 BP Pump 2，选择静态血压（static BP），然后用 Y 形管将待查的血压计与 BP Pump 2 串联，闭合气路后打气，比较血压计的示数是否与模拟器当前示值一样。允许误差值为±1mmHg，即相差半格刻度。

3. 水银的净化

水银使用过久或不纯时，容易氧化而产生一种银灰色粉末，附着于玻璃管内壁，影响血压计的准确性，因此，必须将水银过滤，其方法有两种。一种是将血压计向水银壶方向侧倾 45°角（目的是防止在操作过程中，水银流出造成浪费），取下玻璃管，将水银倒入有多层纱布的蒸发皿内，然后提起纱布的四角，用手拧挤纱布，这样干净的水银即从纱布孔中流出。另一种方法是将水银倒在一个玻璃容器内，然后用纱布过滤；过滤后再用若干支干净的棉签蘸乙醇，在水银内较快地搅拌，重复多次直到棉签在搅拌后颜色没有变黑；最后将水银过滤一次，即可使用。以上操作应在通风橱中进行，主要是为了避免汽化水银的危害。

在清除水银壶内的杂物时，可将干净的水银倒入壶内摇晃，然后倒出水银，杂物即同水银一起倒出，一次不行可反复多次，直至壶内干净。

4. 漏水银检查

当打开水银血压计盖板时，一旦发现水银珠，就必须进行漏水银检查。只要在检修过程中曾拆出或移动了玻璃管，在维护与检修的最后，就一定要进行漏水银检查。检查具体方法如下。

将袖带卷好扎起，缓缓打气，使水银柱面上升至玻璃管顶端，再轻轻加一点压力，观察玻璃管顶端与下端是否有水银漏出。若顶端有漏，可检查是否忘记放入海绵垫片。必要时，需更换漏水银端的橡胶垫，然后进行检查，直至不漏水银。

5. 气密性检查

当水银柱液面在 5s 内下降范围在 1 个最小刻度之内时，可以认为气密性良好。具体气密性检查方法如下。

打开水银开关，旋紧放气螺母，将袖带扎紧打气，使水银顺利上升到玻璃管顶端，然后观察液面在 5s 内的下降范围是否在 1 个最小刻度之内；再缓缓放气到中点处以及60mmHg 处这两个点，重复上述观察。如果三个观察点的水银柱液面在 5s 内下降范围均在 1 个最小刻度之内，则说明不漏气，整个气路气密性良好。如果水银柱面在某个观察点 5s 内的下降速度超过 1 个最小刻度，则说明气路中存在漏气点，应找出漏气位置加以修理。

6. 橡胶管老化检查

另外，还需要检查气路各处的橡胶管接头处是否出现橡胶开裂、橡胶形变，导致气密性变差。若有，则可以直接剪除开裂、形变部分，或更换橡胶管，然后重新连接接头。对于非接头处的橡胶管的检查，可用两个手指用力捏紧橡胶管再迅速放开，观察橡胶管是否可以迅速恢复形状。若出现管壁粘连或恢复得很缓慢的现象，则说明该段橡胶管已经老化，需要更换。

三、维修案例分析

【维修案例 1】 漏水银。

故障现象：充气时，玻璃管底端漏水银。漏的现象通常有两种，一种是水银一进入玻璃管就开始漏，另一种是一开始不会漏水银，随着慢慢充气，压力增加，漏出少许水银。

故障分析：

玻璃管与水银壶之间存在缝隙。缝隙有大有小，缝隙大的情况下，水银从水银壶中出来，一进入玻璃管就开始大量漏出；缝隙微小的情况下，一开始不会漏水银，由于慢慢充气压力增加，就开始漏出少许。

玻璃管与水银壶之间出现缝隙的常见原因有以下几种。

（1）玻璃管与水银壶之间的橡胶圈老化，失去弹性。

（2）玻璃管下端不平整，有小缺损。

（3）放橡胶圈时没有到位，没有完整地嵌入水银壶口的圈内。

故障处理：

根据故障原因，可以有相应的措施。

（1）更换新的橡胶圈。

（2）更换玻璃管。

（3）放置橡胶圈时，一定要用手指按压，使橡胶圈完整嵌入水银壶口的圈内。若橡胶圈面积大于水银壶口的圈的面积，可以用剪刀小心地剪掉最外层的一圈。

【维修案例2】 漏气。

故障现象：气密性检查无法通过，漏气量大时，可以听到呲呲的漏气声。

故障分析：气路中存在漏气点。

故障处理：

关键是要找出漏气点。打开水银开关，旋紧放气螺母，将袖带扎紧打气，使水银进入玻璃管。顺着气路依次检查。

（1）测压计周边漏气检查。先将袖带至测压计之间的橡胶管折起来压紧，如果水银柱面不会自动下降，则说明测压计没有漏气；反之，则说明测压计漏气。检查橡胶管是否老化或破裂，与水银壶嘴连接处是否紧密。若均无异常，可将除测压计之外的气路部分移到另一个血压计内，安装试验，此时若无漏气，则更换水银壶即可。

（2）袖带（橡胶皮囊）漏气检查。证实不是测压计漏气后，可将袖带内橡胶皮囊与气球之间的橡胶管折起压紧，如果水银柱面不会自动下降，则说明皮囊没有漏气；反之，则说明皮囊漏气，更换袖带内部的橡胶袋。

这里要特别注意的是，橡胶皮囊可能存在轻微破损，在压力小的时候几乎不漏气，但一旦在使用过程中加到 160mmHg 以上的高压就会出现漏气，所以此部位检查一定要在高气压下测试。

（3）气球漏气检查。若已证明不是橡胶袋漏气，即可肯定是气球漏气。需要对气球前端的三通活塞阀与后端的单向阀进行检查。旋紧放气螺母，捏扁气球后，用手指按住后端单向阀的进气孔，可维持压扁的形状不变；否则，很有可能是三通活塞阀漏气。然后松开进气口，气球复原后，用手指按住三通活塞阀的出口，挤压气球无法出气；否则，气球后端的单向阀损坏。

气球前端的三通活塞阀内部小橡胶老化会导致裂缝在常态下关闭不严，若发现老化应予以更换。三通活塞阀的放气针与阀座不吻合也会导致漏气。可用 500 号的气门砂少许，粘在放气顶针的斜面上，使之与阀座复合轻轻研磨，即可修复。若放气顶针已坏，应更换新品。应注意平时拧紧放气螺母时不要过于用力，只要不漏气即可。气球后端的单向阀损坏，可直接更换。

【维修案例 3】 水银断柱，有气泡。

故障现象：充气时玻璃管内水银断柱，或充气时玻璃管内水银有气泡。

故障分析：

（1）玻璃管内壁有污物。当水银在玻璃管内上升时，若在玻璃管内壁附着污物，就容易生成气泡空腔，影响压力测量的准确性。

（2）水银不足。当水银不足时，水银柱上升到一定的高度之后继续打气，就会有气泡接二连三从下往上升。

（3）水银壶问题。

故障处理：

先放气，轻轻晃动血压计，将被气泡隔断的水银柱收回水银壶内，然后根据故障原因做以下对应的处理。

（1）去除玻璃管内壁污物。将玻璃管卸下，将一根长细铁丝一端拧上小棉球，另一端穿出玻璃管，牵拉棉球擦拭玻璃管内壁，如遇顽渍可以蘸适量乙醇。应注意在清洁时戴上口罩避免吸入黑色的氧化汞粉末。

（2）加水银。

（3）更换水银壶。

第三节　电子式血压计

一、电子式血压计的结构与原理

1.电子式血压计的结构与类型

电子式血压计（electronic sphygmomanometer）目前发展很快。各种形式的全自动电子式血压计大体分为三种，即手腕式、手指式和袖带式。较早期的产品是袖带式的，多为半自动式，其使用时打气和放气与水银血压计一样，还需要手动操作，只是检测部分是电子式的，不需要用听诊器，测量结果显示部分是数字的。近几年来所生产的电子式血压计为全自动式较多，只需按一下"开始"开关，即可完成整个测量过程，操作非常简单。测量结果除了显示收缩压、舒张压、平均值，还可以显示脉搏数值，具有 kPa或 mmHg 两种计量单位显示方式。

各种形式的全自动电子式血压计在功能上还有略微差异，但差异不大，在结构形式上，主要是外形结构不同，目前手指式全自动血压计体积最小、携带方便、重量轻。

2. 电子式血压计的工作原理

图 3-6 是电子式血压计基本原理框图。

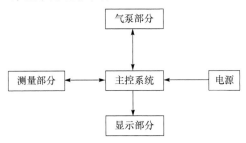

图 3-6　电子式血压计基本原理框图

电子式血压计由测量部分、气泵部分、主控系统、显示部分和电源等组成。电子式血压计是根据水银血压计工作原理设计程序，以压力传感器为主要的检测器件，按照设计的程序进行充气、放气、检测，以达到控制、分析、计数和数字显示结果的目的，所测量的结果和精度与水银血压计相同。电子式血压计所显示的结果是数字值，而不是水银血压计或气压表式血压计显示的模拟值，这样就明显减少了用水银血压计或气压表式血压计在测量时人在视角上的读数误差，以及人在听力上的误差等因素，应该说要比水银血压计和气压表式血压计准确度高。在电子式血压计中，应用光电容积法所测量的结果，往往还与所测量场所的光线亮度有关，所以要求在一定光线范围内测量才比较准确。

在电子式血压计中所应用的测量方法是不完全一样的，其工作原理和结构也有所不同。

二、故障分析与排除

【维修案例 1】无法显示。

故障现象：血压计显示屏无显示，无法工作。

故障分析：

（1）电源问题。

（2）内部有断路故障。

（3）显示电路故障。

故障处理：

（1）检查电源情况，电子式血压计一般是用电池供电，最好用碱性电池。用万用表电流挡，测量机器打开后有无电流通过。

（2）检查内部线路有无断路，打开机器检查连接线路有无断路。

（3）检查显示电路部分，检查显示屏与机器连接部分线路有无折断，并测量显示屏工作是否正常。

【维修案例 2】测不准。

故障现象：所测量的血压值偏离实际值。

故障分析:

（1）测量方法不正确。

（2）测量环境影响。

（3）机器有漏气的地方。

水银血压计
及超声雾化
器的维修案例

（4）压力传感器故障。

故障处理:

（1）使用电子式血压计测量血压时，一定要按照使用说明进行测量。测量血压不准确这种情况在实际应用中比较常见，首先要知道所测量的方法是否正确，是否是按照使用说明的要求测量的，其中包括测量的姿势、测量时的情绪、饭前或饭后的间隔时间、药物作用等，将这些因素排除之后，再考虑血压计本身故障。

（2）测量环境的影响。在测量血压时，电子式血压计对环境是有要求的，例如，采用光电容积法测量原理的应用中，就受环境因素影响，要求亮度标准偏差在一定范围内的误差值，这些在使用说明中都做了详细介绍，必须按照要求测量才准确。

（3）检查充气部分是否有漏气的地方。由于长期使用，其橡胶袋老化或橡胶管折断，造成漏气，这种情况在新型机器中还不多见，因为有些采用了硅橡胶。对于原来生产的袖带式电子血压计，直接更换袖带即可。

（4）如果考虑压力传感器损坏，则应注意因各机型的不同，所应用的压力传感器型号也会有很大差异。因为压力传感器是血压计的关键部件之一，在某种意义上它也是一个消耗品，尤其频繁使用或超压工作（超压工作就是血压计在测量时又受到了外压力，超出了压力传感器的最大允许值），更容易损坏，使所测量的数值不准，或只显示某一个数值而不变，这种情况必须更换与原型号相同的压力传感器。为此，在使用电子式血压计测量时，不要有外力加压，测量时也不要用力，更不要在测量时挤压气袋，防止血压计中压力传感器超压工作，致使压力传感器损坏。

【维修案例3】 测量血压时中途停止。

故障现象:在测量血压的过程中，血压计出现异常，停止工作。

故障分析:

（1）系统控制问题。

（2）压力传感器灵敏度降低。

故障处理:

（1）在系统控制中，可表现为:气泵不工作;气泵工作但充气达到压力后，不放气;即使放气也只是放一两下气就停止。以上这些现象在一般情况下是系统控制电路问题或压力传感器信号问题，此时要先查看电路板有无开焊、虚焊或短路、断路等现象，还有电源情况，当这些方面没有问题时，再考虑该部分集成电路是否损坏。

（2）当压力传感器灵敏度降低时，其传感器的信号不能及时送到控制系统中，同样会出现测量时中途停止的现象，使系统控制不能按程序进行。因此，必须更换一只新品。

注意:上述任何一种类型的血压计，凡经过修理后都应该用精密标准血压计进行校对。

第四章　电动吸引器

第一节　概　　述

电动吸引器（electric suction pump）多用于手术、急救和病房抽吸血、水、脓、痰等。电动吸引器由于使用电能作为动力源，具有功率大、吸力强、应用范围广、移动性好等特点，在中小医院中应用较多，是不可缺少的常用医疗器械。

电动吸引器按用途划分有三种，即普通型电动吸引器、人工流产型电动吸引器和洗胃型电动吸引器。

普通型电动吸引器主要用于医院的门诊、急诊、住院病房及手术室，进行抽吸血、水、脓、痰等治疗。电动吸引器由于吸力很强，对抽吸堵塞在患者气管中的脓、痰非常有效，是住院病房抢救区和重症监护室必备的抢救设备之一。但也正是因为吸力太强，当电动吸引器在手术中用于抽吸血、水等废液时，要特别注意使用脚踏开关控制吸力，并用负压调整旋钮调节吸力，否则容易发生吸破组织和血管的情况，甚至危及患者生命。

人工流产型电动吸引器是专门做人工流产（即吸宫）的吸引器，这种吸引器与其他类型的电动吸引器相比有两点区别：一是具备Ⅰ级、Ⅱ级负压系统，含有两个负压表分别显示Ⅰ级、Ⅱ级负压系统的负压值，含两只 5000ml 的储气瓶及两只 500ml 的储液瓶，气路也较为复杂；二是具有负压泄放阀，用于紧急情况下释放负压，保证使用过程中患者的安全。

洗胃型电动吸引器是专门用作洗胃的吸引器，这种吸引器的结构是将真空泵的正压和负压都利用起来，既有正压指示表又有负压指示表，通过单片机内程序的控制，完成一系列冲洗、吸取的功能，并有旋钮开关专门控制正压和负压的切换，还有分别限制正压和负压的调节阀。目前，已有新型的洗胃机投入临床使用，这类机器都设有正压和负压手动与自动控制功能，不易堵塞，很适合临床急诊使用，方便了医护人员的工作，提高了效率，减少了差错。

电动吸引器是医院设备中经常使用的机器，也是发生故障较频繁的设备。故障的原因有的是机器本身长时间使用，属于正常磨损，但有的属于使用或维护保养不当。

用于医疗使用的电动吸引器按照结构大体上划分为两种：滑片式电动吸引器和膜片式电动吸引器。

第二节　滑片式电动吸引器

滑片式电动吸引器（sliding-vane electric suction pump）由主机、广口瓶与管路部分组成，有的还配置脚踏开关。滑片式电动吸引器的主机包括真空泵、操作面板、电路部分以及气体管路部分。

一、真空泵

真空泵的结构为滑片式单缸转动压缩机。如图 4-1 所示，真空泵结构如下：1 是气缸，用内六角螺钉固定在真空泵后壁上；2 是排气口；3 是转子，装在主轴上，随同主轴旋转；4 是电动机主轴；5 是进气口；6 是滑片，共有 3 块，分别插入转子的 3 个槽内，其槽间隔是 120°，滑片在槽内活动自如。气缸的前端有端盖密封，打开端盖即可见到主转子、转子和滑片。

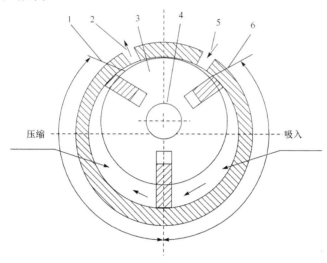

图 4-1　真空泵结构图

1-气缸；2-排气口；3-转子；4-电动机主轴；5-进气口；6-滑片

真空泵由铸铁制成的外壳部分和塑料外壳制成的储油室部分加以密封安装组成。用透明塑料制成的储油室，上面标有油位线，应按照油位线加入润滑油。

二、操作面板

操作面板上有开关、安全阀、真空表与负压调节旋钮。

开关可以直接控制电动吸引器，使其处于运行或停止状态。脚踏开关仅在踩踏开关时接通，松开时停止运行，可以用于少量的吸引或消毒要求高的工作环境。

安全阀、真空表与负压调节旋钮处于同一个负压系统，三个部件通过橡胶管路接到四通阀上，与真空泵的进气口相连。安全阀是为了避免电动机逆转时产生正压，对患者造成危害而设计的。安全阀结构比较简单，当正常负压时，安全阀内膜片被吸住，阻止空气进入；当正压时，膜片被顶开，空气可以从安全阀侧面的小孔中出来。安全阀也是一种单向阀。真空表的结构和工作原理与压力表基本相同，压力表是测量正压的，真空表是测量负压的。真空表量程为–0.1～0MPa。负压调节旋钮可以通过调节泄放孔的大小来控制患者终端的气压。

三、电动机

滑片式吸引器采用单相交流感应电动机，功率为 180W，电压为 220V，电流为 2.5A，转速为 1420r/min。滑片式吸引器电动机的起动方式是电容起动方式。

四、电路部分

电动机的电源由两个开关控制，一个是手动开关 S1，另一个是脚踏开关 S2，两个开关并联，继电器 K 为交流 6V，由电源变压器供电，熔断器为 FU，指示灯的电压为 6.3V。整个电路比较简单，如图 4-2 所示。

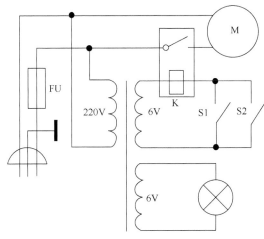

图 4-2　电动机电源电路图

当电源接通后，指示灯点亮，此时，开关 S1 和 S2 只要有一个开关闭合，继电器 K 即可工作；当开关 S1 或 S2 断开时，吸引器停止工作。

上述电路中设置了两个并联的开关，看似累赘，实则各自有其功用，非常有必要。手动开关 S1 是持续性开关，当需要抽吸长期、大量的废液时，可直接用手动开关，让电动吸引器一直保持持续吸引状态。脚踏开关 S2 是间歇性开关，当所需要抽吸的废液量较少，同时分布位置较多，需要少量、多点、多次抽吸时，一般会采用脚踏开关来控制电动吸引器的通断。脚踏开关的另一个作用是，在无菌操作环境下，操作者不便用无菌的双手触碰设备表面时，可以采用脚踏开关控制设备。

当电动机转动时，主轴即带动转子旋转，使滑片离心并紧贴于气缸内壁，由于滑片的不断旋转，气体即由进气口被吸进真空泵内，然后被压缩并由排气口排出。这样进气口就产生了负压，即产生了吸力。

真空泵工作时必须有润滑油，除了起润滑作用外，还可使滑片与气缸接触严密，从而增大真空泵的吸力。在结构上是把真空泵的主轴伸出端盖之外，在主轴上挂一个提油环，提油环的下半部浸在油中。当真空泵工作时，主轴带动提油环旋转，就能不断地将油加入真空泵内。

第三节　膜片式电动吸引器

膜片式电动吸引器（film-form electric-drive sucker）主要由压缩机部件、电器部件、面板部件和储液瓶构成。膜片式电动吸引器的真空泵为无油润滑隔膜泵，在任何情况下都绝对不会产生正压，不需注油保养，有可靠的防止液体被吸进真空泵的防倒流阀装置，利用调节阀和止逆阀可调整控制安全压力与工作。

一、结构与工作原理

膜片式电动吸引器中有两种结构和驱动方式：电动机带动曲轴使两侧膜片工作的方式和利用电磁原理带动橡胶膜片进行工作的方式。这两种形式的膜片式电动吸引器的真空泵都是无油的，其中利用电磁原理带动橡胶膜片进行工作的膜片式电动吸引器产生的噪声要比电动机带动曲轴使两侧膜片工作的膜片式电动吸引器大。电动机带动单缸曲轴使两侧橡胶膜片工作时，为了不使液体吸入真空泵，在电路中设置液面控制电路，当储液瓶内的液体达到规定的液面时，机器自动停止，以防止液体吸入真空泵。膜片式电动吸引器的整机结构如图4-3所示。

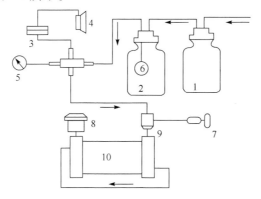

图 4-3　膜片式电动吸引器整机结构图

1，2-储液瓶；3-报警控制器；4-讯响器；5-真空表；6-防倒流阀；7-真空调节阀；8-消声器；9-止逆阀；10-真空泵

二、电路工作原理

膜片式电动吸引器的电源电路由熔断器 FU、电源变压器 T1、整流桥堆 UR、滤波电容 C2、指示灯 HL1 和 HL2、脚踏开关 S1、手动开关 S2、继电器 K1 等组成，其工作原理图如图 4-4 所示。

膜片式电动吸引器的电路工作原理是：当接通电源后，指示灯 HL1 亮，S1 为脚踏开关，S2 为手动开关，这两个开关有一个打开时，一是继电器 K1 得电吸合，接通 K1-1 接点，电动机旋转，使吸引器工作；二是指示灯 HL2 点亮。当吸引控制液面达到设定位置时，开关 S3-1 接通，使报警电路工作，讯响器报警；同时开关 S3-2 断开，使继电器 K1 失电而停止工作，从而起到保护作用。

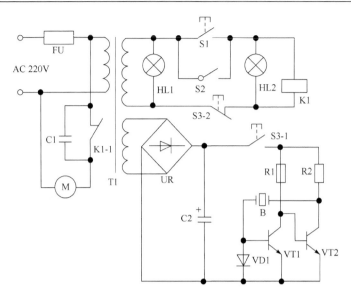

图 4-4　膜片式电动吸引器电路工作原理图

第四节　电动吸引器的常见故障现象与检修

电动吸引器是临床上最常用的医疗仪器之一，虽然其机械、气路和电路都比较简单，但由于在临床上使用率很高，因此故障率一直比较高。在使用过程中发生故障，如果保养不当或检修不及时，会严重影响对患者的抢救和治疗。本节对电动吸引器的常见故障现象及维修方法进行总结。

一、故障现象：指示灯不亮

故障分析：

（1）指示灯接触不良或烧坏。

（2）电源无电。

（3）电源熔断器接触不良或熔断。

（4）电源插头接触不良或内部接线断开。

（5）变压器烧坏。

故障处理：

（1）检查指示灯是否烧坏，灯泡与灯座接触是否良好。

（2）检查电源线以及插头连接线。

（3）打开机器，检查熔断器是否熔断，取出熔断器用万用表 R×1kΩ 挡测量。

（4）检查内部接线有无断路问题。

（5）测量电源到电源变压器一次绕组电压值，二次电压是否正常，可用万用表 R×1kΩ 挡测量电源变压器绕组阻值，如果测量变压器已烧坏，则须更换新品；在急用时可以把变压器和继电器拿掉，用手动开关或脚踏开关直接控制电动机。

二、故障现象：通电后，电动机嗡嗡作响不转动

故障分析：

（1）真空泵生锈或卡死。

（2）电动机起动不良。

故障处理：

（1）拨动电动机的扇叶，看能否转动。如果不能转动，即证明真空泵已被卡住，应拆洗真空泵，更换新润滑油；如果能拨动而且可以旋转，此时，应打开润滑部分，将原有的润滑油倒掉并清洗干净后注入新的润滑油，然后重新启动试验。

（2）如果是电动机本身起动不良，则要看电动机的起动方式。对于离心式起动方式的电动机，就要打开电动机检查离心器能否正常打开，如果离心片不能正常打开或起动绕组烧坏，此时电动机不转，电动机电流较大，极易造成电动机过热，而烧毁整个绕组，不宜反复试验下去，应立即修理电动机。

三、故障现象：负压小

故障分析：

（1）负压调节旋钮未调好。

（2）橡胶管或接头处漏气。

（3）安全阀漏气。

（4）真空泵缺油。

（5）真空泵的滑片磨损。

故障处理：

（1）使吸引器工作，并调节负压调节旋钮，观察负压表是否变化、是否可调。

（2）打开机器，检查内部连接管路，对于胶管老化、变质的情况，要给予更换。

（3）检查安全阀工作是否正常可靠，要打开安全阀检查内部是否有漏气情况，检查阀内膜片并清洗干净。

（4）检查真空泵润滑油是否达到油位线，从观察口检查油位线是否在观察口的中部，必要时应更换新油，然后使真空泵工作，观察提油环是否能够转动提油。

（5）对于真空泵滑片的磨损，应拆开气泵，清洗并把滑片在砂纸上磨光，磨时用力要均匀（应注意其与气缸之间接触面为弧形）。砂纸应放在平台或玻璃板上，如果放在不平或软的物体上，滑片不易磨平，装上之后与气缸产生间隙，吸力会减小。

四、真空泵拆洗步骤及注意事项

拆洗步骤：

（1）拧下面板上的螺钉和注油孔及固定螺钉，即可取下真空泵。

（2）拧下油窗，把脏油和污水倒出。

（3）拧下储油室固定螺钉，然后用木头垫着轻轻敲打，不要用旋具硬撬，以免损坏垫圈。

（4）拧下真空泵上的排气管，注意排气管的出口是朝下的。

（5）拔出固定提油环的铜针，取下提油环。注意不要把提油环弄弯或折断。

（6）用内六角扳手拆下真空泵端盖的螺钉，把端盖取下，然后把滑片取出；再用内六角扳手拧下气缸的固定螺钉，把气缸取下，此时要记住气缸的位置。

（7）用煤油或柴油清洗各部件，若有生锈的地方，可用砂纸打磨光洁（最好用木砂纸），洗净的零件应整齐地放在一张干净的纸上。

（8）装配时，按上述相反的次序装回各个零件。

（9）从面板上的注油孔加进新油，即可试机。

注意事项：

（1）注意气缸原来的方位，不要装错。

（2）气缸与机芯的间隙越小越好，但不能接触。在固定气缸之后应转动泵芯，查看有无摩擦。

（3）三个滑片的位置不要调错（滑片上有编号），滑片与气缸接触的一面必须光滑，呈弧形。

（4）把提油环装上后，应通电试一下，看气泵和提油环的运转是否正常。

（5）要注意清洁，不要把任何异物带进泵内。

滑片式电动吸引器的维修案例

第五章　医用雾化器

第一节　概　　述

　　持续的雾霾天气、空气污染的加剧导致呼吸道疾病的频发，使原本免疫力低的老人与儿童的发病率明显升高。传统的口服药物治疗或者肌注给药见效较慢，并且药物流经全身，经过肝脏等器官降解，利用率低，对流经肺以外的器官可能还有副作用，不利于儿童的健康成长，因此医院普遍开始采用雾化吸入治疗的手段，直接将药物作用于上呼吸道、肺部等靶向器官，作用快、药量小、基本无副作用。雾化治疗采用医用雾化器（medical nebulizer）将药液雾化成微小的颗粒，然后通过呼吸吸入的方式进入呼吸道和肺部沉积。相对于传统的口服药物或者肌注给药的治疗手段，这种治疗方法疗效确切、起效快、使用方便、基本无副作用。对于儿童和老人，如今医用雾化器正在逐渐成为一种家庭常备的医疗器械，患者只要按照医嘱，便可以在家进行雾化治疗，不必去医院，避免了奔波途中的空气污染影响及在医院可能发生的交叉感染。

　　医用雾化器主要用于治疗各种呼吸系统的疾病，适用于哮喘、咽炎、支气管炎、咽喉肿痛、慢性阻塞性肺疾病、鼻炎等。目前医用雾化器主要有三种类型，分别为超声雾化器（ultrasonic nebulizer）、压缩式雾化器（compressed nebulizer）和网式雾化器（net nebulizer）。从技术角度看，它们呈现雾化器的三个发展阶段，所以医学上很多人把它们分别称为第一代雾化器、第二代雾化器和第三代雾化器。网式雾化器是近几年才发展起来的。超声雾化器产生的气雾密度达到 2 万~2.5 万颗粒/cm³，压缩式雾化器可以达到 4 万~5 万颗粒/cm³，网式雾化器可以达到 5 万~6.5 万颗粒/cm³，从雾化颗粒的大小来看，雾化效果一代比一代好。

第二节　医用雾化器的结构与原理

一、超声雾化器

（一）超声雾化器的结构与工作原理

　　超声雾化器的结构比较简单，它由雾化器外壳、底座、电源变压器、送风装置、电路板、振动晶片、储药杯、塑料螺纹管、吸嘴或吸入面罩、调节和控制系统等组成。外壳基本由工程塑料制成，面板上有电源开关、定时器、雾量调节旋钮以及电源和输出指示灯等。

　　超声雾化器的工作原理是通过换能器（压电晶片，简称晶片）耦合产生高频振荡，并由压电晶片产生 1.7MHz 的超声波。在超声波振荡输出电路中，大部分产品采用单管式输出，有的产品采用双管式输出。

超声雾化器在常温下把水溶性的药物经过超声振荡形成微小的雾粒，雾粒直径为 5～8μm，风扇送风产生的气流将药物的雾粒从雾化杯内带出，通过螺纹管，以药物气溶胶的形式供给患者吸入治疗。由于超声雾化器产生的药物雾粒较大，大部分仅能沉积在口腔、喉部等上呼吸道，肺部的沉积量很少，因此不能有效地治疗下呼吸道疾病，而对于咽喉炎等单纯上呼吸道疾病，是最佳的选择，但临床上多数咽喉炎是由肺部疾病引起的，所以耳鼻咽喉科也常使用医用雾化器。同时，超声雾化速度较快，导致患者吸入过多的水蒸气，使呼吸道湿化，呼吸道内原先部分堵塞支气管的干稠分泌物吸收水分后膨胀，加大了呼吸道阻力，因此对下呼吸道疾病的治疗效果不佳。此外，由于雾粒大，雾化速度较快，从而对药物的需求量也大，造成了药物一定程度上的浪费。超声雾化器在肺部疾病的治疗效果、操作清洗等方面存在缺陷，因此正逐步退出市场。鉴于超声雾化器在雾化治疗发展史上起到的巨大作用，这里仍然介绍超声雾化器。

（二）超声雾化器的电路原理

超声雾化器由电源电路、振荡器电路和水位控制电路组成，如图 5-1 所示。接通电源，启动定时器 DS，风扇电机 M 随即启动旋转。220V 交流电经过变压器降压，通过桥式整流和滤波后给整个电路供电，电源指示灯即发光二极管 VL1 亮。超声振荡电路中的压电晶片 B、电容 C2、C3、C4 和三极管 VT1 组成皮尔斯电路——电容反馈式并联晶体振荡器，其中压电晶片 B 是一种高频陶瓷压电振子，晶体工作在串联谐振频率和并联谐振频率之间，呈感性，相当于电感。在振荡电路里一般都设有水位限制感应开关，很多产品都采用干簧管，主要是为了检测到无水或水少时，振荡电路不振荡、不耗电。水位限制感应开关由三极管 VT2、VT3 等组成电子开关。当雾化器水槽内的水达到水位线时，三极管 VT2 的下拉电阻阻值减小，使三极管 VT2 导通，VT3 导通，振荡电路开始工作，压电晶片的工作频率为 1.7MHz；当雾化器水槽内的水脱离水位线时，三极管 VT2 的下拉电阻阻值增大，使三极管 VT2 截止，VT3 截止，振荡电路停止工作。雾量调节由电位器 RP1 控制，当雾化输出正常时，输出指示灯即发光二极管 VL2 亮。

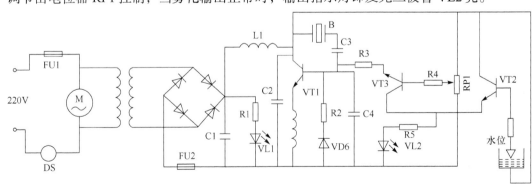

图 5-1　超声雾化器的电路原理图

二、压缩式雾化器

（一）压缩式雾化器的结构与工作原理

医用压缩式雾化器一般主要由主机、送气管、雾化装置、吸嘴或吸入面罩组成，其中主机主要由压缩泵、过滤组件和控制系统组成。压缩式雾化器也称射流式雾化器，利用文丘里效应（Venturi effect）实现，一般是将气体压缩机产生的压缩空气作为驱动力来产生和传输气雾的。压缩机产生的压缩空气从细小的喷嘴喷出，由于空气流通过缩小的过流断面后流体流速极速增大，根据伯努利定理可知流速的增大将伴随流体压力的降低，因此在流体附近产生低压，从而产生吸附作用，旁边的吸水管就会向上吸起药液，吸上来的药液快速撞击到上方的隔片后，使液滴变成雾状微粒，然后向外喷出。相对于雾化颗粒大、喷雾量大的超声雾化器而言，压缩式雾化器雾化的颗粒更小，中位粒径数大约为 3μm，大多数颗粒可达 2～5μm，能使药物充分到达更深的下呼吸道和肺泡，更适合儿童和老年患者使用。压缩式雾化器的雾化工作原理如图 5-2 所示。图 5-3 为某款压缩式雾化器的内部结构图。

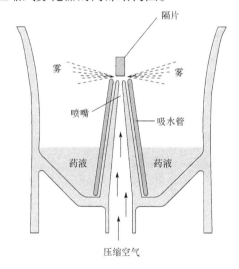

图 5-2　压缩式雾化器的雾化工作原理示例图

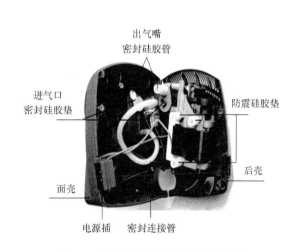

图 5-3　压缩式雾化器的内部结构图

（二）压缩式雾化器的优缺点

1. 压缩式雾化器的优点

（1）压缩式雾化器的动力源是一种高效无油的活塞式压缩机，结构比较简单，故障率低。

（2）压缩式雾化器在雾化时无须像超声雾化器那样需要添加作为能量传递介质的水，可以使用药物原液，药物浓度更高，疗效更好，操作使用更方便。

（3）雾化颗粒较细，并且不易受碰撞而结合，能进入细小支气管、肺泡管等下肺部，临床效果更好，特别适合下呼吸道疾病的治疗。

2. 压缩式雾化器的缺点

（1）由于压缩式雾化器的动力来源于电机压缩产生的空气，因此振动及噪声是最大的缺点。

（2）由于压缩式雾化器产生的雾化颗粒依靠强气流对外喷射，因此喷射出的雾气容易刺激咽部和鼻腔，使婴幼儿和老人呛咳。

（3）由于压缩式雾化器的设计和工作原理，通常体积较大，这可能导致其在使用时不太方便携带。

（4）由于压缩式雾化器体积较大和噪音较高，可能不易被患儿接受，尤其是对于需要长期使用雾化器的儿童来说，这可能会影响治疗的效果。

三、网式雾化器

（一）网式雾化器的结构与工作原理

网式雾化器是目前雾化器中最新的一种类型，兼具压缩式雾化器和超声雾化器的优点。网式雾化器将压电陶瓷产生的快速流动药液，通过带有网式喷雾头的喷嘴型孔穴喷出，形成雾化效果。目前市场上产品的药液流动原理主要采用两种方式：一种为利用脉冲电流正负电子的极速运动带动药液；另一种为利用高频振荡晶体管对液体产生冲击动作带动药液。雾化器在喷头处设置了直径为 5μm 的筛网，因此喷出的药液颗粒均为直径小于等于 5μm 的雾化颗粒，筛网原理如图 5-4 所示。药物成分所能达到的患部深度取决于喷雾粒子的直径，粒子直径越小，其到达的部位也就越深。大于 5μm 的药物微粒在口腔和咽部分解并被吞咽，2～5μm 的微粒最适合在气管支气管中沉积，0.5～1μm 的颗粒最适合在肺泡中沉积。图 5-5 为目前市场上的几款网式雾化器。

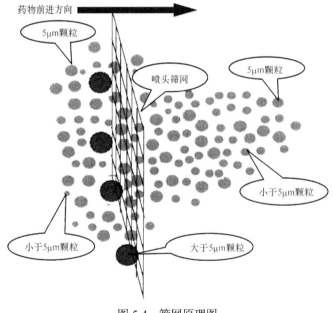

图 5-4　筛网原理图

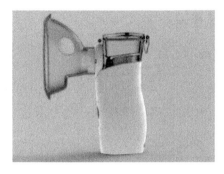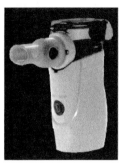

图 5-5　网式雾化器

（二）网式雾化器的优缺点

1. 网式雾化器的优点

网式雾化器克服了超声雾化器的雾化颗粒大、雾化速度快的缺点以及压缩式雾化器振动大、噪声大的缺点，更加适合家用或者外出携带。

（1）体积小巧、轻便，可使用两节 1.5V 干电池，便于携带，让人们真正实现随时随地雾化治疗，尤其对于哮喘急性发作的患者。

（2）工作时无振动，不产生热量，无噪声污染。

（3）采用筛孔式技术，雾化颗粒小、均匀、效率高、治疗效果好。

2. 网式雾化器的缺点

（1）由于利用筛网的技术，不适合黏性太大的药液。

（2）筛网技术是核心关键，因此产品成本较高。

（3）筛网微孔容易滋养细菌，需要进行合理的清洗消毒。

第三节　医用雾化器的故障维修

一、超声雾化器的常见故障及检修

（一）故障现象：电源指示灯不亮

故障分析：该故障一般会由以下几个问题造成，即电源线未接好或电源熔断器熔断；二次熔断器熔断；电源指示灯烧坏。

故障处理：首先检查外部电源以及电源线是否正常，开关、定时器、雾量调节等旋钮是否已经打开，再检查两个熔断器是否熔断，一个是电源总的熔断器，另一个是在整流后的二次熔断器。如果二次熔断器被熔断，一般是由于振荡电路出现故障或短路时被烧坏。当整流电路出现故障时，一次熔断器也会烧坏。用万用表二极管挡测量检查指示灯是否损坏。如果上述部件都没有问题，而且电源变压器也有电输出，桥式整流输出正常，那么再检查串联电阻 R1 是否断路。

（二）故障现象：雾化输出指示灯不亮，有雾化

故障分析：由于雾化正常，一般问题出在指示灯部分，可能雾化输出指示灯损坏，或者雾化输出指示灯电路损坏。

故障处理：用万用表二极管挡测量检查雾化输出指示灯是否损坏。若正常，则直接检查指示电路，测量电阻 R5 是否断路，如果电阻阻值正常，再测量电路有无电压输出。

（三）故障现象：雾化器输出指示灯不亮，无雾化

故障分析：由于雾化输出指示灯不亮并且无雾化，可能由以下几个问题造成，即桥式整流损坏；振荡电路晶体管损坏；水位控制问题；晶片损坏或镀膜脱落。

故障处理：先观察电源指示灯是否显示正常，如果不亮，先按照故障现象（一）排除方法排除。若电源指示灯正常，先观察水槽内水位是否正常，若水位不够，先添加足够的水量。再用万用表检查振荡电路中两只晶体管是否损坏，若已损坏，更换新品。若晶体管没有损坏，再检查水位控制电路是否有问题，其水位控制一般由干簧管控制来实现，检查水槽中磁性浮漂上下是否灵活，干簧管是否能够相应地正常打开和关闭。

再检查压电晶片，其表面镀膜是否有被烧坏或变色以及脱落现象，检查晶片两条引线是否脱焊。有些晶片表面看上去是好的，但用的时间长了容易老化，也可能造成没有雾化输出。压电晶片是有寿命的，主要看晶片的质量，当然与使用也有一定关系：在一般情况下是由于雾化时间过长，水槽内的水温过高而没有及时更换造成的；水槽内没有加入蒸馏水而形成水垢；由于使用不当造成故障，每次开机前没把雾量调节旋钮调到最小，并且都旋到最大；由于药杯漏液产生腐蚀作用，压电晶片上面的镀膜被腐蚀；当打开电源时，受到瞬间电流的冲击，造成损坏。若雾化正常，输出指示灯仍不亮，按照故障现象（二）排除方法排除。

（四）故障现象：雾化器指示灯亮，且药杯中有雾，但雾出不来

故障分析：故障基本可以锁定在风扇电机部分，可能是风扇电机供电问题或者风扇电机损坏。

故障处理：先检查出风口是否安装正常，再检查风扇电机供电情况，测量有无电压，有些产品采用直流低压供电电机，有些采用交流 220V 供电电机，根据说明书来测量。若电压正常，检查风扇电机本身能否自由转动，有无烧坏现象，测量电机阻值是否正常。

二、压缩式雾化器的常见故障及检修

相对于超声雾化器，压缩式空气雾化器结构相对简单，故障率较低，主要问题集中在产生压缩空气的压缩机以及相关的连杆、活塞等部件。

（一）故障现象：电源指示灯不亮

故障分析：一般由以下几个问题造成，即外部供电故障、保险丝熔断以及电源指示

灯损坏。

故障处理：先直接开启雾化，观察雾化是否正常，如果运转正常，则指示灯损坏。如果压缩机不运转，则供电部分故障。检查外部供电以及电源线是否正常、保险丝是否熔断。

（二）故障现象：电源指示灯正常，按下雾化键，不出雾或者出雾很小

故障分析：由于电源指示灯正常，一般可以排除供电问题，可能会由以下几个问题造成，即外部雾化杯未安装正确；药液用完；管路破裂或者连接不正确；压缩机运转不正常；连杆与压缩机连接脱落；活塞橡胶老化或者脱落。

故障处理：先排除外部因素，检查药液是否用完、雾化杯盖安装是否正确、导气管内是否有水滴、管路是否破裂或者连接不正常、出气口处喷嘴是否破裂，造成雾化小或者无雾化问题。再拔下导气管，用手感触下出气孔是否有气流喷出，以及气流大小等。如果气流太小，可能是进气孔或者出气孔堵塞，气孔堵塞常见的是进气孔的过滤棉使用时间过长，灰尘太多造成堵塞，需要定期更换进气孔过滤棉以及喷雾器。

排除以上问题后，如果还不出雾，检查压缩机是否运转，如果没有运转，按照故障现象（一）排除方法进行，检查压缩机供电是否正常、压缩机电机阻值是否正常、压缩机电机有无卡死，如果电机轴卡死，可以用润滑剂进行除锈润滑。如果压缩机运转正常，则先排除内部管路是否脱落。检查与压缩机连接的连杆是否与转子脱离，如果连接正常，检查转动是否顺畅、有无卡死。检查活塞的环形橡胶密封圈有无脱落以及橡胶有无老化，如果老化，可能会造成密封效果不好，气压达不到要求，出雾小。图 5-6 是市场上一款压缩式雾化器的压缩机及活塞结构。

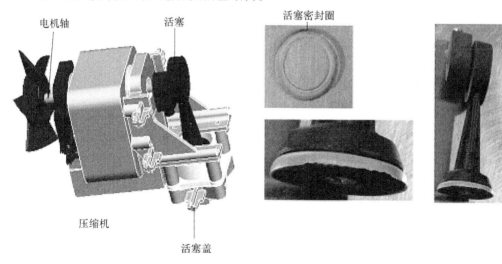

图 5-6　压缩机及活塞结构

（三）故障现象：雾化器开启后，出雾正常，但噪声比平常要大，振动感明显

故障分析：雾化正常，基本可以排除供电、压缩机运转以及管路连接等一系列问

题，故障很有可能是未放置过滤棉、减震脚垫等减震材料或者内部压缩机脱落等原因造成的。

故障处理：先关闭机器，检查进气口是否放入过滤棉、机器放置是否平稳、雾化器减震脚垫是否正常等。拿起机器轻轻晃动，查看机器内部有无松动现象。若有松动，打开外壳，对压缩机等部件进行重新固定，特别注意压缩机的减震脚垫是否脱落。

三、网式雾化器的常见故障及检修

相比较于超声雾化器以及压缩式雾化器，网式雾化器结构更加简单，故障率更低。

（一）故障现象：不能开机

故障分析：可能是由于电池电量不够或者开关按钮损坏。

故障处理：由于考虑便携性，各厂家基本将雾化器设计成锂电池供电，可以尝试重新充电，判断是否因为电量不足导致无法开机，或者直接测量电池输出是否正常。检测按钮开关动作是否有效。

（二）故障现象：气雾小

故障分析：可能是药液容量不够、电池电量不够、筛网微孔堵塞、振荡管或者脉冲电流问题等原因造成的。

故障处理：先检查药液是否在有效的刻度内，再查看电池有无低电量报警。检查筛网微孔是否堵塞，是否需要进行清洗。测量振荡电路或者脉冲电流电路是否故障，不同厂家设计电路不一致，根据实际情况检测。

第四节　医用雾化器的日常使用与维护

一、超声雾化器的日常使用与注意事项

（1）在使用机器之前应先将水加到规定位置，要用蒸馏水而不能用自来水；将治疗用药液准备好，在加入药杯之前要检查药杯是否有漏药液的现象，要保证药杯不漏才能把药液加进去。

（2）将药液和水槽内的水加好后，连接电源线，在打开电源之前要将雾量调节旋钮调至最小，关闭定时器；然后打开机器电源，打开定时器，调整雾量调节旋钮使雾量逐渐增大。不要在雾量调节旋钮调至最大时开启电源，这样容易将振荡管击穿或损坏压电晶片。

（3）雾化器用完后一定要把水槽内的水倒掉，并进行清洗，用软布擦干晶片上的水。

二、压缩式雾化器的日常使用与注意事项

（1）机器进气口处的过滤棉需要定期更换，保证空气的洁净。

（2）由于雾化器内部有风扇，容易积灰，建议定期对机器内部进行除尘处理。

（3）定期润滑压缩机转轴，防止生锈卡死。

（4）插拔雾化器药杯时，尽量轻拿轻放，以免损坏喷嘴。

三、网式雾化器的日常使用与注意事项

（1）使用前用柔软干布沾水或酒精清洁雾化器并晾干，向上取下药瓶，倒入适量药液，先将面罩（吸嘴）与转接头连接，再与吸嘴座连接，按启动/停止键，开始雾化治疗。

（2）清洗主机时，必须用柔软的干布沾水或酒精轻轻擦拭主机上的污渍；使用沾酒精的纱布清洁药瓶上的电极，确保导电正常喷雾；在清洁过程中，严禁碰触到电网片。

（3）清洗配件时，用清水冲洗面罩、口含吸嘴、转接头；在纯净水中浸泡 15 分钟，清洗后擦干并晾干保存；每次雾化结束后必须清理药瓶内残留药液，以免筛网片微孔堵塞，无法正常喷雾或喷雾量减弱。

四、医用雾化器的消毒

每次治疗结束之后，一定要把雾化器进行彻底消毒，防止下次使用感染，并且要保持仪器的干燥性。可以使用 0.1%的二氧化氯消毒剂用纯净水溶化，将所要消毒的雾化器管道、药杯等进行浸泡、灌注、循环消毒，再用纯净水循环冲洗干净即可使用，全部过程约 15min。如果雾化器为家用，没有相关的消毒药物，建议每次做完之后，把管道、药杯等冲洗干净，用热开水浸泡。

第六章　医用注射泵

第一节　概　　述

医用注射泵（medical injection pump）是一种泵力仪器，可供微量静脉给药，代替人工推注进行给药，其优点是剂量准确、安全、定时、定量，给药均匀，调节迅速、方便。对于临床上需要缓慢给药且用药少量的患者，若使用人工手推注射，不但速度难以控制得当，而且烦琐耗时。医用注射泵的使用能够提高临床给药操作的效率和灵活性，降低护理工作量，普遍使用于 ICU、CCU、儿科、心胸外科、脑外科、普外科等的重症患者。

医用注射泵按通道数可分为一道注射泵、二道注射泵和多道注射泵。

医用注射泵支持的注射器容量一般为 10ml、20ml、30ml 和 50ml。目前国内对注射器生产的规格没有一个统一的标准，为了减小注射泵因不同注射器品牌而引起的误差，使用前需要确认使用的注射器为医用注射泵厂家所支持的注射器，并选择对应的注射器品牌代码。

医用注射泵具备的特点如下。

（1）为便携式仪器，体积小、重量轻。

（2）注射药物精确、微量、均匀、可靠。

（3）具有内置电池，方便离开病房。

（4）有功能检测系统，可检测出应用中出现的非正常情况并通过声光报警方式响应。

第二节　医用注射泵的工作原理

医用注射泵由步进电机及驱动器、丝杆和支架等构成，具有往复移动的丝杆、螺母，因此也称为丝杆泵。螺母与注射器的活塞相连，注射器里盛放药液。工作时，单片机系统发出控制脉冲使步进电机旋转，从而使步进电机带动丝杆将旋转运动变成直线运动，推动注射器活塞进行注射输液，把注射器中的药液输入人体。通过设定螺旋杆的旋转速度，即可调整其对注射器针栓的推进速度，从而达到调整所给药物剂量的目的，其原理图如图 6-1 所示。

医用注射泵一般为定容型泵，在规定时间内输出的药物量不受输液通道内阻力的影响，当液路系统达到一定压力值时，注射泵上设置的堵塞报警系统发出声光报警并停机。

整个系统由主控模块、电源模块、机架组件、步进电机、报警系统、状态检测系统、针筒识别组件等部件组成，其系统结构图如图6-2所示。

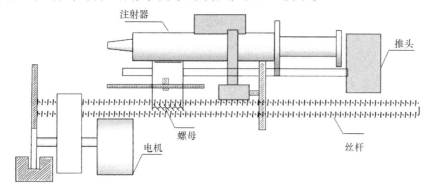

图 6-1 医用注射泵工作原理图

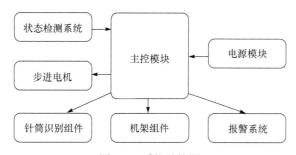

图 6-2 系统结构图

1. 主控模块

主控模块用单片机来实现对整个系统的控制，包括工作控制、参数计算、按键输入状态显示、压力检测和自动报警等功能。

2. 电源模块

电源模块由电源选择、充电部分及电压提升部分组成。电源模块提供元件的工作电源，能自动切换内、外电源，使用外部电源时，自动对内部电源充电。充电完成后自动断开充电线路。如果外部断电，内部电源能自动供电。

3. 步进电机

步进电机模块要求电动机控制系统能实现高转矩、低振动水平、低噪声、快速响应和高效驱动。在得到中央电路的指令后，步进电机驱动电路就得到加载电压，通过一定的脉冲激励驱动步进电机，步进电机在一定规律的脉冲频率下进行转动，然后将动力源传动到二级减速箱进行减速，使得输出的速度得到进一步细化而传到丝杆，丝杆通过与半螺母结构形成外循环滚动螺旋，精确地把速度传到挡板处，提供了稳定而精确的进给运动。

4. 报警系统

报警系统主要包括脱落示警、系统示警、正常工作指示、电池示警、外电源示警等功能。采用蜂鸣器发声或发光二极管发光产生示警信号。

5. 状态检测系统

状态检测系统大部分采用电阻式压力传感器将被测的非电量转换成电阻值，通过测量此电阻值达到测量非电量的目的，采用电桥构成测量电压，是一种具有较高灵敏度的测量方法。无差压时，电桥两臂平衡。差压信号加到陶瓷压敏电阻上，压敏电阻的阻值随差压而变化，引起电桥失衡。电桥失衡引起电流的变化，放大后，把模拟信号转化为数字信号，再传输至单片机进行处理。常用于监测物理管路压力变化，判断阻塞与否，当管路由于某种原因阻塞，导致管路压力升高时，即触发阻塞报警。

6. 针筒识别组件

大部分针筒识别组件如图 6-3 所示，由于容量大的针筒直径大，而不同直径的针筒会通过拉杆使两个开关组合成不同的形式，由此来识别针筒容量，以史密斯 WZ-50F6 型医用注射泵为例，在正常情况下，向外拉动压块，注射器规格指示灯会依次按照 10ml—20ml—30ml—50ml—脱落（注射器装夹出错报警）四种状态进行切换。

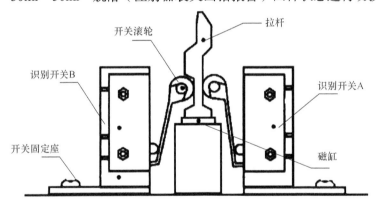

图 6-3　针筒识别组件

第三节　医用注射泵的校准

医用注射泵替代人工进行给药，其准确性和可靠性直接关系患者的治疗效果甚至生命安全，故需定期对其进行校准，以保证设备的安全使用。通常为每年一次进行定期检测，如果使用频率很高，则可以每半年一次，以及维修后必须进行检测校准。

校准前应先推拉注射泵丝杆，检查是否灵活，若感觉丝杆较紧，不易移动，可在轨道槽中滴入 2~3 滴机油再推拉数次，以减小机械误差、提高稳定性。检查注射器是否灵活，由于检测的注射器频繁使用，注射器活塞与注射器内壁摩擦力过大而易发生卡住的情况，所以检测时需要查看注射器是否灵动，以排除由此引起的干扰。

选择医用注射泵厂家指定的注射器并将注射器推片卡入推头槽中，用压块压住注射器针筒。

使用美国 FLUKE 公司的 IDA 4 PLUS 流量检测仪对医用注射泵进行流量及阻塞校准测试。在一个机箱内可提供 1、2、3 或 4 个独立的测量通道，利用一台仪器，即可选择同时测试最多 4 台输液设备。流量校准测试可以测出医用注射泵的平均流量、瞬时流量和总剂量等测量结果。阻塞校准测试可以测出医用注射泵的当前压力、最大压力以及达到最大压力的时间等测量结果。测试前需要对整个管路进行液体灌注，保证测试内部管路充满液体，并且无气泡，才可以激活测试。

校准示意图如图 6-4 所示，校准实物连接如图 6-5 所示。下面分别对流量检测仪的主要功能（流量及阻塞校准）进行介绍。

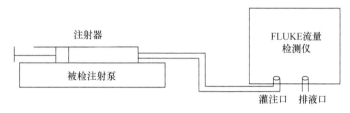

图 6-4　校准示意图

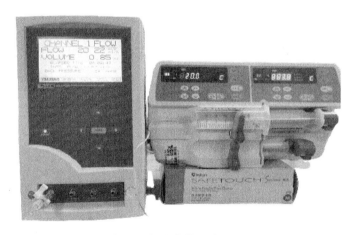

图 6-5　校准实物连接图

一、流量校准

设置注射泵的流量为待校准点，在选择校准点时应尽量使其在量程内均匀分布，一般不少于 3 个测试点。流量检测仪开机之后通过面板上的箭头按键移动光标选择欲使用的测试通道，这里选择默认的“Ch 1”通道，选择“SETUP”，按“ENTER”键进入“CHANNEL 1 SETUP”通道设置界面，如图 6-6 所示。

选择“FLOW”模式，按“ENTER”键进入流量校准模式，如图 6-7 所示。

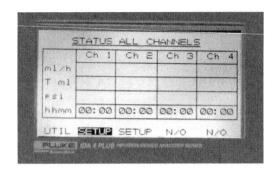

　　　　图 6-6　开机后界面　　　　　　　　　　　图 6-7　通道 1 设置界面

　　此时进入"CHANNEL 1 FLOW"流速测试界面，界面中显示平均流量值
（FLOW）、测试过程中总流量（VOLUME）、测试用时（ELAPSED TIME)、实时流量值
（INST. FLOW）及实时管路压力值（BACK PRESSURE），如图 6-8 所示。

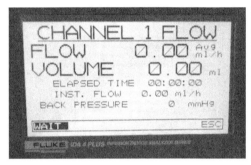

　　　（a）等待预清洗界面　　　　　　　　　　　（b）等待启动界面

　　　　　　　图 6-8　通道 1 流量校准初始及启动界面

　　由于空气在测试管路内存在，检测仪会提示进行预洗（WAIT）或（Prime），按下
医用注射泵的快速推注键对注射器、延长管和流量检测仪进行充水灌注，确保管路内充
满液体且没有气泡，当管路内的空气完全被排出测试仪时，此时检测仪会由"WAIT"
状态激活进入到图 6-8（b）所示的等待启动界面，此时医用注射泵可以停止灌注，接着
即可通过自动开始（AutoSTART）或开始（START）方式进行输注装置的流速测试；一
般选择开始（START）的同时按下微泵的启动键，进行测试。等待检测仪流量读数稳定
后记录给定时间周期内的平均流量值。

　　流量图界面：在测试流速中，按"GRAPH"键可以进入到"FLOW GRAPH"图形
显示界面，在该界面下按"MODE"键切换可以显示瞬时流量（Inst）、平均流量
（Avg）以及联合的 Avg & Inst 随着时间的历史曲线图。图形曲线显示在左边，对应的数
值显示在右边，如图 6-9 所示。

　　流量基本误差按式（6-1）和式（6-2）计算：

$$\bar{Q}_i = \frac{1}{n}\sum_{j=1}^{n}Q_{ij} \tag{6-1}$$

图 6-9 流量图形显示界面

$$\delta_i = \frac{Q_i - \overline{Q}_i}{Q_i} \times 100\% \tag{6-2}$$

式中，Q_{ij} 为检测仪第 i 流量点第 j 次的测量值，ml/h；$\overline{Q}_i$ 为检测仪第 i 流量点 n 次测量值的算术平均值，ml/h；n 为第 i 流量点的测量次数；δ_i 为注射泵第 i 流量点流量的基本误差；Q_i 为注射泵第 i 流量点流量的设定值，ml/h。

示值重复性按式（6-3）计算：

$$b_i = \frac{1}{\overline{Q}_i} \sqrt{\frac{\sum_{j=1}^{n}(Q_{ij} - \overline{Q}_i)}{n-1}} \times 100\% \tag{6-3}$$

式中，b_i 为注射泵第 i 流量点示值重复性，取上述流量点的最大示值重复性作为校准结果。

注意事项：确保足够长的校准时间，注射泵由于设计原因，其流速波动性存在喇叭曲线，也就是说达到稳定流量状态需要一段时间，如果校准时间不够，在注射泵的流量尚未达到稳定时便记录数据，极易误判仪器性能。

注射泵的检测标准应符合 JJF 1259—2018《医用注射泵和输液泵校准规范》的要求，其具体计量性能如表 6-1 所示。

表 6-1 注射泵的计量性能

器具名称	流量范围/（ml/h）	示值允许误差/%	示值重复性/%
注射泵	5～19.9	±6	2
	20～200	±5	
	201～1000	±6	

二、阻塞校准

选择"OCCLUSION"模式，按"ENTER"键进入阻塞校准模式，如图 6-9 所示。此时进入"CHANNEL 1 OCCLUSION"界面，界面中显示目前阻塞压力值（PRESSURE）、测试用时（TIME）、阻塞压力峰值（Peak Pressure）及测试过程中出现最大压力峰值的时间点（Time of Peak），如图 6-10 所示。

启动注射泵对管路内部进行灌注，此时分析仪由"WAIT"状态激活进入启动界面，选择"START"开始测试，随着微量注射泵的注射，管路内部的阻塞压增大，当增加到微量注射泵的阻塞报警临界状态时，注射泵会自动产生相应的声光报警，并回抽释放管路阻塞压力及停止注射。记录此时注射泵质量检测仪显示的阻塞压力峰值（Peak Pressure）。

图 6-10　通道 1 阻塞测试界面

注意事项：阻塞报警设定值与阻塞报警阈值之差的最大允许误差为±100mmHg 或阻塞报警设定值的±30%。没有明确规定流速设定值和报警的响应时间。然而，阻塞报警的压力值与流速的设定值有直接的关系。流速的设定值越大，阻塞报警的压力值越高，报警时间越短。建议在校准时设置较低的流速（如 20ml/h），避免因流速设置过大，造成注射管路内壁压力较高，对校准产生影响。

第四节　医用注射泵的测试监测报警功能和维护保养

一、测试监测报警功能

医用注射泵监测报警功能不合格的情况分为两种：一种是设计问题，如注射泵报警无声音或音量不够；另一种问题是设备故障造成的，一般情况是传感器灵敏度下降或损坏，这两种情况都需要维修。原则上每年应进行一次测试，分别模拟被检设备的各种状态，对其监测与报警系统进行功能验证，包括显示的注射器指示与注射器规格一致、管路安装不妥报警、输注完成报警、电池低电量报警和操作遗忘报警等。

二、维护保养

（1）安装机器电源线时要到位，不能松动，避免电源线插头和机器插座接触不良导致打火漏电的危险。

（2）保持插座周围清洁、干燥、无药液侵蚀的痕迹，否则应对插座进行清洗，方可使用。清洗插座应在断电状态下进行，可用湿布加适量的清洁剂，对插座外表进行擦拭，再用干净湿布擦拭表面，最后用干布擦干即可，并将泵放置于干燥架子上。

（3）电池欠压，注射泵发出间断声报警后，需及时通电；机器长时间不用时，要注意机器内置电池保养，建议一个月充一次电，以免内置电池自动放电而报废（关机状态下连续充电 12h）。注射泵内的充电电池应每月进行一次充放电时间的检查，以免在工作时因电池电量用尽而无法使用。

（4）压板上或压板导向槽内有药液侵蚀痕迹时，应及时清洁，否则会使压板不能自然回到底部，从而造成注射器规格识别故障，影响精度。

第五节 医用注射泵的故障现象与检修

下面以史密斯 WZ-50F6 型医用注射泵为例，讲解其常见故障及其分析和处理，其外形构成如图 6-11 所示。

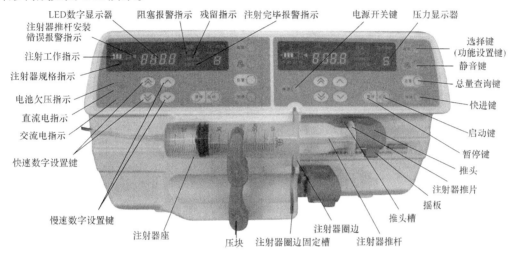

图 6-11 史密斯 WZ-50F6 型医用注射泵外形构成图

一、故障现象：无法开机

故障分析与处理：

（1）检查电源部分，观察面板左下角的交流电指示灯是否点亮，若不亮，可能是保险丝烧坏，检查保险丝。

① 保险丝确实烧坏，更换新的保险丝。

② 若保险丝完好，接通电源，将万用表打到交流挡测量变压器次级有无电压输出，若无，则说明变压器损坏，应更换新的变压器。

（2）面板左下角的交流电指示灯正常点亮，检查线路连接正常后，用万用表测量 U1 三端稳压管 7818 的输入端是否有 22.4V 左右的电压值，如图 6-12 所示，若有，测量输出端是否有 18V 左右的电压值，以上步骤一般是正常的，也有少数存在 7818 损坏的情况。

（3）在（2）正常的情况下，首先检查 U19（78L05）贴片 5V 稳压管 1 脚是否有 5V 电压输出，若无，应更换之，确认有 5V 电压输出后，再按电源开关键，首先测量开机启动芯片 U12 QK712 的 9 脚是否有 0→5V 的变化，然后测量 10 脚是否有 5V→0→5V 的变化，以上有一种出现异样变化，极有可能说明 QK712 已经损坏，应更换新的 QK712。

① 若更换后仍然无法正常开机，则考虑更换 Q5 2N5551 三极管，可能内部出现击穿断路情况。

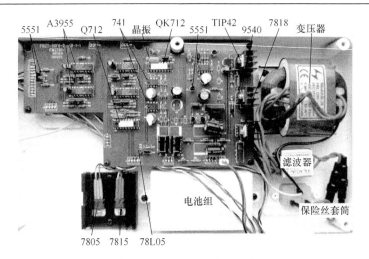

图 6-12　WZ-50F6 后壳组件

② 若更换 2N5551 后仍不能正常开机，则考虑更换 Q6 IRF9540N 功率三极管。

二、故障现象：开机 Err 报警

故障分析与处理：

按电源开关键后数码管显示"Err"，无法进行任何操作，此时关机打开泵的前后壳，再次按动电源开关键观察启动时电机是否运转正常。

（1）若电机没有运转，拨动上电路板的红色拨动开关 ON→12，然后按启动键，使注射泵以低速运行，用模拟电压表测量电机驱动输出口 J2 1、2、3、4 是否都有 2.1V 左右的微小抖动。若无，则说明驱动电路出现问题；如果 1、2 无此抖动，则更换驱动芯片 U11 A3955SBT；如果 3、4 无此抖动，则更换驱动芯片 U12 A3955SBT，如图 6-13 所示。若电机的四相驱动输出都正常，则很有可能是电机被异物卡住，拆下电机除去异物即可，若电机并没有存在被异物卡死的情况，则考虑更换晶振。

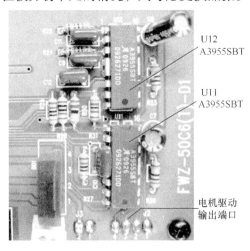

图 6-13　驱动电路

（2）若电机运转正常，则可能原因是基准压力 P 值偏出 170～210 的正常范围，拨动上电路板红色拨动开关 ON→12，观察当前 P 值，根据偏移的大小在压力小板子上添加合适电阻以调整到正常范围内，如图 6-14 所示。

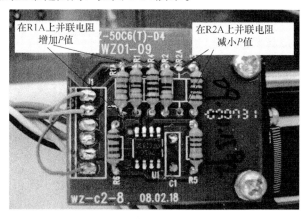

图 6-14 压力小板子

（3）若电机运转正常，基准压力 P 值也处于正常范围内，可能原因为检测电机转动的霍尔元件损坏，更换元件即可。

三、故障现象：速率不准

故障分析与处理：

（1）注射器品牌选择与使用的不符，此时误差较小（一般在 10%以下），选用对应的注射器即可。

（2）注射器规格自动识别错误，识别开关位置正确却不能正确识别注射器型号，此时误差较大（在 10%以上，甚至 50%以上）。

① 用欧姆表测量开关是否损坏，以转换开关②为例，如图 6-15 所示，断开状态时 1、3 导通，闭合状态时 2、3 导通，若有一脚不符，则为开关损坏，更换开关。

② 若开关完好，调整开关位置并拧紧固定座松动的螺丝，以达到正确转换的状态。

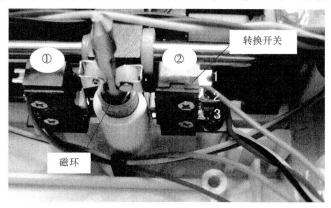

图 6-15 转换开关

③ 若出现 50ml 直接切换到 10ml，说明磁环损坏，更换磁环即可。

（3）注射泵使用时间久了，螺母与丝杆结合处磨损严重，导致丝杆运转时打滑而无法推注，说明开合螺母磨损或者脱落，更换新的开合螺母或者重新固定开合螺母即可。

四、故障现象：阻塞报警

故障分析与处理：

（1）推拉注射泵丝杆，检查是否灵活，若感觉丝杆较紧，不易移动，螺母与丝杆结合处摩擦力太大，可在轨道槽中滴入 2～3 滴机油再推拉数次，如图 6-16 所示。

图 6-16 滑轨润滑

（2）延伸管打折（图 6-17）、延伸管被压、针头凝血、手部鼓包导致输注管路不通，可通过暂停、消音并重新输注管路处理。

图 6-17 模拟延伸管打折导致管路堵塞报警图

五、故障现象：停止注射并报警

故障分析与处理：

设置了容量限制，流速界面和容量控制量界面非常相似，以 ml/h 和∑ml 区分，如图 6-18 所示，开机默认为 ml/h，但换药时容易产生误操作，误把容量限制当成速率来调节，且一般输注率较小，因此注射泵走完设定的量后就停机报警且两界面单位交替闪烁。注射泵暂停，进入限制量界面，按上下键清零或开关机限制量自动清零。

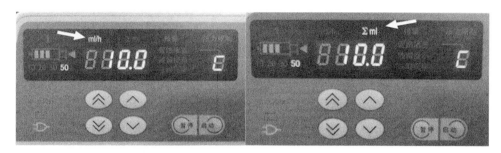

图 6-18　流速模式及容量控制模式图

医用注射泵
的维修案例

第七章　分光光度计

第一节　分光光度计的基本原理和分类

分光光度计是指能够从光源发出的复合光（含有连续光谱的混合光）中分离出单色光，并测量其强度的仪器。

一、紫外-可见分光光度计的工作原理

光照射到物质可发生折射、反射和透射，一部分光会被物质吸收。不同的物质会吸收不同波长的光。改变入射光的波长，并依次记录物质对不同波长光的吸收程度，即可得到该物质的吸收光谱。每一种物质都有其特定的吸收光谱，因此可根据物质的吸收光谱来分析物质的结构、含量和纯度。

紫外-可见分光光度计的工作原理遵循朗伯-比尔定律（Lambert-Beer law）。设入射光强度为 I_0，当透过浓度为 c、液层厚度为 b 的溶液后，透射光强度为 I，透射光强度与入射光强度的比值称为透光度，也称透射率，以 T 表示。当液层厚度 b 或溶液浓度 c 按算术级数增加时，透光度 T 按几何级数减少，其数学表达式为

$$T = \frac{I}{I_0} = 10^{-kbc} \tag{7-1}$$

式中，k 为比例常数。

在光谱分析中，常常用吸光度表示溶液对入射光的吸收程度。吸光度与透光度的关系是：吸光度等于透光度的负对数，用 A 表示吸光度，有如下公式关系：

$$A = -\lg T = -\lg \frac{I}{I_0} = \lg \frac{I_0}{I} = \lg \frac{1}{T} = kbc \tag{7-2}$$

式（7-2）表明，当用一束单色光照射吸收溶液时，其吸光度与液层厚度及溶液浓度的乘积成正比，此即为朗伯-比尔定律。在朗伯-比尔定律中，比例常数 k 称为吸光系数。如果溶液浓度以物质的量浓度表示，则此常数称为摩尔吸光系数（ε），它表示在一定波长下测得的液层厚度 b 为 1cm、溶液浓度 c 为 1mol/L 时的溶液吸光度值。如果溶液浓度以质量体积比表示，则此常数称为比吸光系数（a），它表示当溶液浓度 c 为 1g/L、液层厚度 b 为 1cm 时，在一定波长下测得的吸光度值。ε 和 a 可相互换算。

二、紫外-可见分光光度计的分类

按光的波长范围不同，分光光度计可分为紫外分光光度计（ultraviolet

spectrophotometer）（200～380nm）、可见光分光光度计（visible spectrophotometer）（360～800nm）、红外分光光度计（infrared spectrophotometer）（2～25μm）和全波段分光光度计（full wavelength spectrophotometer）（200～2500nm）。通常将紫外分光光度计和可见光分光光度计合并在一起，称为紫外-可见分光光度计（ultraviolet-visible spectrophotometer），其波长范围为 190～1100nm，其中 190～400nm 为紫外光区，400～700nm 为可见光区，700～1100nm 为近红外光区。按光学系统，分光光度计可分为单光束分光光度计（single beam spectrophotometer）、双光束分光光度计（double-beam spectrophotometer）、双波长分光光度计（dual wavelength spectrophotometer）、双波长-双光束分光光度计（double-wavelength & double-beam spectrophotometer）、动力学分光光度计（kinetic spectrophotometric）等。根据目前分光光度计的应用情况，主要介绍单光束、双光束和双波长等三种分光光度计。

（一）单光束分光光度计

单光束分光光度计是一类结构简单，使用、维护比较方便，应用广泛的分光光度计。其设计原理和结构具有以下特点：①单光束光路，从光源到试样至接收器只有一个光通道，使用中依次对参考样品和待测试样进行测定，然后将二次测定数据进行比较、计算，获得最终结果；②只有一个色散元件，工作波长范围较窄；③通常采用直接接收放大显示的简单电子系统，用电表或数字显示；④结构简单、附件少、功能范围小，不能做特殊试样测定。目前国内常用的 721 型分光光度计和 751 型分光光度计均为单光束分光光度计，其结构示意图分别如图 7-1 和图 7-2 所示。

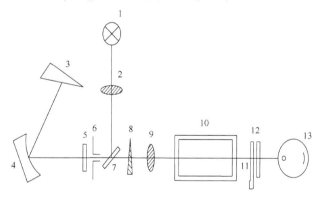

图 7-1 721 型分光光度计结构示意图

1-光源；2-聚光透镜；3-色散棱镜；4-准直镜；5-保护玻璃；6-狭缝；7-反射镜；8-光阑；9-聚光透镜；10-吸收池；11-光门；12-保护玻璃；13-光电倍增管

（二）双光束分光光度计

双光束分光光度计在其出射狭缝和样品吸收池之间增加了一个光束分裂器或斩波器，其作用是以一定的频率将一个光束交替分成两路，使一路经过参比溶液，另一路经过样品溶液，然后由一个检测器交替接收或由两个检测器分别接收两路信号，这是目前国内外使用最多、性能较为完善的一类分光光度计。双光束分光光度计结构示意图如图 7-3 所示。

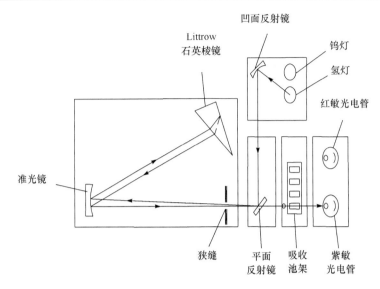

图 7-2　751 型分光光度计结构示意图

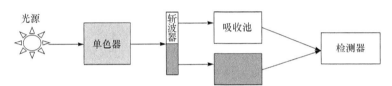

图 7-3　双光束分光光度计结构示意图

（三）双波长分光光度计

双波长分光光度计的基本工作原理是从同一光源发出的光被分为两束，分别经两个单色器分光后得到两束不同波长（λ_1、λ_2）的单色光，经斩波器使两束光以一定频率交替照射同一试样池（吸收池），然后经过接收器显示出两个波长下的吸光度差值（$\Delta A = A_{\lambda_2} - A_{\lambda_1}$）。双波长分光光度计结构示意图如图 7-4 所示。

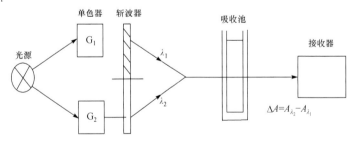

图 7-4　双波长分光光度计结构示意图

只要 λ_1、λ_2 选择适当（被测物在一个波长上有最大吸收峰，在另一个波长上没有吸收或很少吸收；而非被测物在两个波长上的吸收是相同的），ΔA 就是消除了非特征性吸收干扰（即扣除了背景吸收）的吸光度值。双波长分光光度计不用参比溶液，只用一个待测溶液，就能较好地解决由非特征吸收信号（如试样的浑浊、吸收池与空气界面以及吸收池与溶液界面的折射差别等）影响而带来的误差，明显提高检测的准确度。

第二节　分光光度计的基本结构

美国 Beckman 公司于 1945 年推出世界上第一台成熟的紫外-可见分光光度计商品仪器。从此，紫外-可见分光光度计仪器和应用开始得到飞速发展。以紫外-可见分光光度计仪器的主机来讲，早期的紫外-可见分光光度计是单光束仪器，都只有一条光路（一束光）、一个比色皿、一个光检测器，操作比较麻烦。光源波动、杂散光都不能抵消，因此测量误差较大，但其最大的优点是成本低。随着科学技术的发展，紫外-可见分光光度计由单光束向准双光束发展，出现了两束光、一个比色皿、两个光检测器的准双光束紫外-可见分光光度计。准双光束仪器的参比光束除了起到参比作用外，还可起抵消光源波动影响的作用，它比单光束仪器在分析误差上要小一些，但其成本稍贵。再往后，出现了两束光、两个比色皿、两个光检测器的仪器，这就是双光束紫外-可见分光光度计。

本节介绍北京普析通用仪器有限责任公司（以下简称普析通用）的 T6 系列产品，它是一款定位为经济型的准双光束紫外-可见分光光度计，是国家"十五"科技攻关成果。它以独特高智能化的模块设计和先进合理的光路系统设计，首次在经济型紫外-可见分光光度计上实现万分之五的杂散光指标。由于其性能优越和操作简单，因此广泛应用于科研教学，与有机化学、生物化学、药品分析、食品分析、环境工程、生命科学等领域密不可分。

T6 型分光光度计采用目前国际较为流行的硅光电池接收器，具有测光精度高、噪声小、系统运行可靠等诸多特点。系统由光度计主机、样品池附件、恒温附件组成，并可根据用户需要，方便开发出各种应用附件。

一、主要技术参数

T6 系列分为 2 款，T6 新悦为可见光分光光度计，T6 新世纪为紫外-可见分光光度计，其参数如表 7-1 所示。

表 7-1　T6 系列性能参数表

指标名称	T6 新悦系列（可见）	T6 新世纪系列（紫外-可见）
光学系统	双光束比例监测	双光束比例监测
波长范围/nm	325～1100	190～1100
波长准确度/nm	±2.0	±1.0
波长重复性/nm	≤0.4	≤0.2
光谱带宽/nm	2	2
光度准确度	±0.3%	±0.3%
光度重复性	≤0.15%	≤0.15%

续表

指标名称	T6 新悦系列（可见）	T6 新世纪系列（紫外-可见）
杂散光	≤0.1%	≤0.05%
基线平直度	±0.002	±0.002
噪声（0%）	≤.05%	≤0.05%
噪声（100%）	≤0.15%	≤0.15%
漂移	≤0.35%/h	≤0.35%/h
电源电压的适应性	±0.5%	±0.5%
基线暗噪声	±0.5%	±0.5%
波长边缘噪声（0%）	≤0.3%	≤0.3%
波长边缘噪声（100%）	≤1%	≤1%
频率/Hz	50±1	50±1
电源电压/V	220±22	220±22

（1）波长准确度和波长重复性：波长准确度也称波长精度，是指仪器波长指示器上所指示的波长值与仪器实际输出的波长值之间的符合程度。波长重复性是指在对同一个吸收带或发射线进行多次测量时，峰值波长测量结果的一致程度。

（2）光度准确度：仪器在吸收峰上读出的透射率或吸光度与已知真实透射率或吸光度之间的偏差。该偏差越小，光度准确度越高。

（3）光度线性范围：仪器光度测量系统对于照射到接收器上的辐射功率与系统的测定值之间符合线性关系的功率范围，即仪器的最佳工作范围。只有在光度线性范围内测得的物质的吸光系数才是一个常数，此时仪器的光度准确度最高。由于分光光度计测得的数据都是相对于 100%和 0%而言的相对值，而 100%和 0%都是自由设定的，因此如果分光光度计的光度系统的响应在 0%～100%是线性的，就可以认为光度读数是正确的。

（4）分辨率：仪器对于紧密相邻的吸收峰可分辨的最小波长间隔，反映仪器分辨吸收光谱微细结构的能力，是衡量仪器性能的综合指标。单色器输出的单色光的光谱纯度、强度以及检测器的光谱灵敏度等是影响仪器分辨率的主要因素。

（5）光谱带宽：从单色器射出的单色光（实际上是一条光谱带）最大强度的 1/2 处的谱带宽度。它与狭缝宽度、分光元件、准直镜的焦距有关。

（6）杂散光：除了所需波长单色光外，其余所有的光都是杂散光。杂散光是测量过程中的主要误差来源，会严重影响检测准确度。

（7）基线稳定度：在不放置样品的情况下，扫描 100%T 或 0%T 时读数偏离的程度，是仪器噪声水平的综合反映。

（8）基线平直度：在不放置样品的情况下，扫描 100%T 或 0%T 时基线倾斜或弯曲的程度，是仪器的重要性能指标之一。

二、工作原理

T6 型分光光度计原理结构框图如图 7-5 所示。

图 7-5　T6 型分光光度计原理结构框图

　　从光源灯发出的复合光，经单色器色散后，变为单色光，此单色光通过比色器的比色液，照射到硅光电池上。硅光电池将这一随溶液浓度不同而变化的光信号转换成电信号，再经电子放大，由显示屏将透光度 T 或吸光度 A 显示出来。

三、光学系统

　　T6 型分光光度计采用切尔尼-特纳（Czerny-Turner，C-T）型光栅单色器：这种光栅单色器采用两块球面镜，可相互补偿彗差，具有较好的成像质量，并且增加狭缝高度不会严重影响仪器的分辨率。同时，球面镜的加工比较容易。其光学系统如图 7-6 所示。

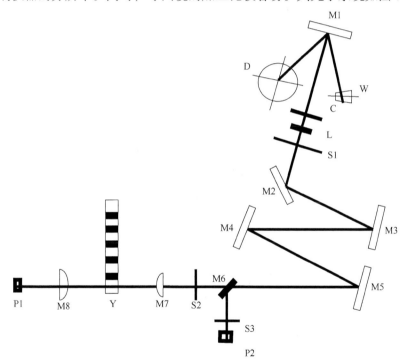

图 7-6　T6 型分光光度计光学系统

M1-聚光镜；M2-平面反射镜；M3，M5-物镜；M4-光栅；M6-分光镜；M7-前光度镜；M8-后光度镜；C-窗片；L-滤光片组；S1-入射狭缝；S2-出射狭缝；S3-参比狭缝；P1-试样信号接收器；P2-参比信号接收器；Y-试样池组；D-氘灯；W-钨灯

　　由光源灯（氘灯和钨灯）发出连续辐射的复合光，射到聚光镜 M1 上，由它会聚后，再经过入射狭缝 S1，由此进入单色器内。通过 M2 和 M3 的反射，光线照射到光栅 M4 上，在其上色散后，反射回物镜 M5，经过反射被分光镜 M6 分成两路：一路从出射狭缝 S2 射进，经前光度镜 M7 会聚照射到试样池组（比色皿），被样品吸收后经过后光

度镜 M8 最后到达试样信号接收器 P1；另一路通过参比狭缝 S3，照射到参比信号接收器 P2。

四、仪器结构

T6 型分光光度计外观如图 7-7 所示，操作面板如图 7-8 所示。

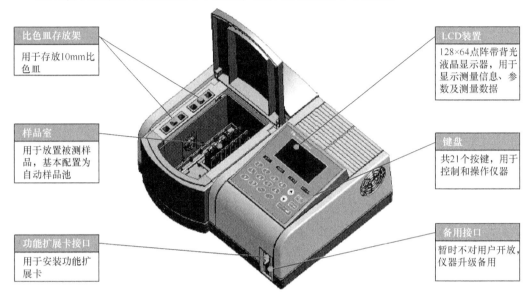

图 7-7　T6 型分光光度计外观图

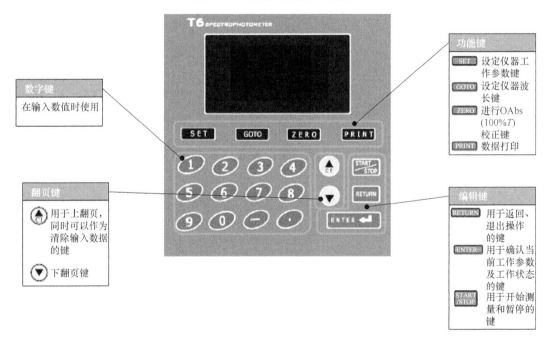

图 7-8　T6 型分光光度计操作面板

T6 型分光光度计的整机结构如图 7-9 所示。

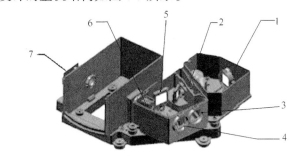

装上物镜，调整分光系统的光谱

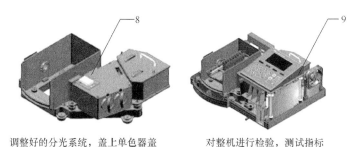

调整好的分光系统，盖上单色器盖　　对整机进行检验，测试指标

图 7-9　T6 型分光光度计的整机结构图

1-光源镜；2-入射狭缝组；3，4-物镜组；5-光栅组；6-分光镜与出射狭缝；7-样品接收器；8-参比接收器；9-主板

（一）光源部分

T6 型分光光度计的光源部分如图 7-10 所示。光源调整方法如下。

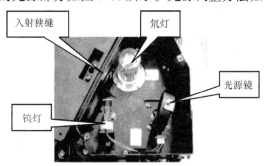

图 7-10　T6 型分光光度计光源

（1）用小内六角扳手拧光源镜座上的顶丝，使光源镜部的松紧度为其在电机轴上可以移动，但不至于自行下落。

（2）点亮氘灯，转动光源镜部使其反射光斑落在入射狭缝位置。调整光源镜部的高度，使狭缝尽可能位于光斑最亮处的中心。注意：在操作过程中戴上护目镜。

（3）将氘灯关闭，打开钨灯。转动光源镜部使其反射光斑落在入射狭缝的位置。

（4）通过适当转动钨灯压簧片来调整钨灯灯丝的位置，使狭缝尽可能位于钨灯光斑最亮处的中心。

（5）调整完毕后，用小内六角扳手拧紧光源镜部上的顶丝。此时可以转动光源镜部到合适的位置拧顶丝，但不能再动光源镜部的上下位置。

（二）单色器部件

C-T 型光栅单色器：这种光栅单色器采用两块球面镜，可相互补偿彗差，具有较好的成像质量，并且增加狭缝高度不会严重影响仪器的分辨率。同时，球面镜的加工比较容易。

在该系统中，入射狭缝 S1 和出射狭缝 S2 对称分布在色散元件的两边。该系统的最大特点是像差（彗差）小，如图 7-11 所示。

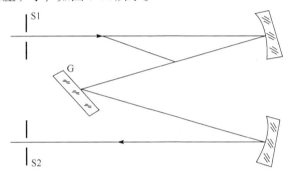

（a）T6 型分光光度计单色器光路图

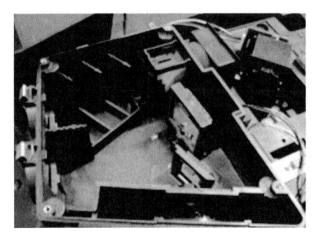

（b）T6 型分光光度计单色器实物图

图 7-11　T6 型分光光度计单色器

（三）滤光片组

滤光片组如图 7-12 所示，置于单色器底部，滤光片发霉后需要拆开单色器进行更换。

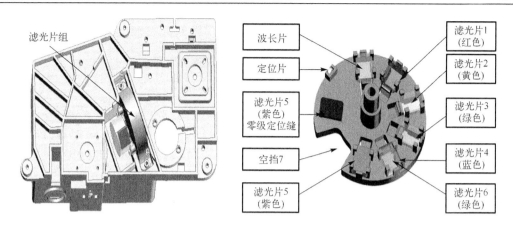

图 7-12　T6 型分光光度计滤光片组

滤光片换挡介绍：波长镨钕片（技改后为空），1100～760nm（红色），760～490nm（黄色），490～390nm（绿色），390～356nm（蓝色），356～296nm（紫色），296nm 以下（空）

第三节　分光光度计的故障分析处理

一、自检过程中的故障分析

T6 新世纪紫外-可见分光光度计自检步骤包括样品池电机自检、光源电机自检、滤色片电机自检、光栅电机自检、钨灯能量检查（波长点为 650nm）、波长检查、氘灯能量检查（波长点为 250nm）步骤。T6 新悦可见光分光光度计少了光源电机自检和氘灯能量检查步骤。

（一）电机初始化

样品池电机自检、光源电机自检、滤色片电机自检、光栅电机自检的步骤一样，都是利用霍尔元件检查磁场最强的地方，可能出现的问题是电机不转、磁铁装反、霍尔元件损坏等问题。

（1）样品池电机初始化及问题。

①霍尔元件离磁铁远，可将磁铁座垫高；

②样品池电机反方向走动，插座或线序接反；

③电机损坏、电机无供电。

（2）光源电机初始化。

①磁铁离霍尔元件远，调整底座的位置；

②电机损坏、电机供电。

（3）滤色片电机初始化。

①磁铁离霍尔元件远；

②电机损坏、电机无供电。

（4）扫描电机初始化。

① 磁铁离霍尔元件远；

② 电机损坏、电机无供电。

（二）钨灯能量初始化

检查钨灯能量在某一波长的能量是否在一定的范围内。这时需要光源镜把钨灯光斑照射在入射狭缝上，光源镜把钨灯光斑从狭缝的一边扫到另一边，这时样品池后的接收器 1（代码 ES）接收能量，当接收的能量为最大点时，记住光源镜电机走过的步数，然后光源镜再回到初始位置，走记住的步数即可将钨灯光斑打入入射狭缝。故障分析如下。

（1）当钨灯能量检查未通过时，先检查钨灯是否点亮。如果钨灯不亮，可用万用表测量钨灯两脚是否导通（合格钨灯导通）、钨灯电压是否为 11.6V 左右，若没有，则仪器为开关电源损坏，当钨灯坏了以后，一定要测量电压，切不可安装新钨灯看是否点亮。

（2）有 2 个接收器，接收器 1（Es），接收器 2（Er），接收器 Es 也是有可能出问题的，如果用接收器 2（Er）接受光照，结果还是有问题，那才能证明光源出问题。判断它的好坏，可以在主板处将 J101 和 J102 的插座对调，以及用 Er 来接收，如果仍然不通过，可以检查主板是否合格。

判断接收器好坏的方法如下。

使仪器单机调到能量检查模式，将接收器拆下线路接好，当接收器敞开时，能量显示为 100，当接收器完全遮光时，能量快速变为 0 左右，若不符合要求或者该过程变化缓慢，则视为不合格。接收器不合格有可能影响仪器自检和仪器指标，有些地区环境温度、湿度过大时，也有可能影响接收器的性能，将接收器除湿仍可恢复性能。

（3）主板如图 7-13 所示，要检查是否合格，先用万用表测量有无±15V，若有，拔掉主板上的接收器线，直接按"RETURN"键进入光度测量模式，按"SET"键，通过"ENTER"键调整测光方式为 Es，然后按"RETURN"键，分别输入增益 1～8，这时显示的能量应该是成倍变换的。用金属物短接 J101 和 J102 的最左端的第一脚②和最右端的第二脚⑥，此时能量显示应该是 100，说明主板没有问题。若主板良好，则需要检查光路是否挡光（如样品池架/比色皿挡光）。

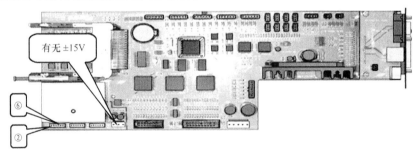

图 7-13　T6 型分光光度计主板

（三）波长初始化

波长检查是检查钨灯的零级光斑，其通过的为滤光盘上一小横狭缝。有可能出现的问题为出射狭缝光斑偏高或者偏低；部分老仪器由于该处有一紫色滤光片，若发霉则去掉该滤光片即可。

（四）氘灯能量初始化

氘灯点亮的过程：点亮必须预热，T6 预热电压为直流 12.5V，预热 40s 后起辉，起辉电压为瞬间高压，高于 560V，然后以恒流源（0.3A）的方式工作。

氘灯不亮，有可能是因为氘灯损坏或者开关电源损坏。

二、其他故障分析

（一）故障现象：五联池 2、4 号无法弹起

五联池如图 7-14 所示，重新插拔两个弹片，插到位即可解决。

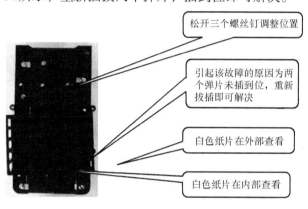

松开三个螺丝钉调整位置

引起该故障的原因为两个弹片未插到位，重新拔插即可解决

白色纸片在外部查看

白色纸片在内部查看

图 7-14　五联池

（二）故障现象：五联池光斑有偏差

故障分析与处理：

仪器初始化后，波长定位到 546nm，用白色纸片放在样品池前面和后面看光斑是否在中间（图 7-14），若不在中间可以按如下方法调整。

（1）小磁铁位置。

（2）样品池架的位置（松开图 7-14 的三个螺丝钉调整，调整位置有限，只能微调）。

（三）故障现象：样品池运动不畅问题

故障分析与处理：

（1）查看样品池导杆、齿轮是否腐蚀。

（2）调整导杆位置后再固定导杆的螺钉。

（四）故障现象：开机无反应、黑屏和花屏等问题

故障分析与处理：

该故障一般和主板、电源、显示器等零部件有关，在维修时碰到该问题可以先进行仪器振动或者重新安装主板和按键显示器板，再进行零部件的更换。

（五）故障现象：基线噪声等指标问题

故障分析与处理：

（1）按照钨灯能量初始化问题检查主板和接收器。

（2）检查物镜和光栅等光学件是否严重老化。

第八章 多参数监护仪

第一节 概　　述

多参数监护仪（multi-parameter monitor）是一种用以测量、监视和记录患者生理参数并可与设定值进行比较，如果超出设定值可产生声光报警的装置，生理参数主要包括无创血压（non-invasive blood pressure，NIBP）、有创血压（invasive blood pressure，IBP）、脉搏血氧饱和度（saturation of pulse oximetry，SPO_2）、心电图（electrocardiogram，ECG）、呼吸（respiration，RESP）、体温（temperature，TEMP）、呼末二氧化碳（end-tidal CO_2，$EtCO_2$）、心输出量（cardiac output，C.O.）等。多参数监护仪的使用减轻了临床医务人员的劳动强度，提高了护理工作的效率，更重要的是使医生能随时了解患者病情，当出现危急情况时可及时进行处理，明显降低危重患者的死亡率。

多参数监护仪按照功能可以分为便携式监护仪（portable monitor）、床边监护仪（bedside monitor）、遥测监护仪（telemetry monitor）、动态心电监护仪（holter monitor）等。便携式监护仪小型方便，可由电池供电，一般用于监护患者外出时携带。床边监护仪通常简称床边机，它常常与中央监护构成一个系统进行监护。遥测监护仪适用于可以走动的患者，对患者正常活动下的生理参数进行监测，通过无线方式接入中央监护系统。动态心电监护仪在患者正常的生活或工作条件下，连续记录心电活动，捕捉短时间内发作的异常心电。不同档次的监护仪可以监测不同的参数，例如，普通病房采用的监护仪一般就具备测量无创血压、脉搏血氧饱和度、心电图、呼吸、体温等常规参数，高端监护仪具备不同槽数的插槽，可以接入不同的参数模块，模块即插即用，因此除了常规参数，还可以扩展测量麻醉气体浓度（anesthetic gas concentration，AGC）、心输出量、呼末二氧化碳、脑电图（electroencephalogram，EEG）、脑电双频指数（bispectral index，BIS）、肌松监测（neuromuscular transmission，NMT）、脉搏指示连续心排血量（pulse indicator continuous cardiac output，PICCO）、心阻抗血流图（impedance cardiogram，ICG）等参数，主要应用于外科手术和麻醉后恢复、各类重症监护室等科室。

第二节 多参数监护仪的工作原理

一、血压的监测

在一个心动周期中，血压随心脏收缩和舒张而发生规则的波动。真正的血压是一个波动的过程，动脉压较高，波动较大；静脉压较低，波动较小。通常所说的血压是指动脉压。动脉压与心输出量、有效血容量、周围血管阻力以及血管壁弹性和血液黏滞度等因素有一定相关性。对动脉压的监测可提供确保外周血管和组织有效灌注压的参数。

测定动脉压的方法可分为无创性和有创性两类。

无创血压测量是一种间接地测量人体血压的方法。用各种无创测量方法所测量出的血压值与人体真正的血压值是有一定差距的。无创血压测量不适用于严重低血压患者，尤其是当患者的收缩压低于 50～60mmHg 时。此外，自动测压需要一定时间，无法连续实时显示瞬间的血压变化。对于血压不稳定的危重患者，无创血压不够理想，特别是不能及时反映血压骤降的病情变化。因此，在一些心脏手术和其他重大手术过程中，对血压进行实时变化的监测具有很重要的临床价值，这就需要采用有创血压监测技术来实现。

有创血压一般可监测动脉血压（arterial blood pressure，ABP）、中心静脉压（central venous pressure，CVP）、肺动脉压（pulmonary arterial pressure，PAP）和左房压（left atrial pressure，LAP）。有创血压目前已成为危重患者血流动力学监测的主要手段，它可以及时准确地监测患者的血压变化。一般来说，有创血压比无创血压要高 5～20mmHg。

（一）无创血压的监测

常用的无创血压测量方法有三种：人工柯氏音法、电子柯氏音法和振荡波法。目前国内外大多数监护仪的无创血压测量采用振荡波法。

振荡波法与柯氏音法相比，不再需要听脉搏音，不容易受人体脉搏强度和不同医生的听力、分辨力、操作熟练程度不同的影响，重复性好，准确性比较高。但容易受外界振动干扰，如人为的袖带气管振动、人的运动等影响，并且低压测量时易受放气速度、气管和袖带皮囊的刚性度影响。另外，不同类型患者应该选用不同尺寸的袖带，如果儿童采用大人尺寸的袖带就会导致测量结果不准确。无创血压测量原理详见血压计章节内容。

（二）有创血压的监测

有创血压测量首先将导管通过穿刺置于患者被测部位的血管内，导管的外端直接与压力传感器相连接，由于液体具有传递压力的作用，血管内的血液压力通过导管内的液体传递到外部的压力传感器上，就可获得血管内血液实时的压力变化动态波形，通过特定的计算方法，获得被测部位血管的收缩压、舒张压和平均压。临床上的有创血压测量参数还有外周动脉压、左房压和主动脉压、中心静脉压和肺动脉压等。测量有创血压需要压力传输系统（包括冲洗器）、压力传感器、监护仪等附件，如图 8-1 所示。有创血压测量能够精确且连续地测量到血压波形，对血压的实时变化进行监测，具有很重要的临床价值，但也容易引起血栓、感染等并发症。

在进行有创血压测量时要注意：监测开始时，首先要对换能器进行校零，换能器校零时应通大气。具体操作为：拔掉三通螺帽，待有液体缓慢滴出，排空管路中的气泡；在监测过程中，要随时保持压力传感器与心脏在同一水平面上；监测过程中，要不断注入肝素盐水冲洗导管，保持测压路径的畅通，防止导管堵塞，肝素盐水冲洗速度为 4ml/h；压力延长线不宜过长；要固定好导管，防止导管位置移动或脱出，影响有创血压的测量。

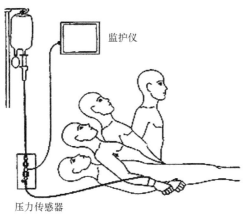

图 8-1　有创血压测量示意图

二、脉搏血氧饱和度的监测

人体红细胞中的血红蛋白是氧气的载体，血红蛋白进一步分为氧合血红蛋白（HbO_2）和还原血红蛋白（Hb）。血氧饱和度是血液中被氧结合的氧合血红蛋白（HbO_2）的容量占总血红蛋白容量的百分比，即血液中血氧的浓度，是呼吸循环的重要生理参数。很多呼吸系统的疾病会引起人体血液中血氧浓度的减少，严重的会威胁人的生命，因此在临床中对危重患者的血氧浓度检测是不可缺少的，还可配合心率、脉搏率及血氧波形用于诊断患者心血管循环系统的潜在变化，广泛应用于外科手术和麻醉后的恢复以及各类重症监护室、儿童和新生儿监护病房及各科病房中，在睡眠研究、运动测试、急救转运及其他患者的监护中极具价值。

（一）血氧饱和度的测定原理

血氧饱和度的测量通常分为电化学分析法和光学测量法两类。

电化学分析法是一种有创测量方法，需对人体进行采血，再用血气分析仪测出血氧分压（PO_2）从而计算出血氧饱和度，因此此法不能进行连续监测。

光学测量法是基于动脉血液对光的吸收量随动脉搏动（灌注）而变化的原理，采用光电传感器来进行测量的无创测量方法，故将其测量结果称为脉搏血氧饱和度（SPO_2）。光学测量法包括分光光度测定和血液容积描记两部分。分光光度测定是采用波长为 660nm 的红光和 940nm 的红外光，氧合血红蛋白（HbO_2）对 660nm 红光吸收量较少，对 940nm 红外光吸收量较多，而还原血红蛋白（Hb）恰好相反，因此用分光光度法测定红外光吸收量与红光吸收量，就能确定血红蛋白的氧合程度。

血氧饱和度%=氧合血红蛋白/（氧合血红蛋白+还原血红蛋白）×100%

（二）脉搏血氧饱和度的测定方法

脉搏血氧饱和度的测量一般采用光学测量法。在血氧饱和度探头的一侧安装了两个发光管，一个发出红光，一个发出红外光，另一侧安装一个光电检测器，将透过手指动脉血管后的红光和红外光转换成电信号，其结构如图 8-2 所示。

肌肉组织、静脉、骨组织等会吸收较大量的光，但短时间内无明显变化，而动脉由于搏动的原因，短时间内吸收的光量会有明显的变化。动脉血流中 HbO_2 和 Hb 的浓度随着血液动脉周期性地变化，引起光电检测器输出的信号强度随之周期性变化，再将这些周期性变化的信号进行处理，就可测出对应的血氧饱和度，同时计算出脉率。心脏收缩时，外周血容量最多，光吸收量也最大，检测到的光能最弱，心脏舒张时恰好相反。只有搏动的血容量的变动才能改变透照光能的强弱，如图 8-3 所示。

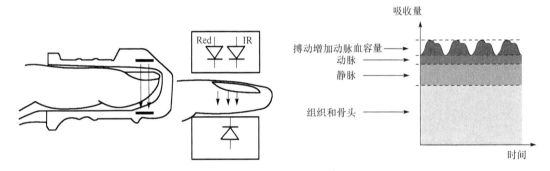

图 8-2　血氧饱和度探头结构　　　　　图 8-3　光吸收图

监测 SPO_2 时，观测测定数值和脉搏容积波形同等重要。测定数值能表明血红蛋白的氧合程度，脉搏容积波形可提示外周血管的灌注情况和血管的舒缩状态。在监护仪的屏幕上一般应能同时显示这两个结果。健康成年人 SPO_2 的正常范围是 94%～100%。

血氧饱和度的常用监测部位有手指、脚趾、额头、耳垂等。血氧饱和度探头类型有成人型、儿童型和新生儿型。图 8-4 为飞利浦公司的各种类型血氧饱和度探头。

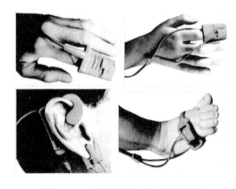

图 8-4　飞利浦血氧饱和度探头

（三）影响脉搏血氧饱和度准确性的因素

如果在测量过程中患者被测部位所在的肢体出现剧烈运动，将会影响规则脉动信号的提取，使测量无法进行；当患者的末梢循环严重不畅时，如休克、受测部位冷冻过度，将会导致被测部位动脉血流减少，使测量不准或无法测量；当外界有强光照射到血氧探头上时，可能会使光电接收器偏离正常范围，导致测量不准确，因此血氧探头应尽量避免强光照射；指套过大、过小或过紧均会影响测量结果；指甲涂指甲油或同侧手臂测量血压时都会导致血氧饱和度测量不准确。因此，测量的理想状态是：受检部位有良好的血液灌注、不会轻易产生运动干扰、患者感觉舒适并且容易测量。

三、心电的监测

（一）心电、心电图及心率、脉率

心脏节律性地收缩、舒张是血液在血管中循环的动力源泉。心脏在搏动之前，心肌首先发生兴奋，心肌细胞的兴奋以细胞膜的生物电活动为基础，因此在兴奋过程中产生微弱的电流，该电流经人体组织向各部分传导，由于身体各部分的组织不同，并且各部分与心脏间的距离不同，所以在人体体表的各部位表现出不同的电位变化。把两个电极安放在人体体表的特定两点，将两点间的电位差变化在时间轴上描记出来即可构成心电图。通过心电图监测，可发现心脏节律是否异常、心律是否紊乱等。

心率是指心脏每分钟跳动的次数，脉率为每分钟心脏有效搏动产生脉搏的次数。正常情况下，心率等于脉率，在心脏功能不好或心律失常的情况下（如房颤患者），脉率可能小于心率。成人心率的正常值为 60～100 次/min，新生儿可达 120～140 次/min。

（二）体表心电图导联

放置电极的方法及其形成的回路称为导联（lead），导联线通常是一条五芯的带金属屏蔽网的电缆。根据电极放置部位的不同，可组成各种导联，各种导联的心电图波形各有特点。记录心电图常采用标准十二导联法：Ⅰ、Ⅱ、Ⅲ、aVR、aVL、aVF、V_1～V_6，即标准导联（Ⅰ、Ⅱ、Ⅲ）、加压单极肢体导联（aVR、aVL、aVF）和单极胸导联（V_1～V_6）。监护仪一般都可监护多导或十二导心电图（ECG），并可对 ECG 波形做进一步分析，如心律失常分析等。

标准导联也称双极肢体导联，它直接将两个肢体电极之间的电位差加入心电放大器的输入端，其电极位置和连接方式如图 8-5 所示。Ⅰ导联将左上肢电极与监护仪的正极端相连，右上肢电极与负极相连，反映左上肢（L）与右上肢（R）的电位差。当 L 的电位高于 R 时，便描记出一个向上的波形；当 R 的电位高于 L 时，则描记出一个向下的波形。同样Ⅱ导联将左下肢电极与监护仪的正极端相连，右上肢电极与负极端相连，反映左下肢（F）与右上肢（R）的电位差。当 F 的电位高于 R 时，描记出一个向上的波形；反之，为一个向下波形。Ⅲ导联将左下肢与监护仪的正极端相连，左上肢电极与负极端相连，反映左下肢（F）与左上肢（L）的电位差。当 F 的电位高于 L 时，描记出一个向上的波形；反之，为一个向下波形。

标准导联只能反映体表某两点之间的电位差，而不能探测某一点的电位变化。威尔逊（Wilson）提出把左上肢、右上肢和左下肢各通过三个相等（大于 5kΩ）的高电阻连接在一点，称为中心电端（T）。因为这个中心电端电压在心脏激动时，经常保持在零点左右，所以可作为体表心电图测量的基准。将监护仪的负极与中心电端连接，探测电极连接在人体的左上肢、右上肢或左下肢，分别得出左上肢单极肢体导联（VL）、右上肢单极肢体导联（VR）和左下肢单极肢体导联（VF），这种连接方式称为单极肢体导联，如图 8-6 所示。

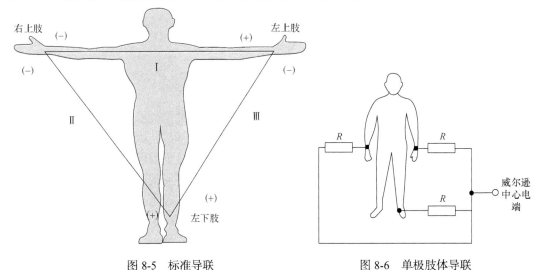

图 8-5　标准导联　　　　　　　　　图 8-6　单极肢体导联

由于单极肢体导联离心脏较远，测得的电位较低，因此心电图波形振幅较小。为了克服这一缺点，在描记某一肢体的单极导联心电图时，将该肢体与中心电端断开，中心电端只与两个肢体导联相连，这样该肢体导联与中心电端间的分流作用不再存在，该导联的电位就会增加，就可使心电图波形的振幅增加 50%，这种导联方式称为加压单极肢体导联，分别以 aVL、aVR 和 aVF 表示，如图 8-7 所示。

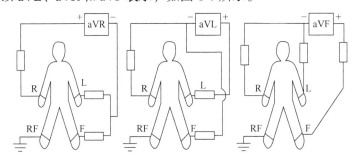

图 8-7　加压单极肢体导联

胸导联也是一种单极导联，把探测电极放置在胸前指定的六个位置上，可分别探测 $V_1 \sim V_6$。这种导联方式的探测电极离心脏很近，只隔着一层胸壁，因此心电图波形振幅较大，如图 8-8 所示。

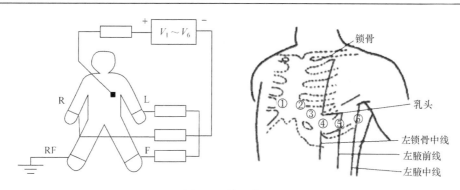

图 8-8　单极胸导联

六个胸导联探测电极放置的位置如下：V_1-胸骨右缘，第 4 肋间处；V_2-胸骨左缘，第 4 肋间处；V_3-V_2 与 V_4 电极位置中间；V_4-左锁骨中线，第 5 肋间处；V_5-左腋前线，与 V_4 处于同一水平位；V_6-左腋中线，与 V_4 处于同一水平位。

（三）影响心电信号的因素

心电信号属于弱电信号，信噪比比较低，容易受各种噪声的干扰。影响心电信号的干扰因素如下。

（1）50Hz 工频干扰：由人体的分布电容所引起。

（2）电极接触干扰：来源于电极与皮肤的不良接触。

（3）人为运动：由患者的振动和运动引起，改变电极与皮肤阻抗。

（4）肌电干扰：来源于人的肌肉颤动，一般不明显。

（5）外电设备干扰：信号处理中仪器产生的噪声干扰。

因此，心电信号的监测必须建立在有效地抑制各种干扰、检测出良好的心电信号的基础上。

四、呼吸的监测

（一）呼吸的监测原理

呼吸监测一般监测的是患者的呼吸频率，是患者在单位时间内呼吸的次数。平静呼吸时，新生儿的呼吸频率为 40~60 次/min，成人为 12~18 次/min。呼吸频率的监测一般有胸阻抗法和热敏法两种测量方法。

监护仪中的呼吸测量多采用胸阻抗法。人体在呼吸过程中，胸廓交替变形，肌体组织的电阻抗也交替变化，呼吸阻抗随着肺容量的增大而增大。监护测量中呼吸阻抗电极与心电电极合用，利用右上肢（RA）和左下肢（LF）两个电极测量。将一正弦波恒流源（载波频率为 10~100kHz）注入人体（注入电流为 0.5~5mA 安全电流），再拾取两个呼吸阻抗电极间的阻抗值变化，根据呼吸阻抗值的变化描记出呼吸的动态波形，并可提取出呼吸参数，用于检测患者每分钟呼吸的次数。

热敏法呼吸监测是将热敏电阻放在鼻孔处，当鼻孔中气流周期性地通过热敏电阻时，热敏电阻受到流动气流的热交换，电阻值也发生周期性的变化。将热敏电阻接在惠斯通电桥的一个桥臂上，监护仪将这一温度变化信号转换为电信号，描记出呼吸波形和呼吸次数，这种监测比胸阻抗法更加准确，几乎不受干扰。

（二）影响胸阻抗法测呼吸的因素

胸廓的运动、身体的非呼吸运动都会造成呼吸阻抗值的变化，当这种变化频率与呼吸通道放大器的带宽相同时，监护仪就很难判断出哪些是正常的呼吸信号，哪些是运动干扰信号。因此，当患者出现严重而又持续的身体运动时，呼吸率的测量及波形显示可能会不准确。

采用胸阻抗法测量时，要将测量用的导联尽量拉开放置，同时避免运动干扰，若 RA 和 LL 电极连线在肝区或心脏部位，则会产生伪差。两个呼吸电极间的阻抗值极易受患者的身体运动、说话、接触干扰，故测量数值往往有偏差。另外，如果患者俯卧，有时会导致两个呼吸电极间的阻值变化不大而测不出呼吸值。

五、体温的监测

（一）体温监测的原理

体温监测常用于新生儿、发热、休克的危重患者及低温麻醉患者等。体温的测量一般都采用 NTC 热敏电阻（温度传感器），热敏电阻的阻抗值随温度的变化而变化，从而获得体温，置于人体相应部位采集数据，经处理后得出体温值。体温测量探头可分为体表探头和体腔探头，分别用来监护体表和腔内的体温。体表温度直接受外界温度的影响，腔内温度相对稳定而又均匀，受外界温度影响较小。

监护仪所测得的温度值，就是患者身体上安放探头部位的温度值，该温度可能与口腔或腋下的温度值不同。在进行测量时，患者身体的被测部位与探头中的传感器存在一个热平衡的过程，即在刚开始安放探头时，由于传感器还没有完全与人体达到热平衡，因此此时显示的温度并不是该部位的真实体温，必须经过一段时间达到热平衡以后，才能真正反映被测部位的实际温度，但是相对于传统的水银温度计，热敏电阻测量法无论从精确度、灵敏度还是安全性来看都好得多。

（二）影响体温测量的因素

（1）传感器与体表的不良接触。

（2）环境温度的影响：最佳温度为 24～25℃，相对湿度为 40%～50%。

（3）用药的影响：强镇静药、兴奋剂。

（4）手术中操作的影响：皮肤裸露、乙醇消毒、胸腹大手术和体腔大面积暴露、静脉输血或大量输液等。

（5）其他因素：本身疾病（败血症、甲亢、破伤风、输血反应）等。

六、呼末二氧化碳的监测

（一）呼末二氧化碳的测定原理

呼末二氧化碳是反映麻醉患者和有呼吸功能障碍患者呼吸功能的重要监测指标，可以观察患者是否有二氧化碳潴留和过度通气，与动脉血氧饱和度结合使用，可以更好地反映患者氧及二氧化碳的代谢情况。

呼末二氧化碳的测定原理是采用红外吸收法，即不同浓度的二氧化碳对特定红外光（4.3μm）的吸收程度不同。将患者呼出的气体通过一个透明的样品室，一侧用红外光照射，另一侧用光电转换器探测红外光衰减的程度。

根据检测气体抽样方式的不同，呼末二氧化碳监护可分为三种：主流 $EtCO_2$、旁流 $EtCO_2$ 和微流 $EtCO_2$。主流 $EtCO_2$ 是鼻腔呼吸的气体完全通过红外光测试部件，红外光传感器将光信号直接转换成电信号送到处理模块，如图 8-9 所示。图 8-10 是国内监护仪生产商迈瑞的主流 $EtCO_2$ 模块，其优点是延时短、预热快、精度高，并可同时检测呼吸容量；缺点是腔外呼吸通道不能太长，并且传感器靠近患者口鼻，易受患者痰液和分泌物等污染。主流 $EtCO_2$ 适合插管患者，传感器有重量，不适合新生儿和婴幼儿。旁流 $EtCO_2$ 是用一根气管接在呼吸机上或鼻腔口，取一部分气体输送到测量模块测量二氧化碳的含量，如图 8-11 所示，其优点是不影响正常的呼吸或连接呼吸机，但测量延时长，精度比主流 $EtCO_2$ 稍低。旁流 $EtCO_2$ 适合插管及非插管患者，最小取样容积为 100～150ml，不适合新生儿。微流 $EtCO_2$ 相对于旁流 $EtCO_2$ 气体流速更低，取样容积更小，可适用于新生儿，如图 8-12 所示。

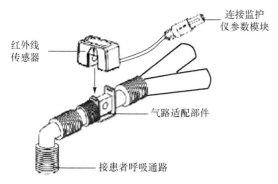

图 8-9　主流 $EtCO_2$ 连接示意图

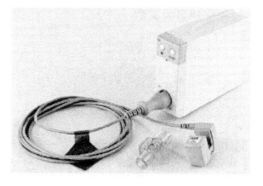

图 8-10　迈瑞主流 $EtCO_2$ 测量模块

CO_2 传感器是一种光学传感器，在使用过程中，要注意避免患者分泌物对传感器的污染。旁流式 CO_2 监护仪一般都有气水分离部件，用于减少呼吸气体中的水分，要经常检查气水分离部件是否有效，及时清除罐内水分，否则气体中的水分会影响 CO_2 测量的精确性。呼末二氧化碳的正常值为 35～45mmHg。

（二）影响呼末二氧化碳的测量因素

（1）海拔：如果仪器设置在海拔为零，大气压设置为 760mmHg，则二氧化碳分压应为 40mmHg。海拔每升高 6000ft（1ft=3.048×10⁻¹m），二氧化碳分压降低 8.5%。

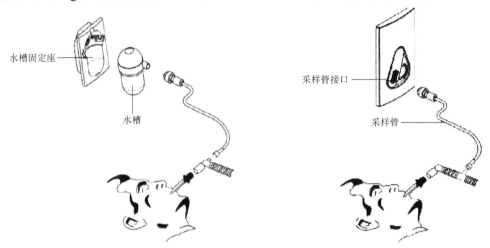

图 8-11　旁流 EtCO₂ 连接示意图　　　　　图 8-12　微流 EtCO₂ 连接示意图

（2）温度：正常情况下，仪器在 33℃校准。温度每升高 5℃，会导致二氧化碳分压下降 1.6%。

（3）氧气及笑气：氧气会降低二氧化碳的吸收量，而笑气（一氧化二氮）会增加二氧化碳吸收量。

（4）水蒸气的影响。

七、心输出量的监测

（一）心输出量的概念

心输出量是指一侧心室每分钟射出的总血量，又称每分心输出量，简称心输出量（C.O.）。

C.O.计算公式为

$$C.O. = HR \times SV \qquad (8-1)$$

式中，心率（heart rate，HR）为心跳速率（次/min）；每搏输出量（stroke volume，SV）为每次心室收缩排出的血液量（ml/次），简称搏出量。

C.O.是反映患者心功能的一个重要参数指标，通过 C.O.测定可判断心脏功能，计算心脏做功及体循环和肺血管阻力，可在早期发现低血容量、低血压、心力衰竭和循环功能不全，全面评定心血管功能。在安静的状态下，正常成年人左心室舒张末期的容积约为 125ml，收缩末期的容积约为 55ml，二者差值 70ml 即搏出量。可见，心室在每次射血时，并未将心室内充盈的血液全部射出，搏出量占心室舒张末期容积的百分数称为射血分数（C.I.）。因此，对于心室异常扩大、心室功能减退的患者，其心室的 C.O.可能与正常人没有明显的差别，但实际上射血分数已明显下降，所以不能单纯依据搏出量来评定心脏的泵血功能。

（二）心输出量的测定原理

心输出量的测量方法有氧耗量法、指示剂稀释法、热稀释法，目前比较常用的是热稀释法。传统的热稀释法采用漂浮导管置管技术，图 8-13 为 Swang-Ganz 漂浮导管，其将低于血液温度的液体经热稀释导管近端孔，快速均匀地注入右心房，经右心室射血进入肺动脉。热敏电阻可以感知液体注入前后血液温度发生的变化，描绘出温度-时间变化曲线并传送给监护仪，由监护仪根据基础血温和注射后的血温变化计算出实际的 C.O.。

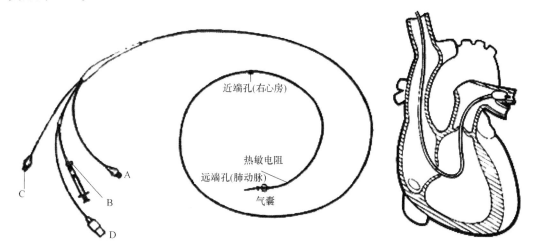

图 8-13　Swang-Ganz 漂浮导管

A-远端孔（连接压力延长管并与监护仪连接，测量压力）；B-球囊充盈孔（在测量肺动脉嵌顿压前给球囊充气）；C-近端孔（注射冰水）；D-热敏电阻接口（通过 C.O.缆线与监护仪连接，测量冰血混合后的血温）

由于传统的漂浮导管技术采用的导管耗材成本昂贵，并且测量次数少，置管技术要求较高，因此多应用于手术室患者的测量。目前普通病房及重症监护室对患者的各种血流动力学参数需求也越来越多，现较多地采用脉搏指示连续心输出量（pulse indicator continuous cardiac output，PICCO）技术。PICCO 技术结合了经肺热稀释与血液压力波形分析，只需要开辟中心静脉和一条较大的动脉置管，如股动脉或肱动脉等，相对于传统的漂浮导管技术操作更简单、风险更低，并且可根据临床需求，持续监测 C.O.的变化数据。

PICCO 测量方法如图 8-14 所示，从中心静脉导管注入冰水，测温三向管感知冰水的温度并开始测量。冰水使血温降低，股动脉导管内的温度传感器感知温度变化曲线（图 8-15），监护仪根据如下公式自动计算热稀释曲线下面积，得出 C.O.数值：

$$C.O. = \frac{C.C. \times (T_b - T_i)}{area}, \quad 4\sim7L/min \tag{8-2}$$

式中，C.C.为计算常数（computation constant）；T_b 为血液温度（blood temperature）；T_i 为注射温度（injectate temperature）；area 为热稀释曲线下面积。

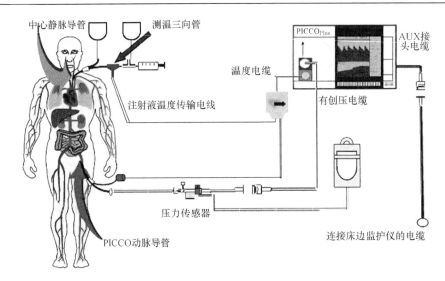

图 8-14　PICCO 测量方法示意图

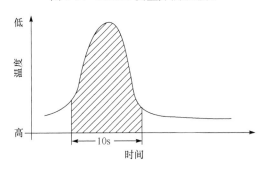

图 8-15　温度变化曲线

八、肌松监测

肌松监测（neuromuscular transmission，NMT）：用于描述为神经肌肉传导的一个术语，也可以理解为监护仪的模块名称或技术本身。通过测量电刺激运动神经后出现的肌肉反应力量，主要用于临床麻醉患者使用肌松药后，评估神经肌肉阻滞剂使患者肌肉放松的程度。医生根据术中患者肌松监测的结果，可以调整使用肌松药的方法和追加肌松药的时间，克服个体差异，做到肌松药剂量个体化，维持适当肌松，满足不同手术对肌松程度的要求，并且可以预防肌松药残余作用引起的术后呼吸功能不全，鉴别术后呼吸抑制的原因，从而指导拮抗剂的应用。在重症病房监测中，可以根据肌松情况，决定患者气管插管和拔管时机，对于长期机械通气的患者可以减少人机对抗。

NMT 模块一般需要搭配高端监护仪进行使用，目前与麻醉监护仪结合，在术中监测使用较多。市场上也有单独的肌松监测监护仪。

（一）NMT 监测原理

NMT 是一种无创的监测肌肉松弛程度的方法，其监测原理基于肌肉神经传导的生理学特性，在神经肌肉功能完整的情况下，当用电刺激周围运动神经达到一定刺激阈值时，肌肉就会发生收缩产生一定的肌力。单根肌纤维对刺激的反应遵循全或无模式，而整个肌群的肌力则取决于参与收缩的肌纤维数目。若刺激强度超过阈值，则神经支配的所有肌纤维都收缩，肌肉产生最大收缩力。临床上用大于阈值 10%～20% 的刺激强度，称为超强刺激，以保证能引起最大的收缩反应。应用肌松药后，肌肉反应性降低的程度与被阻滞肌纤维的数量呈平行关系，保持超强刺激程度不变，所测得的肌肉收缩力强弱就能表示神经肌肉阻滞的程度。

　　NMT 模块通过放在患者神经表面皮肤上的电极，对特定运动神经施加一定可控的电刺激，通过传感器对相应的肌肉反应进行运动捕捉，并对获取的反应信号进行特征提取，完成肌肉松弛程度的量化评定。NMT 监测连接示意图如图 8-16 所示。

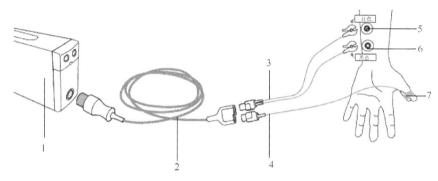

图 8-16　NMT 监测连接示意图

1-NMT 模块；2-NMT 主电缆；3-NMT 刺激电缆；4-NMT 传感器电缆；5-近端电极(红色，正极)；

6-远端电极(黑色，负极)；7-NMT 传感器(拇指内侧)

　　根据神经肌肉阻滞性质、浓度和阻滞后的恢复过程，选用不同的电刺激方式。主要有以下几种刺激模式。

　　（1）TOF 模式（train of four，四个成串刺激）：临床使用最广的刺激模式，以 0.5s 间隔产生 4 个刺激脉冲，同时测量患者的反应，并计算第四个反应和第一个反应的比率（TOF-ratio = T4/T1），神经肌肉兴奋传递功能正常时，T4/T1 接近 1，随着阻滞程度的增强，比值逐渐变小甚至为 0。

　　（2）ST 模式（single twitch stimulation，单次肌颤搐刺激）：以 0.1Hz 到 1Hz 的刺激频率连续发放单个刺激脉冲，并测量产生的抽动强度，计算抽动比例（twitch），以百分比计。如果显示的数值是 80，那么测量到的抽动强度是刺激参照值的 80%。

　　（3）PTC 模式（post tetanic count，强直刺激后单刺激计数）：当非去极化阻滞较深，以至于对 TOF 和 ST 均无肌颤搐反应时，使用此模式。PTC 模式开始于四个电流脉冲序列，如果检测到肌肉反应，则停止 PTC 序列，并将反应记录为 TOF 结果；如果没有肌肉反应，则以 50Hz 脉冲持续进行 5s 的强直刺激，间隔 3s 后，改为 1Hz 的单刺激脉冲，检测单刺激时的肌颤搐次数，以 PTC 表示，检测到的反应个数越少，表明肌松的程度越深。

（4）DBS 模式（double burst stimulation，双短强直刺激）：对反应消退有更好的观察效果。DBS 由两组连续刺激脉冲串组成，第一组发送三个连续刺激脉冲（50Hz），脉冲间隔 750ms 后，发送第二组三个连续刺激脉冲（50Hz，有些厂家产品采用两个连续刺激脉冲），同一组内刺激脉冲之间的时间间隔为 20ms。每次检测到肌肉反应时，DBS 计数（DBS-count）数值都会增加。

NMT 监测评定方法有：测定肌收缩的机械效应的机械效应图法（mechanomyography，MMG）、记录肌收缩电效应的肌电描记法（electromyography，EMG）、记录肌收缩运动加速度的加速度法（acceleromyography，AMG）、记录骨骼肌收缩引起横向共振产生的低频声波的肌音描记法（phonomyography，PMG）。

（二）NMT 测量注意事项及影响因素

（1）NMT 测量不适用于新生儿患者。

（2）不得直接对眼睛、嘴巴、颈前部（特别是颈动脉窦）实施 NMT 刺激，或通过放置于胸部、背部上方，或经心脏放置的电极实施刺激。

（3）靠近胸部使用电极会增加心脏纤颤的危险。

（4）切勿将电极放置在有炎症或明显损伤的部位。

（5）连接电极或患者电缆时，确认连接口没有接触其他导电部件或地。

（6）神经损伤或者患有其他神经肌肉疾病的患者可能不能对刺激产生适当反应。在监护这些患者的肌肉麻痹状况时，NMT 测量可能显示异常结果。

（7）NMT 刺激电流脉冲可能干扰其他敏感的设备，如植入式心脏起搏器。因此，装有植入性电子设备的患者不要使用 NMT 测量，除非有专科医生指导。

（8）与电外科设备同时使用时，在极少数情况下可能灼伤刺激部位，并影响测量的准确性。确保电外科器械的负极板正确连接患者，避免在 NMT 刺激电极处灼伤患者。

（9）不要在短波或者微波治疗设备附近使用 NMT 测量，否则可能影响测量结果。

（10）在进行电刺激时切勿触碰刺激电极，除非刺激已经停止。

（11）每次使用前请检查 NMT 传感器和刺激电缆的绝缘层是否完好，确保没有磨损和破裂。

（12）对于未使用镇静剂的患者，NMT 测量可能引起疼痛。建议在患者充分镇静前不要开始刺激。

（13）联合使用多种刺激方式时，各刺激方式间可能会相互影响。

九、脑电双频指数监测

脑电双频指数（bispectral index，BIS）：是指测定脑电图线性成分（频率和功率）与成分波之间的非线性关系（位相和谐波），把能代表不同镇静水平的各种脑电信号挑选出来，进行标准化和数字化处理，最后拟合成一种简单的量化指标，用 0～100 分度表示。BIS 是目前以脑电来判断镇静水平和连续监测麻醉深度的较为准确的一种方法。BIS 广泛应用于麻醉深度监测和意识状态的评价。通过调整主要麻醉药物维持 BIS 值在

40～60 的目标区域内，从而达到减少主要麻醉药物的剂量、缩短苏醒和恢复时间、提高患者的舒适度、减少术中知晓和回忆的发生率等目的。

（一）BIS 测量原理

通过 BIS 传感器采集大脑皮层的脑电信号，结合双频指数和功率谱分析方法，给出定量的双频指数，同时结合脑电信号的质量分析等因素综合评价患者的当前意识状态。通过统计模型产生的 BIS 公式将每种关键的脑电特征成分进行组合，衍生出具有刻度范围的 BIS 指数。量化的 BIS 指数值对应的意识状态如图 8-17 所示。图 8-18 为迈瑞公司的 BIS 模块组成，图 8-19 为 BIS 传感器患者连接图。

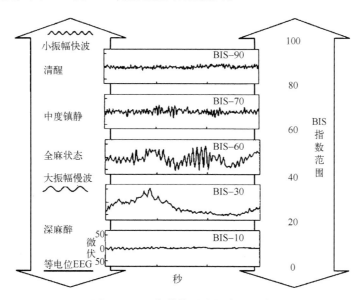

图 8-17 BIS 指数值对应的意识状态

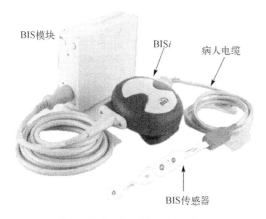

图 8-18 迈瑞公司 BIS 模块

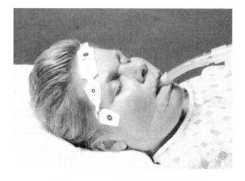

图 8-19 BIS 传感器患者连接图

（二）BIS 测量注意事项及影响因素

（1）若使用某些麻醉剂组合，则在诠释 BIS 数值时应谨慎，如主要依靠氯胺酮或笑气/氯乙烷进行麻醉时。

（2）BIS 传感器背胶变干后不要使用，为了防止胶变干，在传感器使用时再打开，不要提前打开。

（3）BIS 传感器的使用时间不要超过 24h，供单患者使用。

（4）在 BIS 监护时，若进行电痉挛治疗（electroconvulsive therapy，ECT），应注意：放置 ECT 电极时，尽量远离 BIS 传感器，以尽可能地降低干扰。

（5）不正常的或过度的电子干扰或肌电活动，如颤抖、肌肉活动或僵化、持续的眼动、头部或身体活动等干扰可能导致 BIS 值不准确。

（6）BIS 传感器放置不正确，皮肤接触不良（阻抗过高）也可能导致伪差，从而干扰 BIS 测量。

（7）外部辐射装置可能影响 BIS 测量。

（8）信号质量不佳可能导致 BIS 测量值不准确。

十、麻醉气体监测

麻醉气体（anesthesia gas，AG）模块测量患者的麻醉和呼吸气体，还可集成氧模块和 BIS 模块的功能。AG 监测模块可监测吸入及呼出气体中麻醉药（如七氟醚、异氟醚、氟醚、地氟醚、安氟醚等）的浓度，保障麻醉安全；可测定最低肺泡有效浓度（minimum alvedar concentration，MAC），便于控制麻醉深度，合理调节患者生理功能；可监测麻醉蒸发器的功能和药液容量，对蒸发器故障和操作失误可及时发现。O_2 监测模块可监测低氧或高氧混合气体的吸入，探测回路管道脱落或泄漏等。

（一）AG 测量原理

AG 模块利用气体对红外光线具有吸收特性的原理来测量气体的浓度。气体被传送到采样室中，红外滤光镜发射某一特定波长的红外光线穿过该气体，每一种气体对红外光线都有不同的吸收特性。当对若干种气体进行测量时，就有若干个红外滤光镜，其吸收关系服从朗伯-比尔(Lambert-Beer)定律，在给定的容积中，气体浓度越高，则吸收的红外光线越多，穿过气体的红外光线传输量越少。通过测量红外光线的强度的变化，即可计算出气体的浓度：

$$I = I_0 \cdot e^{-aLC} \tag{8-3}$$

式中，I_0 为吸收前的光强；I 为被吸收后的光强；a 为被测气体的吸收系数；L 为有效吸收光程；C 为被测气体的浓度。

AG 模块设计中，I_0、a 和 L 都是固定不变的，被测气体的浓度 C 与 I 之间存在固定的对应关系，只需测量 I，通过相应的算法就可以得到被测气体的浓度 C 的值。

氧气不能吸收红外光线，它的测量是基于其顺磁特性来进行的。在氧模块的传感器内部，有两个充满氮气的玻璃球，通过一个扭力装置悬挂于对称的磁场中。在磁场的作用下，当周围的氧气浓度不同时，玻璃球发生的偏移量不同，作用在扭力装置上的力矩也不同。通过测量力矩，即可计算出氧气的浓度。

AG 模块连接示意图如图 8-20 所示，迈瑞公司的 AG 模块实物图如图 8-21 所示。

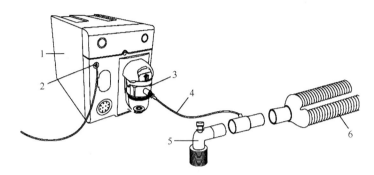

图 8-20　AG 模块连接示意图

1-AG 模块；2-排气孔；3-水槽；4-气体采样管；5-气路适配器(通病人)；6-Y 形管(通麻醉机)

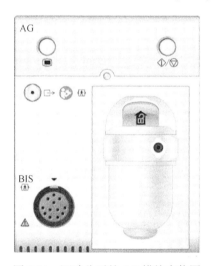

图 8-21　迈瑞公司的 AG 模块实物图

（二）AG 测量注意事项及影响因素

（1）新生儿患者不能使用成人水槽和采样管，否则可能对其造成损害。

（2）使用 AG 模块时，模块上的排气孔必须连接到废气处理系统。

（3）确保所有连接均牢固可靠。任何泄漏都会造成环境空气混入患者呼吸气体中，导致读数错误。

（4）在将气路适配器接到患者端之前，应确保气路适配器已经与其他部件紧密连接并且可以正常使用。

（5）在进行测量时，注意不要挤压或者弯折采样管，否则可能造成模块没有读数或者读数错误。

（6）内部采样气体泄漏可能影响测量的准确性。

第三节 多参数监护仪的故障维修与维护保养

一、多参数监护仪的结构组成

多参数监护仪一般由主控板、按键输入板、显示屏、电源模块、声光报警、输入输出接口模块以及各参数模块等部分组成，其主要组成框图如图 8-22 所示。目前市面上各款监护仪基本结构都相似，主要结构区别在于有些厂家将每个参数都独立设计成一个板块，分别与主控板连接，结构相对复杂，一定程度上影响监护仪的体积，由于该仪器判断故障简单，维修成本较低，因此有些厂家将所有参数都集成在一张板块上，这样监护仪可以更加便携，但是维修成本较高。也有厂家将各参数模块做成可插件模块，支持热插拔，有些设计模块可以取下当作独立的监护仪，作为转运监护仪，方便患者外出监护，回病房后重新插入床边监护仪，就可以无缝记录数据。图 8-23 为飞利浦公司的 IntelliVue 系列带可插件模块的监护仪和带转运监护仪的插件式监护仪的实物图。

图 8-22 监护仪主要组成框图

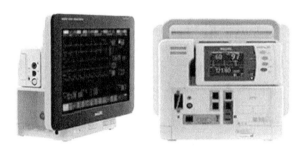

图 8-23 飞利浦 IntelliVue 系列

二、多参数监护仪的常见故障与检修

（一）故障现象：接上心电导联后，显示屏未显示心电波形

故障分析与处理：

（1）先简单排除是否为外部导联接触不良等问题。加固导联电缆与监护仪参数接口底座的连接、导联与电缆的连接。

（2）检查导联模式，如果选择的是五导联模式，只用了三导的接法，会导致没有波形。

（3）检查心电导联线的电极与人体皮肤接触是否良好。此时可以采用心电模拟器替代人体，如果波形显示正常，则判断为导联电极与人体接触不良，可以用乙醇或者生理盐水擦拭皮肤，更换电极片，一般问题能解决，但在大多数情况下，皮肤接触不良会导致波形显示不规则或者波形存在干扰。

（4）如果用模拟器替代人体后，波形依旧未显示，先排除外部导联是否断开或者屏蔽不佳。可以采用正常的心电导联替代测量，如果波形显示正常，则判断为外部导联故障，可以使用万用表的阻抗挡或者通断挡测量是否断路。如果外部导联完好，则故障范围缩小至监护仪内部。

（5）检查心电模块、主控模块或者心电模块与主控模块的连接，有些品牌的监护仪可能还存在接口模块，此时也需要排除。如果显示"心电信号无接收"报警，故障基本集中在监护仪内部模块问题。内部模块是否故障可以采取简单的替换法进行排除。

（二）故障现象：将手指放入血氧饱和度探头后，显示"探头脱落"或者血氧饱和度不显示等故障

故障分析与处理：

（1）遵循从外部到内部、从简单到复杂的维修原则，先排除血氧饱和度探头是否故障。采用替代法，用一完好的血氧饱和度探头接到主机上，如果测量正常，说明主机工作正常，探头故障。该探头传感器由发射元件和接收元件组成，发射元件用波长分别为660nm的红光和960nm的红外光反极性并联，接收元件采用PIN型光敏二极管。观察探头内有无红光，如果没有红光，则发射元件可能故障；如果有红光并且很亮，放入手指前后测量不出数据，则接收元件可能故障。发射端电阻正向应为1.5kΩ，反向应为1.1kΩ；接收端电阻正向应为560Ω，反向应为无穷大。如果测量数据不对，说明接收端或者发射端存在问题，一般故障率较高的是接头处出现断点，重新焊接即可。

（2）如果采用替代法，用一完好的血氧饱和度探头接到主机上，故障未消除，一般为内部血氧模块、血氧模块与主板通信连接部位、接口和插座接口部位问题，可以采取替换法进行逐一排除。

（三）故障现象：血氧饱和度测量结果偏低

故障分析与处理：

将该监护仪的血氧饱和度探头接到另一台同型号监护仪上进行检测，若测出的值仍偏低，说明探头本身有问题。很有可能是探头指套内透光保护面不清洁，造成光线在传输过程中损失，导致测出的结果偏低。用无水乙醇将透光保护部分的表面清洁擦拭，一般故障可解决。

（四）故障现象：血压无法测量

故障分析与处理：

（1）按血压测量键，仔细听是否有血压泵动作的声音，如果泵无动作，先排除按键是否有效，再测量泵的供给电压是否正确、泵的阻值是否正常。

（2）如果泵正常动作，血压无法测量，遵循先外部再内部的原则。首先检查袖带、导气管以及各个接头处是否有漏气现象，袖带是否绑得过松。特别是袖带皮囊以及导气管一般都是橡胶制品，容易老化。建议在未使用血压监测时，将血压测量模式设置成手动模式，以免在未使用血压测量期间，气泵自动充气，从而充爆袖带皮囊，导致漏气，无法测量血压。

（3）查看患者监护模式是否正确，通常有儿童和成人两种模式，如果使用成人袖带但是监护仪患者类型设置为新生儿模式，可能会导致血压无法测量，因为这两种模式的气压最高值不同。

（4）排查快、慢放气阀是否存在故障。因为监护仪一般使用振荡法进行血压测量，控制板给充气泵信号，使袖带充气加压到高值，控制板再控制慢放气阀开始放气，通过压力传感器进行血压测量。若测量失败并提示"空气压力报错"，一般是因为放气阀放气时间过长，从而出错，最终快放气阀打开，快速放气，导致无法测量。大多数都是因为管路中存在的类似橡胶老化后产生的粉末会堵塞阀门，使阀门开关不严密，影响充放气。清理阀门以及气泵中的灰尘杂质后，能达到较理想的效果。

（五）故障现象：监护仪黑屏

故障分析与处理：

（1）首先观察电源指示灯是否亮，如果监护仪带有风扇，观察风扇是否运转。如果电源指示灯不亮，风扇也不运转，检查市电、电源线是否连接正常，保险丝是否烧断，开关按键是否故障，再检查电源板电压输出是否正常。如果电源指示灯亮，风扇正常运转，并且在开机过程中有自检提示声，或者开机一段时间后按血压测量键有气泵动作的声音，基本可以确认为显示屏本身的故障，或者可外接显示器，观察是否正常显示。

（2）确认为显示屏问题后，可以用手电照射屏幕，若显示内容，则可判断显示屏灯管损坏。测量给灯管供电的高压板输入电压是否正常，如果正常，可以用替代法替换高压板或者灯管进行测试。如果高压板输入电压有问题，再继续排查是电源板问题还是模块问题。

（六）故障现象：显示屏闪动、花屏、条纹等

故障分析与处理：

（1）先排除外部干扰因素，检查监护仪附近是否有辐射和射频较强的其他供电电网的电磁干扰、电网的过欠压、瞬态突变、接触不良等情况，换个使用环境开机便可排除。

（2）如果故障偶尔出现，有时甚至可以用手轻拍监护仪，故障有所改善甚至恢复正常工作，一般判断可能是机器的电源电路、显示屏驱动等部分的元器件性能不良、接触不好、虚焊，或连线、接插件有接触不良（虚焊或打火积炭现象）的情况，拆开监护仪，对以上问题进行排查。也可能是由监护仪使用过程中元件的热稳定性变差造成的。

可用加热法判断，如简单用电吹风对电源板、驱动板进行局部加热，故障出现即可判断
故障元件位置。

监护仪的
维修案例

三、多参数监护仪的日常维护保养

（一）日常清洁

1. 监护仪外壳日常清洁

关闭监护仪，断开与交流电源的连接，取出电池（如果有配置）。使用温肥皂水
（最高40℃）、稀释的非腐蚀性去污剂、表面活性剂、基于氨或者乙醇的清洁剂，选一块
柔软的绒布蘸湿，擦拭监护仪主机以及电缆等附件，不要使用丙酮或者三氯乙烯这类强
溶剂。清洁屏幕时一定要格外小心，它比外壳更为敏感，如果是触摸式屏幕要特别注意
关掉屏幕或者禁用触摸功能。清洁时不要让液体进入监护仪的内部或者电缆插接处，不
能对电缆进行泡洗。清洁后用洁净的干布擦干。

2. 记录仪的清洁

如果监护仪配备了记录仪，经过长期使用后，记录仪的打印头就会积聚纸屑和灰尘
等，记录的水平条纹会不均匀地变淡，同时会影响打印头和辊轴的寿命。首先把记录仪
的纸取出来，用一块干净的布条缠着橡胶辊轴，拉动布条穿过辊轴，关闭记录仪的门，
将布条的两头在门的顶部对齐，将顶端夹在拇指和食指之间，把布条抽出记录仪，打开
记录仪的门，将纸屑用干净的布轻轻擦拭干净，用棉球蘸取适量的乙醇，然后轻轻擦拭
打印头热敏部件的表面，等乙醇完全干燥后，重新安装记录纸，关闭记录仪的门。

3. 血氧饱和度指套的清洁

采用与监护仪外壳清洁相同的方式清洁传感器的外部，特别要注意清洁血氧饱和度指
套内发射以及接收的透光保护面，用沾有洗涤剂或医用乙醇的软布擦拭，再用干布擦干。

4. NIBP袖带的清洁

拿掉袖带内的橡胶袋，将袖带裹布在去污溶液中清洗，并在空气中晾干，最后重新
放入橡胶袋。检查橡胶管路以及袋子等橡胶制品是否有老化现象，若有，建议及时更
换，否则会出现漏气现象，影响血压测量，并且老化粉末进入充放气阀门或者气泵会导
致监护仪血压测量故障。

（二）使用维护

日常使用时应注意防潮、防尘、防蚀；电缆等附件整理时采用环形缠绕，以免折
断；对电池定期进行优化，延长使用寿命；维修工程师定期对监护仪进行参数性能检
测、电气安全检测以及计量检定。

第九章　全自动酶标仪

临床检验仪器多是集光、机、电于一体的仪器，使用部件种类繁多。尤其是随着仪器自动化、智能化程度的提高和各种自动检测、自动控制功能的增加，临床检验仪器结构更加复杂。一般来说，临床检验仪器具有涉及的技术领域广、结构复杂、技术先进、精度高、对使用环境要求严格等特点。

第一节　临床检验仪器的维修特点

临床检验仪器应用于对人体的血液和其他体液中各种生理指标进行分析，为医生提供受检者的综合信息。随着新型电子、计算机、生物信息、激光、精密制造仪器等先进技术的发展，临床检验仪器不断地更新换代，其功能也更加强大，日益成为临床诊断必不可少的设备。下面介绍临床检验仪器的基本原理、维修重点和方法。

一、临床检验仪器的基本原理

临床检验仪器设计精密、结构紧凑，大体可分为检测组件、管路系统和电路系统三大部分。它们有共同的工作过程：开机自检校准、吸取样品和试剂、进行传输控制、检测组件将生理指标转换为电信号、计算处理、输出结果。整个过程由微机进行精确的时序控制。虽然过程大同小异，但仪器的档次和功能不同，其实现的方法、结构也不尽相同。要熟练掌握临床检验仪器的维修，关键是要了解它的管路结构和检测原理，并总结其规律。

根据医疗器械分类目录，临床检验仪器被列为一个独立的分类目录，它包括血液分析系统、生化分析系统、免疫分析系统、细菌分析系统、尿液分析系统、生物分离系统、血气分析系统、基因与生物科学仪器和临床医学检验辅助设备等。如果根据临床用途和所采用的技术，则大致可归为以下几类。

（一）临床血液学检验分析仪器

临床血液学检验分析仪器主要包括血细胞分析仪、血液凝固分析仪、血液黏度计（blood viscosimeter）、血红细胞沉降分析仪（erythrocyte sedimentation analyzer）、血小板聚集仪（platelet aggregation instrument）和流式细胞仪。血液学检验分析仪器的检测原理各有不同，而且与光电比色法差别很大，其中以库尔特原理（Coulter principle）最有特色；流式细胞仪临床应用尚在起步期，但流式细胞术应用广泛，在五分类血细胞分析仪、尿沉渣分析仪（urinary sediment analyzer）等仪器中都有应用。

血细胞分析仪的基本原理为电阻抗法血细胞检测原理，又称库尔特原理。血细胞与等渗的电解质溶液相比为相对的不良导体；其电阻值大于稀释液的电阻值；当细胞通过检测器微孔的孔径感受区时，在内外电极之间的恒流源电路上，电阻值瞬间增大，产生一个电压脉冲信号；产生的脉冲信号数等于通过的细胞数，脉冲信号幅度与细胞体积成正比。电阻抗法可用于白细胞、红细胞和血小板的检测。

流式细胞术是指对于处于快速直线流动状态中的生物颗粒进行逐个的、快速的、多参数的定量分析和分选的技术。利用特殊设计的漏斗形流动室，在合适的气体压力差作用下，鞘液和样品流在喷嘴附近组成一个圆柱流束，形成单列的细胞或颗粒性物质液流；液流与激光束垂直相交，染色的细胞受激光照射后发出荧光，这些信号分别被光电倍增管荧光检测器和光电二极管散射光检测器接收，将这些数字化信息经过计算机储存、计算、分析，就可得到细胞的大小、活性、核酸含量、酶和抗原的性质等物理与生化指标。

（二）临床生化检验分析仪器

临床生化检验分析仪器主要包括分立式自动生化分析仪（automatic biochemical analyzer）和干化学式生化分析仪（dry chemical biochemical analyzer）。

分立式自动生化分析仪是目前国内外应用最多的一类自动生化分析仪，其工作原理与手工操作相似，按手工操作的方式编排程序，并以有序的机械操作代替手工操作，用加样探针将样品加入各自的反应杯中，试剂探针按一定时间自动定量加入试剂，经搅拌器充分混匀后，在一定条件下反应。反应杯同时作为比色杯进行比色测定。各环节用传送带连接，按顺序依次操作，故称为"顺序式"分析。生化分析仪使用光电比色法进行检测，因此可把自动生化分析仪简化看作配套了样本处理系统（稀释、加样、搅拌、传送功能）的分光光度计。

干化学式生化分析仪是将待测液体样品直接加到已固化于特殊结构（多层膜等）的试剂载体上，以样品中的水将固化于载体上的试剂溶解，再与样品中的待测成分发生化学反应，然后用反射光度法或差示电位法测定结果。反射光度法是指显色反应发生在固相载体，对透射光和反射光均有明显的散射作用，它不遵从朗伯-比尔定律。基于传统湿化学分析的离子选择电极原理的差示电位法，用于测定无机离子，由于多层膜是一次性使用，既有离子选择电极原理的优点，又避免了通常条件下电极老化以及样品中蛋白质干扰的缺点。干化学只是相对于湿化学而言的，它实际上也是在潮湿条件下进行的化学反应。与传统的湿化学分析方法相比，干化学方法操作简便、测定速度快，并且不需要使用去离子水，没有复杂的清洗系统，但成本较高，适合急诊检测和微量检测。

（三）临床电化学分析仪器

临床电化学分析仪器主要包括电解质分析仪（electrolyte analyzer）和血气分析仪（blood-gas analyzer）等。

临床电化学分析仪器是利用电化学分析技术而设计的临床分析仪器。溶液的电化学性质是指电解质溶液通电时，其电位、电流、电导与电量等电化学特性随化学组分和浓度而变化的性质。电化学分析法是建立在溶液电化学性质基础上并利用这些性质，通过电极这个变换器，将被测物质的浓度转变成电学参数而进行检测的方法。

（四）临床免疫检验分析仪器

临床免疫检验分析仪器主要包括各类酶标仪（ELISA instrument）、全自动化学发光免疫分析仪（automatic chemiluminescence immunoassay analyzer）和特定蛋白分析仪（specific protein analyzer）等。

免疫测定是指利用抗原和抗体特异性结合反应的特点来检测样本中微量物质的方法。由于大部分抗原抗体反应不能被直接观察和定量测定，因此现代免疫分析技术主要是指标记的免疫分析技术，根据标记物的性质，可以分为酶免疫分析技术、放射免疫分析技术、荧光免疫分析技术和化学发光免疫分析技术。化学发光免疫分析技术根据标记物的不同，有化学发光免疫分析、微粒子化学发光免疫分析、电化学发光免疫分析等。

（五）临床微生物学检验分析仪器

临床微生物学检验分析仪器主要包括自动血培养系统（automatic blood culture system）、微生物数码鉴定和抗菌药物敏感性分析系统等。

自动血培养系统主要由培养系统和检测系统组成。培养系统包括培养基、恒温装置和振荡培养装置。其工作原理主要是通过自动监测培养基（液）中的浑浊度、pH 值、代谢终产物 CO_2 的浓度、荧光标记底物或代谢产物等的变化，定性地检测微生物的存在。

微生物数码鉴定是指通过数学的编码技术将细菌的生化反应模式转换成数学模式，给每种细菌的反应模式赋予一组数码，建立数据库或编成检索本。通过对未知菌进行有关生化试验并将生化反应结果转换成数字（编码），查阅检索本或数据库，得到细菌名称。其基本原理是计算并比较数据库内每个细菌条目对系统中每个生化反应出现的频率总和。

自动化抗菌药物敏感性试验使用药敏测试板（卡）进行测试，其实质是微型化的肉汤稀释试验。将抗菌药物微量稀释在条孔或条板中，加入菌悬液孵育后放入仪器或在仪器中直接孵育，仪器每隔一定时间自动测定细菌生长的浊度，也可测定培养基中荧光指示剂的强度或荧光原性物质的水解，观察细菌的生长情况。得出待检菌在各药物浓度的生长斜率，经回归分析得到最低抑菌浓度（minimum inhibitory concentration，MIC）值，并根据美国临床与实验室标准委员会（Clinical and Laboratory Standards Institute，CLSI）标准得到相应敏感度：敏感"S"、中度敏感"MS"和耐药"R"。

（六）临床尿液检验分析仪器

临床尿液检验分析仪器主要包括尿液分析仪和尿沉渣（有形成分）分析仪等。尿液分析仪最常用的为干式尿液分析仪，其工作原理同干化学式生化分析仪。尿沉渣分析仪主要使用流式细胞术、库尔特原理和显微摄影技术。

（七）临床分子生物学检验分析仪器

临床分子生物学检验分析仪器主要包括 PCR 核酸扩增仪（PCR nucleic acid amplifier）和全自动 DNA 测序仪（fully automatic DNA sequencer）等。

PCR 技术的本质是核酸扩增技术，重复"变性（denature）→退火（anneal）→引物（primer）→延伸（extension）"过程 25～40 个循环，呈指数级扩大待测样本中的核酸复制数，达到体外扩增核酸序列的目的。目前，数字 PCR 是最新的定量技术，基于单分子 PCR 方法来进行计数的核酸定量，是一种绝对定量的方法，其主要采用当前分析化学热门研究领域的微流控或微滴化方法，将大量稀释后的核酸溶液分散至芯片的微反应器或微滴中，每个反应器的核酸模板数少于或者等于 1 个。这样经过 PCR 循环之后，有一个核酸分子模板的反应器就会给出荧光信号，没有模板的反应器就没有荧光信号。根据相对比例和反应器的体积，就可以推算出原始溶液的核酸浓度。

二、检验仪器的日常维修重点

管路系统和检测组件的故障占据了检验仪器大约 80%的故障。因为这两部分的组成零部件特别多，且小巧精密，机器运作时，内部是一个繁忙的过程，很多部件不断地重复工作，血液和试剂等也不停地在机器内流动，所以很容易产生故障。管路系统的维修是一个检查、排除、维护的过程，而检测组件的维修多数是更换和保养。

（一）管路系统的维修

管路系统包括管道和一些控制的机械部件，它的工作过程是：吸入空白液，充盈管道，吸入校准液，定标仪器，定量地吸入样品、试剂，按检验方法处理样品和试剂，送到检测器，排出废液，冲洗管道。半自动仪器的管路简单直观，故障容易判断、排除，而全自动仪器的管路很复杂，检修须借助管路图。管路系统故障表现为不吸液、自检不通过、测量重复性差、定标漂移、机件运转出错等。

检查修理的主要内容如下。

（1）控制吸、排液的机械部件。这些机械部件常有卡住和位置错误的故障，可适当加润滑油，清洁位置传感器。

（2）开关电磁阀的阀门或被其卡、夹的硅胶管。阀门损坏，硅胶管夹破，会吸入空气，使管内液体带有气泡，测量无法进行。

（3）样品针、管径较小的连接头、排液管。这些地方常被沉积物堵塞，使吸、排液不畅，测量不稳定。

（4）气道的正负压力。一旦压力改变，吸、排液不准确，就会影响测量准确性，有时候也会造成管路内液体溢出。

（5）冲洗管路。临床检验仪器的管路内容易产生蛋白等沉积物，清洗液在管道内停留的时间又短，有时候达不到清洗的效果，须自配浓度较高的次氯酸冲洗管道，浸洗堵塞部位。

（二）检测组件的维修

检验仪器大多是利用比色法和电极拾取的检测组件，它们有以下的故障特点。

（1）电极拾取结构简单。其主要故障是电极脏、电极老化，表现为电极定标不通过，测试电极值时，超出范围。电极经维护后，故障依旧，必须更换电极。

（2）利用比色法的检测组件是一套光电转换系统，结构相对复杂。其主要故障是比色皿有沉积物，透光度低；光源灯烧毁或老化；滤光片或单色器发霉等，表现为空白校准时，结果不为零；测样品时，超出范围。若光学零件不良，只能更换。

（3）样品在检测组件停留的时间较长，更加容易产生沉积物，每天都必须用清洁液冲洗维护。

三、一般性维护工作

一般性维护工作所包括的是那些具有共性的、几乎所有仪器都需要注意到的问题，主要有以下几点。

（一）仪器的接地

接地的问题除了对仪器的性能、可靠性有影响外，还对使用者的人身安全关系重大，因此所有接入市电电网的仪器必须接可靠的地线。

（二）电源电压

由于市电电压波动比较大，常常超出要求的范围，为确保供电电源的稳定，必须配备交流稳压电源。要求高的仪器最好单独配备稳压电源。另外应注意，插头中的电线连接应良好，使用时切莫把插孔位置搞错，导致仪器损坏。

（三）仪器工作环境

环境对精密检测仪器的性能、可靠性、测量结果和寿命都有很大影响，为此对它有以下几方面的要求。

（1）防尘：仪器中的各种光学元件及一些开关、触点等，应经常保持清洁。但由于光学元件的精度很高，因此对清洁方法、清洁液等都有特殊要求，在做清洁之前需仔细阅读仪器的维护说明，不宜草率行事，以免擦伤、损坏其光学表面。

（2）防潮：仪器中的光学元件、光电元件、电子元件等受潮后，易霉变、损坏，因此有必要定期进行检查，及时更换干燥剂；长期不用时应定期开机通电以驱赶潮气，达到防潮目的。

（3）防热：检验仪器一般都要求工作和存放环境要有适当的、波动较小的温度，因此一般都配置温度调节器（空调），通常温度以保持在 20～25℃最为合适；另外还要求远离热源并避免阳光直接照射。

（4）防震：震动不仅会影响检验仪器的性能和测量结果，还会造成某些精密元件损坏，因此，要求将仪器安放在远离震源的水泥工作台或减震台上。

（5）防蚀：在仪器的使用过程中及存放时，应避免接触有酸碱等腐蚀性气体和液体的环境，以免各种元件受侵蚀而损坏。

以上是有关仪器的一般性维护的主要内容，此外，所有仪器在关机停用时，要关闭总机电源，并拔下电源插头，以确保安全。

四、特殊性维护工作

这部分内容主要是针对检验仪器所具有的特点而言的，由于每种检验仪器有其各自的特点，这里只介绍有代表性的几个方面。

（1）光电转换元件，如光电源、光电管、光电倍增管等在存放和工作时均应避光，因为它们受强光照射易老化，会导致使用寿命缩短、灵敏度降低，情况严重时甚至会损坏这些元件。

（2）检验仪器在使用及存放过程中应防止受污染。若有酸碱的环境将会影响酸度计的测量结果；做多样品测量时，试样容器每次使用后均应立即冲洗干净。另外，杂散磁场对电流的影响也是一种广义的污染。

（3）如果仪器中有定标电池，最好每半年检查一次，若电压不符合要求则予以更换，否则会影响测量准确度。

（4）各种测量膜电极使用时要经常冲洗，并定期进行清洁，长期不使用时，应将电极取下浸泡保存，以防止电极干裂、性能变差。

（5）检流计在仪器中作为检测指示器使用较多，但它极怕受震，因而每次使用完毕后，尤其是在仪器搬动过程中，应使其呈短路状态。

（6）仪器中机械传动装置的活动摩擦面间宜定期清洗，加润滑油，以延缓磨损或减小阻力。

（7）检测仪器一般都是定量检测仪器，其精度应有所保证，因此需定期按有关规定进行检查、校正。同样，仪器经过维修，也应经检定合格后方可重新使用。

此外，仪器维护还有其他许多特殊内容，如用有机玻璃制成的元件，应避免触及有机溶剂；气相色谱仪在使用时需避开易燃气体，且其氢气源应远离火源等。通常这些内容在仪器的使用说明书中有详细的介绍，负责维护工作的人员应仔细阅读使用说明书中的有关内容，以进行正确的维护。

第二节　全自动酶标仪的原理和构造

由于全自动酶标仪工作流程清晰、设备模块化设计，难度适中，因此适合作为检验仪器维修的入门仪器进行学习。

一、固相酶免疫测定 ELISA 原理

（一）ELISA 基本原理

酶免疫分析是指酶标记物的抗体（或抗原）用于免疫反应，并以相应底物被酶分解的显色反应对抗原（或抗体）进行定位分析和鉴定。酶是一种能催化化学反应的特殊蛋白质，其催化效力超过目前所有的人造催化剂。此外，酶还具有高度的专一性，即每一种酶只催化一种或一组密切相关的化学反应。在相应的反应底物参与下，标记的酶可以使底物基质水解而呈色，或使供氢体由无色的还原型转变为有色的氧化型，这种有色产物可以用分光光度计进行测定。

根据是否需要分离结合与游离的酶标记物，可分为均相和非均相酶免疫测定。均相酶免疫测定主要有酶扩大免疫测定和克隆酶供体免疫测定，适用于小分子抗原或半抗原，主要用于药物测定。非均相酶免疫测定分为固相酶免疫法和液相酶免疫法，需要分离游离的和与抗原（或抗体）结合形成复合物的酶标记物，对经酶催化的底物（基底液）显色程度进行测定。分离的方法主要通过固相载体，故此法称为酶联免疫吸附实验（enzyme linked immunosorbent assay，ELISA）或称固相酶免疫测定，简称酶标法。

ELISA 基本原理是把抗原或抗体结合到某种固相载体表面，并保持其免疫活性，也就是形成固相抗原或抗体；将抗原或抗体与酶连接成酶标记抗原或抗体，既保留了免疫活性，又保留了酶的活性；测定时将受检样品（含待测抗原或抗体）和酶标记抗原或抗体按一定程序与结合在固相载体上的抗原或抗体反应形成固相化抗原抗体-酶复合物；用洗涤的方法将固相载体上形成的抗原抗体-酶复合物与其他成分分离，结合在固相载体上的酶量与标本中受检物质的量成一定的比例；加入底物后，底物被固相载体上的酶催化成有色产物，通过定性或定量检测有色产物的量即可确定样本中待测物质的量。

（二）检测方法和步骤

ELISA 法有三个必要的试剂：①固相化的抗原或抗体；②酶标记的抗原或抗体；③酶反应的底物。根据其测定抗原和抗体的不同，采用不同的测定方法。在测定抗原时，蛋白大分子抗原大多采用双抗体夹心法，而对于只有单个抗原决定簇的小分子，则采用竞争法；测定抗体通常采用间接法、双抗原夹心法、竞争法和捕获法等。以测定抗原为例，下面介绍最常用的双抗体夹心法。

经典的双抗体夹心法，均采用两步法，即待测标本与酶标记抗体分开加入反应体系，两步孵育。基本步骤如下：①将特异性抗体与固相载体结合，形成固相抗体（常见为透明反应杯，96 个反应杯组合成 96 孔酶标板）；②把待测样本稀释后，加入反应杯并孵育，使标本中的抗原与固相抗体（已固定在反应杯底部）充分反应，形成固相抗体抗原复合物；③洗板，清洗除去其他游离成分；④加入酶标记抗体并孵育，使酶标记抗体与固相抗体抗原复合物结合，形成固相抗体-待测抗原-酶标记抗体复合物（双抗体夹心）；⑤洗板，清洗除去游离酶标记抗体；⑥加底物，固相载体结合的酶可催化底物成为有色产物；⑦加终止液，终止反应；⑧使用分光光度计测定反应产物的吸光度；⑨根据定标曲线，计算待测样本的浓度。

（三）全自动酶标仪的基本原理

由于全自动酶标仪使用光电比色法进行检测，因此可把全自动酶标仪简化看作配套样本处理系统（稀释、加样、孵育、清洗功能）的分光光度计。酶标仪工作原理图如图 9-1 所示。

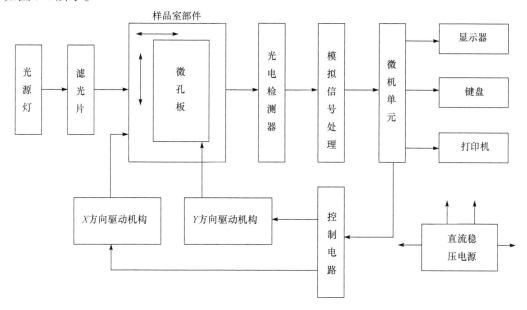

图 9-1　酶标仪工作原理图

但与普通分光光度计不同的是，酶标仪比色液的容器不是比色皿，而是塑料微孔板，微孔板如图 9-2 所示。水平光束无法测定 8 列 12 行的微孔板，所以酶标仪以垂直光束通过微孔板中的待测液。

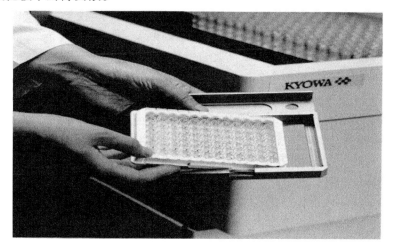

图 9-2　96孔微孔板

二、全自动酶标仪的结构

变色龙（TRITURUS）全自动酶标仪各主要部分结构如图 9-3 所示，具有自动完成所有酶标板（96 孔）测试步骤：校准、质控、样品稀释、分配、各种温度孵育、振荡、清洗、试剂添加、读板的功能，它可以连续处理无数块板的测试。每块酶标板上的分析项目可以多达 8 个，双针加样并具有使用固定针或一次性加样头的选择。此外，模块化的设计给机器的维修带来极大的便利。

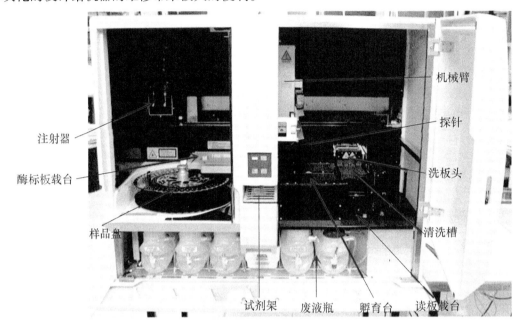

图 9-3 变色龙（TRITURUS）全自动酶标仪

ELISA 的各步骤相对独立，容易实现模块化设计。为了完成以上流程，酶标仪由以下主要模块组成：样品盘模块（carrousel module）、机械臂模块（robot module）、读板模块（reader module）、清洗模块（washer module）、孵育模块（incubator module），以及电源及数据总线、液路系统、试剂架等。变色龙在设计过程中非常清晰地体现了模块化设计的思路，每个模块包含各自的传感器、处理电路、机械结构、执行机构，模块通过数据总线与控制主机通信。图 9-4 为全自动酶标仪结构框图。

模块化设计带来的最大好处就是各模块互相独立，处理故障的思路就简单清晰。当出现简单故障时，基本上只需要考虑模块内各组件即可；对于复杂故障，也只需要考虑相关的主要模块。变色龙的 Technical Service 菜单非常强大，进入该维修菜单后，能查看各模块的硬件状态，能执行各模块的单步动作和完整动作，还能够调整各机械组件的物理位置。下面将依次介绍主要模块的构造原理。

（一）样品盘模块

样品盘分为三个圆环带与八个扇形区，如图 9-5 所示。外环为 92 孔样品位，中环为 96 孔预稀释管位，内环为 120 孔一次性加样位。每个扇形区分为一个稀释液位、7 个质控位和校准品位。

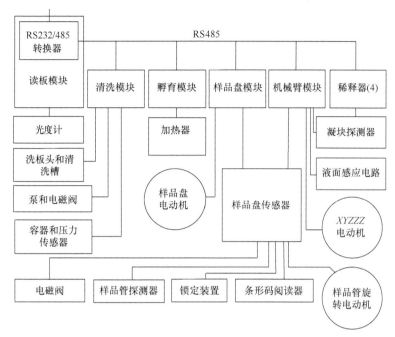

图 9-4 全自动酶标仪结构框图

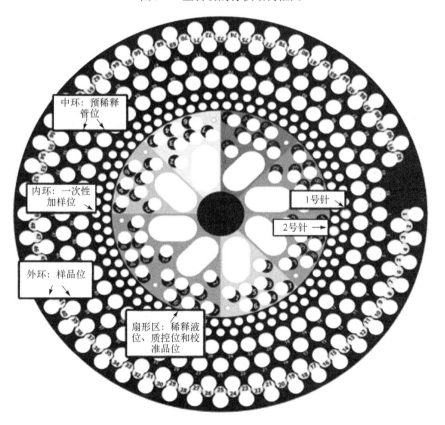

图 9-5 样品盘模块

样品盘模块有两个基本功能：①有样品孔的位置信息（包括样品管上的条形码读取）；②转动样品盘以使机械臂上的探针能到达所需的位置（探针上下移动，吸液的前后左右位置固定）。

（二）机械臂模块

机械臂用来转运微孔板（使用吊钩），执行探针（1 针、2 针）的吸/加液功能，如图 9-6 所示。从机器的正面看，机械臂有五个不同方向的线性运动。

X：左右横向运动；

Y：前后纵向运动；

$Z1$：探针 1 的上下运动；

$Z2$：探针 2 的上下运动；

$Z3$：抓板系统的上下垂直运动。

机械臂模块还包括凝块检测、液面感应电路。液面感应电路实际上是一个振荡电路，振荡的频率依赖于针尖。在针尖接触液面前后，振荡波的频率发生改变，通过检测该频率再加上探针原始位置来判断液面位置。变色龙在吸液时，采用两次液面检测的技术，即探针下降首次检测到液面后，上升 15mm，然后下降再次检测液面，如果两次检测液面位置超出偏差范围，则判断为液面检测错误，这样就避免了气泡、液滴等干扰。为了避免两针间的交叉污染，在吸稀释液和试剂时，$Z1$ 针比 $Z2$ 针多下降 15mm，$Z1$ 针探测到液面后，上升一点，$Z2$ 针再下降相应的深度探测液面。

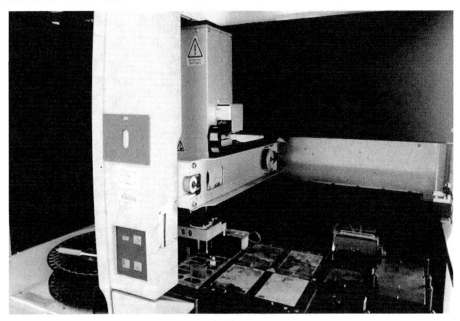

图 9-6 机械臂模块

（三）读板模块

读板模块由光源、滤光片轮、光路系统、光电池、处理电路等组成。此外，模块还包括一个移动微孔板以使微孔板 96 孔的任一位置被读数的电动机系统。该电动机系统由 X 轴电动机、Y 轴电动机、读板起始位 PCB 板（含两个光耦位置传感器）和用来放置微孔板的载台组成。载台上有 97 个孔，96 个对应微孔板上微孔位置，还有一个校准小孔。读数时，载台先沿着 Y 轴运动到 Y 轴初始位，再沿着 X 轴运动到 X 轴初始位。滤光片轮电动机转动滤光片轮使对应的滤光片处于光路通道中。滤光片轮外缘有一凹槽，能使滤光片轮光耦位置传感器产生信号，该位置即为滤光片轮的初始位置。滤光片轮位置传感器的信号通过数据线先连接到读板起始位 PCB 板，再通过数据线把三个传感器信号连接到读板 PCB 板上。

（四）清洗模块

清洗模块由一个载板架（内有凹槽即清洗槽，用来放置微孔板）和一个负责加注洗板液与吸干废液的洗板头以及液路系统组成。液路系统包括稀释器、洗液瓶、废液瓶、电磁阀、管路、压力泵、真空泵等。稀释器由 4 只注射器组成，分为两组各与一个探针连接。其中，500μl 注射器用于高精度稀释，2500μl 用于大体积稀释。容积为 4L 的洗液瓶内加正压，洗液在正压的压力下，通过电磁阀的通断，到达洗板头。洗板的废液通过废液瓶内的负压吸走。废液瓶内废液满时，断开负压，连接正压，通过正压把废液排出废液瓶。废液瓶和洗液瓶内的液面监测，由瓶身下的压力传感器实现。压力传感器与正压、负压传感器都连接于液面/压力检测板上。由于清洗模块的管路、接口较多，因此故障率也较高。

详细液路图如图 9-7 所示。液路图读图为检验仪器必备的技能。下面将以洗板头和废液瓶为中心，进行液路图的讲解。

洗板头上有 8 组针，每组针包括 1 根长针和 1 根短针，所有的长针后端都是连接在一起的，所有的短针后端也都是连接在一起的。8 组针对应酶标板上的 8 列反应杯（微孔）。洗板头上的短针向微孔中注水，长针从微孔中吸水。一次注水、一次吸水就是一次清洗。洗板头上下移动，酶标板在洗板载台的带动下前后移动，两者配合完成 8 列 12 排共 96 孔的清洗。

从现有液路图中，如何判断洗板头上的长针连接哪些管路？短针连接哪些管路呢？首先，根据短针注水，长针吸水，可判断短针的水流方向是从上往下的，长针的水流方向是从下往上的。洗板头后端连接了 2 条管路。一路通往 EV7 电磁阀、EV8 电磁阀、EV9 电磁阀和 2 个溶液瓶的下方；溶液瓶的上方连接到上方的正压传感器、正压缓冲瓶和正压泵。因此，可推断在正压作用下，溶液瓶中的液体通过管路和电磁阀到达洗板头。另一路通往 EV6 电磁阀、RH6 快速接头、废液瓶；废液瓶上的 RM5 快速接头连接到负压传感器、负压缓冲瓶、EV4 电磁阀和负压泵。因此，可推断在负压作用下，洗板头中的液体通过管路和电磁阀到达废液瓶。综上所述，洗板头上的短针通过管路连接到 EV7，长针通过管路连接到 EV6。

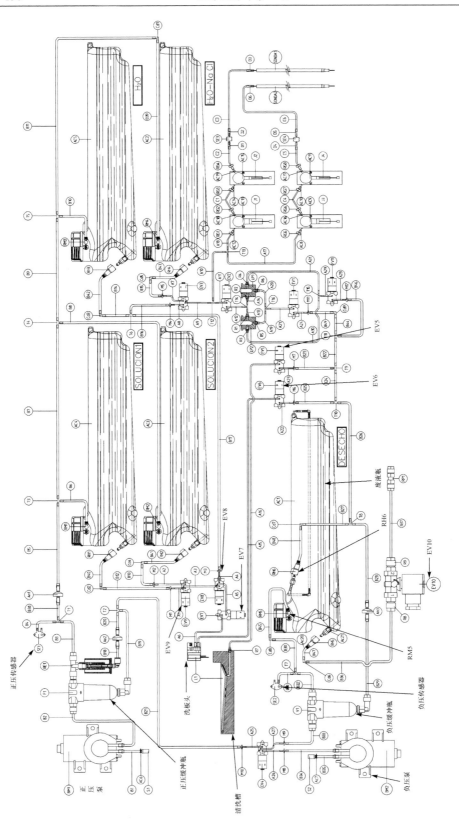

图9-7　全自动酶标仪液路图

在正常工作状态下，废液瓶内为负压，通过洗板头的长针把微孔中的水分吸走。随着时间积累，废液瓶会慢慢充满废液。废液瓶下有压力传感器，废液瓶满时，可向控制系统报警，控制系统启动自动排废液程序。EV4 电磁阀是个三通阀，默认状态是负压缓冲瓶端与负压泵连通，工作状态是负压缓冲瓶端与正压缓冲瓶连通。在正常工作状态下，EV4 电磁阀处于默认状态，负压泵把负压缓冲瓶和废液瓶抽真空。EV6 电磁阀打开，则废液瓶通过长针吸废液。废液瓶满时，自动排废液程序如下：首先，EV5 和 EV6 都处于关闭状态；其次，EV4 电磁阀工作，连通负压缓冲瓶和正压缓冲瓶，在正压泵的作用下，负压缓冲瓶和废液瓶中都充满正压；最后，EV10 电磁阀打开，在正压的作用下，废液排到专用的排水管或污水池中。

（五）孵育模块

孵育模块包含一个铝制的板块，被分成 4 个独立加热的部分。铝板下有电加热丝、温度传感器和一个振荡器。

第三节　全自动酶标仪的常见故障处理

一、故障现象：清洗槽溢水

故障分析与处理：

微孔板放在载板架上清洗时，洗液通过洗板头加入微孔板，加入量过多或者吸液不完全都会造成溢水。正常情况下，溢出微孔板的废液，通过载板架上的排液系统吸入废液瓶。进入维修菜单，查看电磁阀工作是否正常，检查负压泵工作是否正常。冲洗电磁阀内通道，清洗管路，通常能解决问题。特别需要注意的是，废液瓶瓶盖未拧紧或者瓶盖密封圈破损，都会造成负压不足，而引起溢水。管路与废液瓶连接的接头也需要注意是否有破损。接头破损通常不引人注意，看似连接良好，实际上管路不通。可以用注射器来验证接头是否正常。清洗槽溢水，通常会引起很多并发问题，如无法读板、烧毁电机等。

二、故障现象：无法读板

故障分析与处理：

读板起始位 PCB 板控制读板载台的初始位置，它位于清洗槽下方。清洗槽溢水导致读板起始位 PCB 板受潮，而使读板载台的初始化无法完成，故无法读板。此外，滤光片轮的位置传感器信号也是先传输到读板起始位 PCB 板上的，因此有时也会引起滤光片轮无法初始化。拆下读板起始位 PCB 板，清洗干净，吹干，通常能解决问题。如果数据线接插件锈蚀严重，可能导致数据传输不良，则需更换接插件。

三、故障现象：注射器漏水

故障分析与处理：

注射器活塞及 O 形圈经过长期磨损，与注射器管壁不能充分密闭，导致漏水。更换注射器活塞及 O 形圈。

四、故障现象：探针液面感应错误

故障分析与处理：

探针尖端清洗不干净，挂珠，或者样品、试剂表面有气泡都会引起液面感应错误报警。重试几次或者手工擦拭针尖，基本能解决问题。此外，由于机械臂运动，探针与液面感应电路板之间的导线也跟随多次折叠，导致导线内部损伤，而引起某个位置吸液时，经常导致液面感应错误。此时，可以考虑更换导线。

五、故障现象：机械臂左右移动失控

故障分析与处理：

该症状通常发生在探针扎到微孔板的情况下。由于探针扎到固体，探针以及连接管路内部压力变大，在连接薄弱的地方通常是注射器驱动器后端脱开，引起漏液。机械臂左右移动的步进电机刚好处于漏液下方。步进电机的编码器受潮，导致机械臂运动失控。吹干编码器，若不能解决，则只好更换编码器。

六、故障现象：容器液面错误

故障分析与处理：

全自动酶标
仪的维修案例

通常由液面/压力检测板故障引起，若不能判断具体元件故障，则只能更换检测板。

七、故障现象：探针上下移动电机电流过限

故障分析与处理：

探针多次撞击固体后，容易引起探针上下移动的丝杆弯曲变形，导致上下移动阻力过大。通过添加润滑剂能改善情况，减少报警次数。如果情况恶化，就只能更换丝杆。

八、故障现象：酶标板内有水分残留

故障分析与处理：

酶标板小孔内有水分残留，即洗板不干净，每次水分残留量不确定，且样品被稀释，导致测量重现性不好，OD 值（吸光度）偏低，通常由吸液故障引起。有关吸液的部件都需要检查。根据液路图，按顺序检查。从洗板头上的长针开始检查，长针是否堵塞；长针到 EV6 电磁阀的管路是否堵塞；EV6 电磁阀内部阀芯是否堵塞；EV6 电磁阀到废液瓶上的 RH6 快速接头是否堵塞；RH6 快速接头是否接通；RM5 快速接头到负压缓冲瓶的管路是否折叠。拆下洗板头，使用注射器冲洗，水流从长针中冲出时，若笔直则表示通畅；若有歪曲，则表示长针内壁有粘堵。使用圆头不锈钢探针疏通或消毒液浸泡可解决。管路脏堵，可以使用细试管刷刷洗干净。

快速接头内部有弹簧，弹簧老化会导致内部管路无法接通，此时需更换快速接头。废液瓶内部是负压状态，如果废液瓶盖密封圈泄漏，则会导致负压压力不足。负压泵老化，也将导致负压无法达到设定值。应急的处理方法，可以把负压泵与正压泵调换使用。调换后，连接管路和控制电路时，需要注意进气口（负压）和出气口（正压）。

第十章　化学发光免疫分析仪

化学发光免疫分析仪是利用抗原抗体间免疫反应的高亲和力、高度特异性和化学发光的高效率建立起来的一种微量免疫定量测定技术。标记后的抗原和抗体与待测物经过一系列的免疫反应和操作步骤（如离心、洗涤等），最后以测定发光强度的形式测定待测物的含量。

第一节　化学发光原理

美国雅培公司的化学发光微粒子免疫分析（chemiluminescent microparticle immunoassay，CMIA）技术是主流的几种化学发光技术之一。

CMIA技术所需的反应物如下。

（1）捕获分子（抗原、抗体或病毒颗粒）包被的用于特定检测分析的顺磁微粒子。

（2）吖啶酯标记结合物。

（3）预激发液和激发液。

图10-1为表示这些反应物的图形符号。

CMIA反应顺序是样品中分析物与反应物相互作用的顺序。该顺序具有方案特异性。

(a) 含捕获分子的抗分析物微粒子　(b) 测量的样品分析物

(c) 吖啶酯标记结合物　(d) 未测量的样品分析物

图 10-1　图形符号

一、反应的基本原理

（1）试剂移液器将微粒子（捕获分子包被的顺磁微粒子）分液至反应杯内的样品中。旋涡式混匀器对反应混合物进行混合，如图10-2所示。

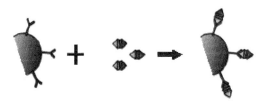

图 10-2　样品与微粒子结合

（2）反应混合物孵育，且样品中分析物与微粒子上的对应捕获分子结合，形成免疫复合物。

（3）磁体吸引顺磁微粒子（与特定分析物结合）至反应杯壁。清洗区歧管清洗反应混合物，以除去未结合物质，然后继续进行测定，如图 10-3 所示。

（4）移液器分液化学发光吖啶酯标记结合物。该结合物与免疫复合物结合，形成反应混合物，如图 10-4 所示。

图 10-3　磁体吸引顺磁微粒子　　　　　图 10-4　加入吖啶酯标记结合物

（5）反应混合物孵育。

（6）清洗区歧管，清洗反应混合物，去除未结合物质。

（7）预激发液喷嘴分液预激发液（过氧化氢）且 CMIA 光学系统获取背景读数。预激发液执行下列功能。

①形成酸性环境，防止能量过早释放（光发射）。

②有助于抑制微粒子聚集。

③从与微粒子复合物结合的结合物中分离吖啶酯染料。为下一步提供吖啶酯染料。

（8）激发液喷嘴分液激发液（氢氧化钠）至反应混合物中。吖啶酯接触过氧化物和碱性溶液后，产生氧化反应。该反应引发化学发光反应，形成 N-甲基吖啶酮，其回到基态时释放能量（光发射）。

（9）CMIA 光学系统测量预定时间内的化学发光量（激活读数），以定量分析物浓度或确定用于指数（临界值）的定性说明。

二、光学测量（i 系统）

光学测量是 i 系统（美国雅培公司的 i2000/i2000SR 和 i1000/i1000SR 四款化学发光免疫分析仪，在检测速度和样本轨道上有所区别，但都基于 CMIA 技术，所以简称 i 系统）用于获取相对发光单位（relative light unit，RLU）读数的过程，RLU 读数随后被转换成特定项目分析物浓度单位或指数（临界值）项目的定性说明。

光学测量主题如下。

（1）光学系统及测量顺序（i 系统）。

（2）数据换算（i 系统）。

三、光学系统及测量顺序（i 系统）

处理模块中的光学系统指引反应杯的化学发光发射到 CMIA 阅读器，如图 10-5 所示。

测量发生在光学系统的以下操作过程。

（1）关闭反应杯周围的快门，遮挡周围的光线。

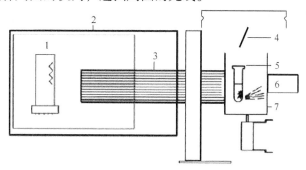

图 10-5　光学系统

1-光电倍增管；2-CMIA 阅读器；3-光柱；4-激发液传送喷嘴；5-反应杯；6-磁体；7-CMIA 快门装置

（2）将光电倍增管（photomultiplier tube，PMT）旋至高电压，并获取背景读数（已分液预激发液），然后将数据发送到中央处理器（central processing unit，CPU）。

（3）将激发液分液至反应杯。

备注：激发液引发化学发光反应，发射光子。

（4）使用光导管采集发射光并指引到 CMIA 阅读器中的 PMT。

（5）通过采集光发射的光子来激活读数。

（6）向 CPU 发送光子数数据。

备注：该反应中产生的化学发光量与样品中存在的分析物量成正比或反比，其取决于检验类型。

（7）将规定时间内生成的信号相加，以得到 RLU 值。

（8）关闭高电压 PMT。

（9）打开快门。

四、数据换算（i 系统）

数据换算是用来计算 RLU 最终读数的方法。其计算式如下：

$$最终读数（RLU）=激活读数-背景读数$$

在数据换算中，系统进行如下步骤。

（1）将 CMIA 光学系统测量的信号相加。

（2）验证如下。

① 背景计数在验收范围内。

② 激活读数在一组可接受的范围内。

（3）将激活读数减去背景读数，计算最终读数并将其转换成浓度单位。

五、项目处理（i2000/i2000SR）

许多项目处理活动都发生在样品吸液与最终读数之间，包括加试剂、混匀、孵育等步骤。通过处理通道移动、移动定时及组件定位，各反应活动可在指定时间和位置上发生。i 系统的项目处理技术称为 Chemiflex 技术，可提供各种方案或项目处理方法。根据方案类型，项目处理步骤在处理通道的不同位置发生。

下面图解显示用于项目测量的处理通道周围组件，如图 10-6 所示。

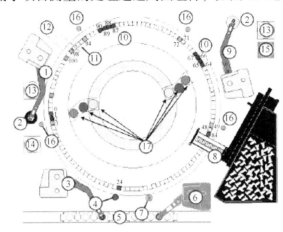

图 10-6　i2000/i2000SR 项目处理组件

①1#试剂移液器（R1）；②两个试剂清洗站（R1W、R2W）；③样品移液器（S）；④样本冲洗站（SW）；⑤样本架；⑥急诊移液器（ST）；⑦急诊冲洗站（STW）；⑧反应杯装载器及漏斗组件（RVL）；⑨2#试剂移液器（R2）；⑩两个清洗区歧管（WZ1、WZ2）；⑪预激发液/激发液管（RT/T）；⑫CMIA 阅读器（CMIA）；⑬两个试剂注射器（R1S、R2S）；⑭样本注射器（SS）；⑮急诊注射器（STS）；⑯旋涡式混匀器（4）（VTX1、VTX2、VTX3、VTXST）；⑰试剂移取位置

第二节　化学发光免疫分析仪的构造

ARCHITECT i2000SR 系统是一种全自动化免疫分析系统，能够进行随机和连续访问，并对样本进行优先处理和自动重复再测处理，如图 10-7 所示。

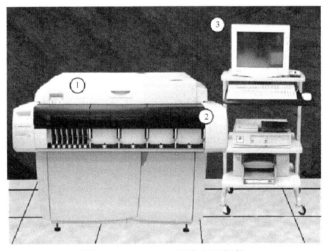

图 10-7　i2000SR 系统主要部件

①i2000SR 处理模块，具有优先处理能力的诊断模块，通过 CMIA 以进行样本处理；②多维样本处理轨道，运输模块，对处理模块提供样本以进行分析和重复再测；③系统控制中心，计算机系统，用户能够通过集中型界面，以对处理模块及其相关部件进行控制

一、i2000SR 的处理模块

（一）处理中心（i2000/i2000SR）

该处理中心为处理模块的主要活动区。样本和试剂被分发到处理通道的 RV（反应杯）内混合，以在这里执行检验处理，如图 10-8 所示。

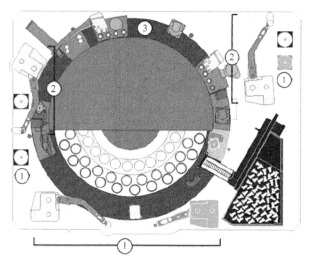

图 10-8　ARCHITECT i2000/i2000SR 处理中心硬件配件

①样本硬件配件，用于抽吸和分发样本；②试剂硬件配件，用于抽吸和分发试剂；③处理通道硬件配件，定位用于样本与试剂抽吸、混合、洗涤和 CMIA 处理的 RV 位置

（二）处理中心制图

处理中心制图粘贴在 ARCHITECT i2000/i2000SR 系统的前面和后面处理中心的盖子上，用于帮助用户在执行零件更换程序或排除处理模块故障时查找零件位置。在该制图上各零件以字母和/或数字进行标识。i2000SR 处理模块还含有其他零件，在制图上以粉红色显示（ST、STW、VTXST、STD、STS）。这些零件是在执行 STAT（signal transducers and activators of transcription）检验方案时使用的，如图 10-9 所示。

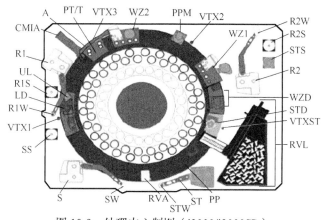

图 10-9　处理中心制图（i2000/i2000SR）

（三）样本硬件配件

样本硬件配件为用于样本抽吸和分发的装置，如图 10-10 所示。

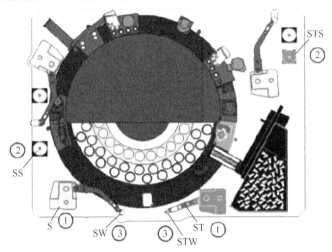

图 10-10　处理中心样本硬件配件

①样本和 STAT 吸样针（S 和 ST），用于将样本抽吸并分发到反应杯（RV）内；②样本和 STAT 注射器（SS 和 STS），用于控制样本抽吸和分发；③样本和 STAT 冲洗站（SW 和 STW），用于洗涤探头内部和头部上残留液体

1. 样本和 STAT 吸样针

样本和 STAT 吸样针（在处理中心制图上分别为 S 和 ST 标识）是一种用于探测、抽吸、转移和分发样本至反应杯的装置。该样本吸样针也可将进行适当保温后的预加热样本转移到一个新的反应杯内。这些吸样针装置均含有一个液体传感/压力监视系统，以帮助识别抽吸错误。

2. 样本和 STAT 注射器

样本和 STAT 注射器（在处理中心制图上分别为 SS 和 STS 标识）是用于控制样本抽吸和分发的装置。

3. 样本和 STAT 冲洗站

样本和 STAT 冲洗站（在处理中心制图上分别为 SW 和 STW 标识）为被动式冲洗站，在这里，样本和 STAT 探头将分发过量样本，且探头内部和头部上的所有残留液体都将被洗去。

4. 试剂硬件配件

试剂硬件配件是用于对试剂进行抽吸、分发和肯定标识的装置。

5. 试剂转盘和条形码阅读器

试剂转盘是一种循环式旋转装置。

（1）可容纳多达 25 个含条形码标签的试剂盒（75 个单独试剂瓶），使其在冷却、温控式环境下储存。

（2）含有三个颜色编码环，这些颜色编码与试剂瓶标签顶部的彩色条纹配对。

（3）通过连续旋转微粒子试剂瓶，可分发微粒子。

（4）旋转到要进行试剂抽吸和分发的瓶位置上。

6. 试剂针

试剂针（在处理中心制图上分别为 R1 和 R2 标识）是用于探测、抽吸、转移和分发试剂至反应杯的装置。各移液枪装置均含有一个液体传感/压力监视系统，以帮助识别抽吸错误。

7. 试剂注射器

试剂注射器（在处理中心制图上分别为 R1S 和 R2S 标识）是用于控制试剂抽吸和分发的装置。

8. 试剂冲洗站

试剂冲洗站（在处理中心制图上分别为 R1W 和 R2W 标识）为主动式冲洗站，用于洗涤所有残留在探头内表面和外表面的液体。此外，探头外部也利用真空器进行干燥。进入试剂瓶的探头部分将在该冲洗站上洗涤并干燥。

9. 处理通道硬件配件

处理通道是一种含有盖子的圆形轨道，通过上提供检验方案上要求的保温温度、液体抽吸和洗涤点。

处理通道每隔 18s，便向前移动 RV 一次，同时将其安置在预定位置上，以进行CMIA 反应检测。

10. 装载分流器

装载分流器（在处理中心制图上为 LD 标识）在例行处理需要使用 RVs（反应杯）时，将 RV 从处理通道的内轨道移到外轨道。

11. RV 存取门

RV 存取门（在处理中心制图上为 RVA 标识）是一个开口，用户可通过该开口以访问外轨道的一个位置。RVA 仅作为诊断用途，应确保其在系统操作期间关闭。

12. RV 装载器和漏斗装置

RV 装载器和漏斗装置（在处理中心制图上为 RVL 标识）提供 RVs 在系统上的储存场所，并将 RV 运送到处理通道上。

13. STAT 分流器

STAT 分流器（在处理中心制图上为 STD 标识）用于在 STAT 处理要求使用 RV 时，将 i2000SRTM 处理模块上的 RV 从处理通道的内轨道移到外轨道。

14. 旋涡器

旋涡器（在处理中心制图上为 VTX1、VTX2、VTX3 和 VTXST 标识）用于混合反应混合物，从而使微粒悬浮。这些 RV 在处理通道上进行旋涡振荡。

15. 洗涤区分流器

洗涤区分流器（在处理中心制图上为 WZD 标识）用于指示 RV 到两个通道中的一个。其中，一个通道将使 RV 穿过该洗涤区，并在洗涤区内洗涤；另外一个通道将使 RV 在该洗涤区周围移动。

16. 洗涤区歧管

洗涤区歧管（在处理中心制图上为 WZ1 和 WZ2 标识）用于洗去 RV 内未与反应混合物结合的分析物并丢弃不用。每个洗涤区含有 4 个位置，在这些位置上将执行以下操作。

（1）位置 1：通过磁体将顺磁微粒子吸引到 RV 壁上，然后分配喷口将洗涤液分发到该 RV 内。

（2）位置 2 和 3：当洗涤区探头移到 RV 底部时将应用真空。此外，喷口还将在该 RV 内分发洗涤缓冲液。在这两个位置上也额外进行了洗涤/抽吸循环。

（3）位置 4：洗涤区探头将抽吸该 RV 内的废液。

17. 处理通道驱动电机

处理通道驱动电机（在处理中心制图上为 PPM 标识）用于旋转处理通道圆盘，以将 RV 固定在适当位置上，然后使这些 RV 一个位置接着一个位置地前进。

18. 预激发液/激发液歧管

预激发液/激发液歧管（在处理中心制图上为 PT/T 标识）用于在 RV 内依次分发预激发液、激发液。

19. CMIA 阅读器

CMIA 阅读器（在处理中心制图上为 CMIA 标识）用于测量 RV 上的化学发光量并报告检测到的发光量。

20. 废液臂

废液臂（在处理中心制图上为 A 标识）用于在将 RV 卸载到固体废物容器之前，先倒去里面所含的液体。

21. RV 卸载器

RV 卸载器（在处理中心制图上为 UL 标识）用于在检验处理后，卸下处理通道上使用过的 RV 并丢到固体废物容器内。

22. 供应和废物中心

供应和废物中心将作为本体溶液和固体废物的系统储存区，如图 10-11 所示。

图 10-11　供应和废物中心
①预激发液/激发液储存区；②洗涤缓冲液储存区；③固体废物桶

23. 预激发液/激发液储存区

预激发液/激发液储存区位于供应和废物中心，用于储存试验处理要求使用的预激发液和激发液。

24. 预激发液/激发液盘

预激发液/激发液盘是位于供应和废液中心内的一个平台，用于存放预激发液和激发液瓶。

25. 预激发液液位传感器

预激发液液位传感器是一种配有磁性浮子式液位传感器的装置，该传感器位于预激发液瓶内，用于低液位指示。当剩下 70ml 左右的可用溶液时，该传感器将不能再检测（失效）。

26.激发液液位传感器

激发液液位传感器也是一种配有磁性浮子式液位传感器的装置，该传感器位于激发液瓶内，用于低液位指示。当剩下 70ml 左右的可用溶液时，该传感器将不能再检测（失效）。

27.洗涤缓冲液储存区

该洗涤缓冲液储存区位于供应和废物中心，用于提供对洗涤缓冲液的系统储存，这些洗涤缓冲液将在试验处理时使用。

28.洗涤缓冲液过滤器

洗涤缓冲液过滤器位于洗涤缓冲液储存区内，含有用于排除颗粒物的材料，这些颗粒物可能损害系统流控元件。

29.废物斜道和活板门

废物斜道位于供应和废物中心，通过重力作用接收使用过的 RV 并指示其进入固体废物容器内。当用户在处理期间除去固体废物容器时，活板门可容纳多达 50 个的 RV。

二、自动样本传送模块

多维样本处理轨道及条形码阅读器如图 10-12 所示。

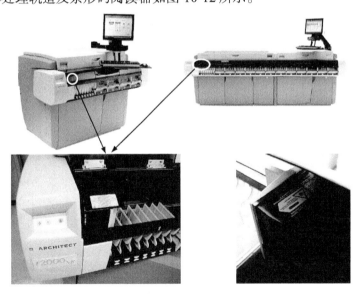

图 10-12　多维样本处理轨道及条形码阅读器

样本处理器是一种传送系统，用于装载校准品、质控品和患者样本，然后发送到处理中心。

（一）多维样本处理轨道

多维样本处理轨道（reset sample handler，RSH）是一种传送系统，用于装载校准品、质控品、患者样本和试剂，如图 10-13 所示。对 RSH 的设计能够实现随意并连续访问正在装载/卸载样本和试剂。其上面含两种类型分段用于放置样本，使样本要么做常规处理，要么做优先处理。

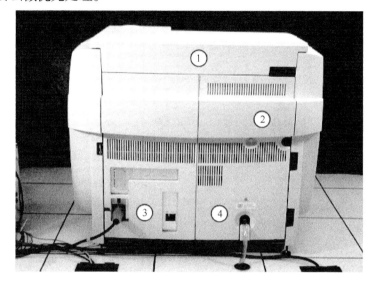

图 10-13　i2000SR 处理模块（RSH 后视图）

①处理中心后盖，用于访问执行项目处理活动的组件；②处理中心后访问板，用于访问处理中心组件；③电源模块，用于访问电源组件；④泵架，用于访问泵和真空系统

1. 优先进样区

优先进样区是一个用于保存样本架的区域，可放置 7 个样本架。

2. 常规进样区

常规进样区是一个用于保存样本架托盘的区域，每个托盘可以放置 5 个样本架，总共 4 个区域。

用户可将样本架放入样本架托盘，然后将样本架托盘装入常规进样区。样本架传送器将捡拾各样本架，然后移动。移动时将通过条形码阅读器。条形码阅读器将对样本进行标识，然后样本架传送器将该样本架移到抽吸区，以对样本进行抽吸。

（二）系统控制中心

系统控制中心（system control center，SCC）是一种计算机系统，对 ARCHITECT 系统提供软件界面。在 SCC 上，用户可执行如下操作。

（1）配置系统。

（2）输入患者、质控品和校准品命令。

（3）核查患者结果、质控数据和校准结果。

（4）控制处理模块和样本处理器。

（5）执行系统诊断和维护程序。

（6）接收来自主机的检测命令和诊断数据。

（7）将检测结果发送到主机上。

三、故障信息的种类与确认方法（System Logs 的阅读方法）

（一）种类

（1）Temporary message log (临时信息记录)……可删除的、不重要的、与故障有关的信息的显示。

例1：#0531 No test orders found for carrier(K004)，Position(5)。

样品架编号 K004 位置 5 没有申请。

例2：#8107 Printer out of paper。

打印机中无纸。

（2）Message history log (信息的历史记录)……与系统性能或结果报告有关、故障手册中提示的故障信息的显示及保存，其中要特别注意显示时间较早的信息多为故障的根本原因。

（二）确认方法

信息的历史记录的确认方法（故障手册中提示的）如下。

（1）在屏幕主菜单选择 System → System logs 。

（2）选择 Log selection:Temporary message log 右侧的列 ☰ 表框（   ），再选择 Message history log 。

（3）选定故障编号找出原因（通常同时显示出来的最下面的信息是原因所在）。

（4）故障编号的分类如下。

以粗体字显示出的故障编号为中心进行检索。

①0000～0999：一般事项；②1000～1999：有关化验；③2000～2999：有关维护；④3000～3999：有关液面（液面传感器）检测；⑤4000～4999：有关条形码；⑥5000～5999：有关机械和传感器；⑦6000～6999：有关光学部件；⑧7000～7999：有关温度；⑨8000～8999：有关计算机、主机、硬件；⑩9000～9999：有关软件。

第三节　化学发光免疫分析仪的维护和保养

化学发光免疫分析仪的保养可分为日保养、周保养和按需保养。

一、日保养

（1）清洁并调整样品移液器探针。

（2）在清洗区 1 和 2 中清洁探针、温度管和传感器以及真空管。

（3）在试剂转盘上混合微粒子瓶。

（4）冲洗和灌注预激发液和激发液歧管。

（5）检查最后 30 天内有无备份。若无备份，指示操作员备份一次，检查数据库完整性。保养要求如表 10-1 所示。

备注：仅在 i2000/i2000SR 处理模块为模块 1 时才检查备份和数据库完整性。

表 10-1　日保养要求表

估计时间	要求材料	要求模块状态
21min	·保养洗瓶 ·ARCHITECT 探针调理液 ·0.5%次氯酸钠溶液	预热或准备就绪

注：用于清洁时，次氯酸钠溶液的稳定性为 30 天。

二、周保养

（一）空气过滤器清洁（6012 Air Filter Cleaning）

执行该每周保养程序以手动清除空气过滤器上的灰尘。由于过滤器必须在干燥后重装，建议在两块过滤器之间互换使用以提高效率。保养要求如表 10-2 所示。

表 10-2　6012 Air Filter Cleaning 保养要求表

估计时间	要求材料	要求模块状态
10min	·空气过滤器 ·自来水	停止、预热或准备就绪

（二）移液器探针清洁（6014 Pipettor Probe Cleaning）

执行该每周保养程序，清洁移液器探针的外侧以除去盐沉积。保养要求如表 10-3 所示。

表 10-3　6014 Pipettor Probe Cleaning 保养要求表

估计时间	要求材料	要求模块状态
5min	·装有去离子水的洗瓶 ·棉签	预热或准备就绪

（三）移液器探针及歧管手动清洁（6015 WZ Probe Cleaning-Manual）

执行该每周保养程序，清洁移液器探针的外侧及歧管以除去盐沉积。保养要求如表 10-4 所示。

表 10-4　6015 WZ Probe Cleaning-Manual 保养要求表

估计时间	要求材料	要求模块状态
10min	·装有去离子水的洗瓶 ·棉签	停止、预热或准备就绪

三、按需保养

（一）模块按需保养

1. 1111 样品移液器校准（Sample Pipettor Calibration）

（1）为处理过程需移液和分液标本的所有位置设定样品探针位置。
（2）确定探针垂直度。
保养要求如表 10-5 所示，操作步骤如图 10-14 所示。

表 10-5　1111 Sample Pipettor Calibration 保养要求表

估计时间	要求材料	要求模块状态
7min	·纱布 ·水（去离子水或自来水） ·样品架 ·架校准工具	停止、预热或准备就绪

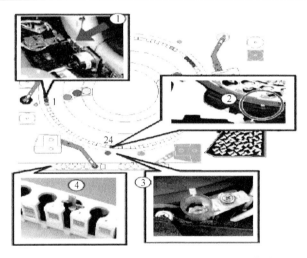

图 10-14　1111 Sample Pipettor Calibration 操作步骤
①定位点，位置 1；②定位点，位置 24；③样品清洗站定位点；④架校准工具定位点

2. 1112 R1 移液器校准（R1 Pipettor Calibration）

（1）为处理过程需使用 R1 移液器移液和分液试剂的所有位置设定 R1 探针位置。
（2）确定探针垂直度。
保养要求如表 10-6 所示，操作步骤如图 10-15 所示。

表 10-6　1112 R1 Pipettor Calibration 保养要求表

估计时间	要求材料	要求模块状态
7min	·棉签 ·水（去离子水或自来水）	停止、预热或准备就绪

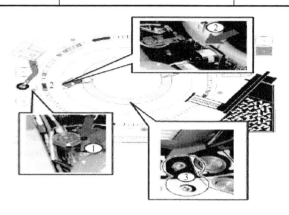

图 10-15　1112 R1 Pipettor Calibration 操作步骤

①R1 清洗站定位点；②定位点，位置 2；③试剂转盘定位点

3. 1113 R2 移液器校准(R2 Pipettor Calibration)

（1）为处理过程需使用 R2 移液器移液和分液试剂的所有位置设定 R2 探针位置。

（2）确定探针垂直度。

保养要求如表 10-7 所示，操作步骤如图 10-16 所示。

表 10-7　1113 R2 Pipettor Calibration 保养要求表

估计时间	要求材料	要求模块状态
7min	·棉签 ·水（去离子水或自来水）	停止、预热或准备就绪

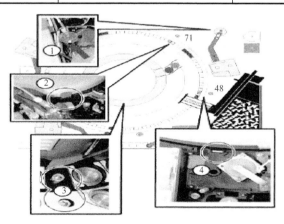

图 10-16　1113 R2 Pipettor Calibration 操作步骤

①R2 清洗站定位点；②定位点，位置 71；③试剂转盘定位点；④定位点，位置 48（i2000SR）

4. 1117 急诊移液器校准（STAT Pipettor Calibration）

（1）为处理过程需移液和分液试剂的所有位置设定急诊移液器位置。
（2）确定探针垂直度。

保养要求如表 10-8 所示，操作步骤如图 10-17 所示。

表 10-8   1117 STAT Pipettor Calibration 保养要求表

估计时间	要求材料	要求模块状态
7min	·纱布 ·水（去离子水或自来水） ·样品架 ·架校准工具	停止、预热或准备就绪

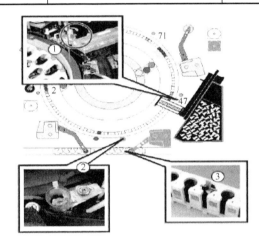

图 10-17   1117 STAT Pipettor Calibration 操作步骤

①定位点，位于反应杯传送器和急诊漩涡式混匀器（VTXST）间处理通道外部的位置 47；

②急诊清洗站定位点；③架校准工具定位点

5. 2130 液路冲洗（Flush Fluids）

执行该按需保养程序冲洗清洗缓冲液、预激发液和激发液。保养要求如表 10-9 所示。

表 10-9   2130Flush Fluids 保养要求表

估计时间	要求材料	要求模块状态
5min （执行该程序不会为自动冲洗重置时钟）	无	预热或准备就绪

注：为了冲洗清洗缓冲液，库存状态须大于 50%。需要验证清洗缓冲液是否充足。

6. 2133 空气冲洗（Air Flush）

执行该按需保养程序以排空清洗缓冲液、激发液和预激发液管路。保养要求如表 10-10 所示。

表 10-10 2133 Air Flush 保养要求表

估计时间	要求材料	要求模块状态
7min	·清洗缓冲液传送管 ·清洗缓冲液桶（空）	预热或准备就绪

7. 2151 灌注清洗区（Prime Wash Zones）

执行该按需保养程序，通过分液 100μl 清洗缓冲液到清洗区 1 和 2 的 3 个反应杯来灌注清洗区。保养要求如表 10-11 所示。

表 10-11 2151 Prime Wash Zones 保养要求表

估计时间	要求材料	要求模块状态
6min	无	预热或准备就绪

8. 2152 灌注预激发液和激发液（Prime Pre-Trigger and Trigger）

执行该按需保养程序，通过分液 200μl 预激发液和激发液到预激发液/激发液歧管的两个反应杯来灌注。保养要求如表 10-12 所示。

表 10-12 2152 Prime Pre-Trigger and Trigger 保养要求表

估计时间	要求材料	要求模块状态
5min	无	预热或准备就绪

9. 2185 清洗缓冲液卸载（Wash Buffer Unload）

执行该按需保养程序，从处理模块卸载清洗缓冲液至外部容器。保养要求如表 10-13 所示。

表 10-13 2185 Wash Buffer Unload 保养要求表

估计时间	要求材料	要求模块状态
8min	·清洗缓冲液传送管 ·清洗缓冲液桶（空）	停止、预热或准备就绪

10. 3131 反应杯装载机传感器校准（RV Loader Sensor Calibration）

执行该按需保养程序，以校准一个自校准反应杯运输传感器板。保养要求如表 10-14 所示。

表 10-14　3131 RV Loader Sensor Calibration 保养要求表

估计时间	要求材料	要求模块状态
6min	无	停止、预热或准备就绪

注：为了确定板是否为自校准，观察位于靠近反应杯传感器线缆的反应杯传送器下方发光二极管（light emitting diode, LED）灯。如果板含有 5 个指示灯，则板为自校准。

11. 3520 温度状态（Temperature Status）

执行该按需保养程序，检查系统在以下条件的温度状态。
（1）按照实验室要求测量温度。
（2）故障排除某些错误代码。
（3）启动长时间关闭的系统。
对以下系统组件的温度状态进行检查并显示：①处理通道；②预激发液；③激发液；④清洗区；⑤试剂冷却器。保养要求如表 10-15 所示。

表 10-15　3520 Temperature Status 保养要求表

估计时间	要求材料	要求模块状态
1min	无	停止、预热或准备就绪

12. 3530 温度检查-手动（Temperature Check-Manual）

（1）当实验室要求测量外部温度时，执行该按需保养程序以测量系统。
（2）该程序中装有清洗缓冲液的反应杯在 6 个处理通道区的每一个通道区中进行平衡。另外，将在清洗区探针保养水瓶中的自来水加到试剂冷却器中。根据指示，插入温度计探针以测量温度。保养要求如表 10-16 所示。

表 10-16　3530 Temperature Check-Manual 保养要求表

估计时间	要求材料	要求模块状态
5min	·外部温度计 ·清洗区探针保养水瓶 （外部温度计须单独购买，用于温度检查）	预热或准备就绪

13. 4050 缓冲液运行中（Buffer Run）

执行该按需保养程序，使用清洗缓冲液代替试剂，运行"使用清洗缓冲液代替试剂运行程序中的一步和两步方案"。该程序允许在排除系统故障时模拟检验。保养要求如表 10-17 所示。

表 10-17　4050 Buffer Run 保养要求表

估计时间	要求材料	要求模块状态
60min	· 自来水或盐水 · 2 个试剂盒，3 瓶/盒（瓶子须为空） · 样品架 · 样品杯/管	预热或准备就绪

14. 6043 清洗区探针清洁（WZ Probe Cleaning-Bleach）

执行该按需保养程序，用次氯酸钠溶液清洁清洗区 1 和 2 中的探针内外侧。保养要求如表 10-18 所示。

表 10-18　6043 WZ Probe Cleaning-Bleach 保养要求表

估计时间	要求材料	要求模块状态
35min	· 清洗区探针保养水瓶 · 保养洗瓶 · 自来水或盐水 · 0.25%次氯酸钠溶液	预热或准备就绪

（二）RSH 按需保养

1. 1119 传输器校准（Transport Calibration）

执行该按需保养程序，将架传送器位置与区位和架位对齐。保养要求如表 10-19 所示。

表 10-19　1119 Transport Calibration 保养要求表

估计时间	要求材料	要求模块状态
5min	无	预热或准备就绪

2. 6311 RSH 清洁（RSH Cleaning）

执行该按需保养程序，清洁托盘区、优先位、架运输臂、架传送器防护板和架定位器。

第四节　雅培 ARCHITECT i2000SR 型化学发光免疫分析仪的常见故障与维修

机器有自动报警功能，根据报警故障编码及提示的故障现象，可以通过分析故障原因和维修来解决机器故障。常见故障及维修实例如下。

（一）维修实例 1

故障编码及现象：

SCC 显示 "#1000　Assay(x)Number(y)Calibration failure, Cal 1 or Cal 2 final below specifications.

#1001　Assay(x)Number(y)Calibration failure, final read too high for Cal 1.

#1002　Assay(x)Number(y)Calibration failure, final read too low for Cal 1.

#1003　Assay(x)Number(y)Calibration failure, final read too high for Cal 2.

#1004　Assay(x)Number(y)Calibration failure, final read too low for Cal 2."。

故障分析：校准失败。

故障处理：

（1）确认校准失败的曲线。

（2）从曲线分析原因（校准分注错误、机器重现性不良等）。

（3）实施故障检修，再次进行校准。

注意事项：

校准曲线的详细确认方法如下。

QC·Cal → Calibration Status → 选中想要确认的项目→ F5 Detail

（二）维修实例 2

故障编码及现象：

SCC 显示 " #1005 Result cannot be calculated, final RLU read is outside the specification of the lowest calibrator."。

故障分析：

（1）RLU 低于规格，不能计算测定结果。

（2）非反应性检测样品容易发生的现象。

故障处理：

（1）确认 RLU（从 Exception 中选择相应的检测样品，按 F5 Details ）。

（2）确认校准曲线。

QC·Cal → Calibration Status → 选择想要确认的项目→ F5 Details

（3）仅 1 个检测样品发生错误时：

① 检测样品操作错误→遵守试剂附件中记载的检测样品操作注意事项。

② 对检测样品再次进行离心，重新测定。

（4）多个检测样品发生错误时：

① 确认激发液/预激发液的软管中有无气泡、龟裂、破损，若有松脱请拧紧，操作图示如图 10-18 所示。

② 发现软管有龟裂、破损时，请与客户服务中心联系。

（5）确认激发液/预激发液的液面传感器 L 字部分有无龟裂、破损；若有，请更换新的液面传感器。

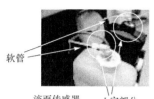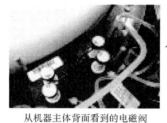

软管

液面传感器　L字部分

从机器主体背面看到的电磁阀

图 10-18　多个样品发生错误时维修操作图示

（6）确认激发液/预激发液电磁阀（4个）附近有无漏液。

①有保护罩（白色）时要拆下后确认。

②发现漏液时，与客户服务中心联系。

（7）确认激发液/预激发液的有效期有无问题，是否有过补充，怀疑溶液有问题时，更换新的溶液后实施 3 次#2130 Flush Fluids。

（8）确认稀释缓冲液调整是否合适。

①浓缩稀释缓冲液和激发液容器很相似，注意不要混淆。

②稀释缓冲液的 pH 为中性，稀释激发液后变为强碱性。

（三）维修实例 3

故障编码及现象：

SCC 显示 "#1006 Unable to process test, background read failure."。

故障分析：本底的读取值超出规格，无法测定。

故障处理：

（1）确认发生频度。

①频度少→在重新检查中得到测定值时，观察一段时间再看。

②频度多→确认有没有出现有关光学系统脏污的错误或者确认 Message history log 。

若在维修过程中，SCC 显示发生相关错误：

"#5205 RV detected in Process Path when attempting to load a new RV.

#3700 Unable to process test,(WZ *)wash aspiration error for probe(s) 〔 * 〕"。

其中，*=位置编号。

发生上述错误时，请与客户服务中心联系。

（2）实施#1020 Optics Background，若结果不能通过，请与客户服务中心联系。

（3）更换预激发液，实施 3 次#2130 Flush Fluids。

注意事项：

该错误编号不会记录在 Message history log 中，因此在 Return 或 Delete 之前要在 Exception 的 Detail 确认 RLU 值。

（四）维修实例 4

故障编码及现象：

SCC 显示 "#1007 Unable to process test, activated read failure."。

故障分析：

（1）添加激发液后的光学读取值超出规格，无法测定。

（2）发光模式异常（血清血浆以外的检测样品、异常高值检测样品等）。

故障处理：

（1）仅发生特定检测样品。

① 在 Exception 的 Detail 中确认 RLU。

② 确认校准曲线，与 CONC（Concentration）的最高浓度（Cal F）的 Fit curve RLU 进行比较。

QC·Cal → Calibration Status → 选择想要确认的项目→ F5 Details

③ 必要时进行检测样品的稀释测定。

（2）发生不特定多个检测样品。

① 确认激发液/预激发液的软管中有无气泡、龟裂、破损等，如图 10-19 所示。

图 10-19　发生不特定多个检测样品时维修操作图示

② 发现软管有龟裂、破损时，请与客户服务中心联系。

（3）确认激发液/预激发液的液面传感器 L 字部分有无龟裂、破损；若有，请更换新的液面传感器。

（4）确认激发液/预激发液电磁阀（4 个）附近有无漏液。

① 有保护罩（白色）时要拆下后确认，如图 10-20 所示。

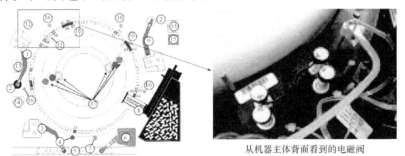

从机器主体背面看到的电磁阀

图 10-20　确认激发液/预激发液电磁阀附近有无漏液维修操作图示

② 发现漏液时，请与客户服务中心联系。

（5）实施 #2130 Flush Fluids。

（6）确认激发液/预激发液的有效期有无问题，是否有过补充。

（7）怀疑溶液有问题时，更换新溶液后实施 3 次#2130 Flush Fluids。

注意事项：

该错误编号不会记录在 Message history log 中，因此在 Rerun 或 Delete 之前要在 Exception 的 Detail 确认 RLU 值。

（五）维修实例 5

故障编码及现象：

SCC 显示 "#1008 Unable to process test, final read failure."。

故障分析：最终的光学读取值超出规格，无法测定。

故障处理：

（1）确认激发液/预激发液的软管中有无气泡。

（2）有气泡时，实施#2130 Flush Fluids。

（3）确认激发液/预激发液的有效期有无问题，是否有过补充。

（4）怀疑溶液有问题时，更换新溶液后实施 3 次#2130 Flush Fluids。

注意事项：

该错误编号不会记录在 Message history log 中，因此在 Rerun 或 Delete 之前要在 Exception 的 Detail 确认 RLU 值。

（六）维修实例 6

故障编码及现象：

SCC 显示 "#3700 Unable to process test,(Wash Zone 1 / 2 Aspirate)wash aspiration error for probe(s) [1 / 2 / 3]"。

故障分析：

（1）在相应清洗区（WZ）探针检测到清洗液的吸取异常。

（2）室温高。

（3）清洗区探针堵塞。

（4）清洗区软管（带温度传感器）老化、不良。

（5）清洗区电磁阀不良。

（6）废液层堵塞。

（7）废液软管堵塞。

（8）真空管道堵塞。

故障处理：

（1）根据 Message history log 找出 WZ 探针位置。

（2）确认发生频度（偶尔发生/连续发生等）。

（3）确认室温是否在规格内（15～30℃）、机器背面与板壁间的距离是否在规格内（30.5cm 以上）。

（4）偶尔发生时→实行通用对策。

（5）连续发生时：

① 确认相应 WZ 软管温度传感器导线是否有断线、伤痕。

② 确认 WZ 电磁阀部分有无漏液。

③ 发现存在上述现象时，请与客户服务中心联系。

（6）实施通用对策。

需要清洗以下区域附近，如图 10-21 所示。

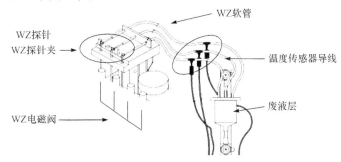

图 10-21　需要清洗区域图示

（7）通用对策。

① 确认相应的 WZ 探针有无堵塞、弯曲，有弯曲时应更换新品。

② 确认相应的 WZ 废液层软管连接部分有无破损。

③ 确认相应的 WZ 软管连接、导线连接。

④ 连接没有问题时，更换相应的 WZ 软管。

⑤ 实施 #2050 WZ Aspiration Test。

⑥ 实施对照测定，确认故障是否改善。

（8）#2050 WZ Aspiration Test 没有问题，但在测定中出现故障的情况。

① 再次确认 WZ 探针和 WZ 软管温度传感器导线的编号是否连接正确。

② 更换多根 WZ 软管时，请逐一牢固地安装。

（9）#5205 RV detected in Process Path when attempting to load a new RV 同时出现时，优先实施#5205 对策。

当出现#5205 时，很可能是在没有供给反应杯的状态下进行了检测样品或试剂的分注，因此到达清洗区时实际上没有液体。

（10）仅在#6041 Daily Maintenance 时发生故障的情况。

WZ1 出现时，请确认洗瓶的自来水是否过冷。

注意事项：

（1）#3700 连续发生时，会发生#3701 (Wash Zone 1 / 2) disabled, maximum number of wash aspiration errors exceeded.，处理模块的状态变为 Stopped 。

（2）若想找出原因，可以依次实施对策，急于测定时可以确认所有检查项目，更换消耗品（WZ 探针，带 WZ 探针用软管温度传感器），然后实施#2050 WZ Aspiration

Test，进行对照测定。

（3）温度传感器对 WZ 探针吸取洗净液时是否正确吸取进行监视，如图 10-22 所示。

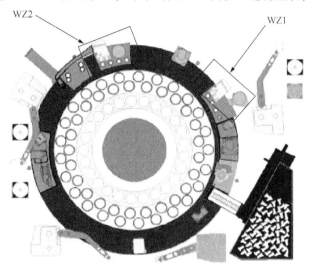

图 10-22　温度传感器对 WZ 探针的监视

（七）维修实例 7

故障编码及现象：

SCC 显示 "#5503 Step loss detected on (x), actual (expected)，(y)."。

故障分析：

(x)运作不良。

其中，(x) = 部件名，(y) = 实测(或预测)计数。

故障处理：

（1）#5503…(Trigger Pump)激发液泵。

（2）#5503…(Pre-Trigger Pump)预激发液泵。

（3）确认激发液/预激发液相应的液面传感器连接的软管是否有气泡、龟裂、破损，如图 10-23 所示。

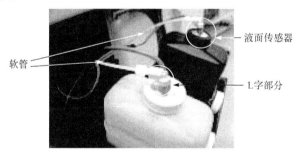

图 10-23　确认激发液/预激发液相应的液面传感器连接的软管状况维修操作图示

若发现软管有龟裂、破损，请与客户服务中心联系。

（4）确认激发液/预激发液相应的液面传感器 L 字部分有无龟裂、破损，发现有时请更换新的液面传感器。

（5）确认激发液/预激发液相应的电磁阀（各 2 个）有无漏液，如图 10-24 所示。

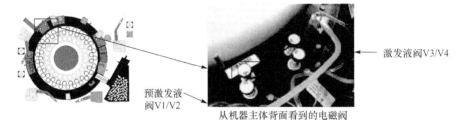

图 10-24　确认激发液/预激发液相应的电磁阀有无漏液维修操作图示

若发现有漏液，请与客户服务中心联系。

（6）实施#2130 Flush Fluids。

（7）按 F5 Startup 后，故障复发时，先关闭处理模块（PM）的电源，然后打开。

（8）#5503…(R1 / R2 Wash Station Buffer Pump)。

（9）#5503…(Wash Zone 1 / 2 Dispense Pump)。

① 按 F5 Startup，确认是否进入 Ready。

② 实施#2130 Flush Fluids。

若通过上述操作不能清除故障，请与客户服务中心联系。

（10）#5503…(Sample / R1 / R2 / STAT Pipettor Buffer Pump)。

① 按 F5 Startup，确认是否进入 Ready。

若不能进入 Ready，故障复发时，请与客户服务中心联系。

② 实施#2130 Flush Fluids。通过该操作后故障仍复发时，请更换相应的探针，然后再次实施#2130 Flush Fluids。

（11）#5503…(上述以外所有的部件)。

① 按 F5 Startup，确认是否进入 Ready。

② 不能进入 Ready，故障复发时，请先关闭处理模块的电源，然后打开。

（八）维修实例 8

故障编码及现象：

SCC 显示 "#5900 Step loss detected on (RV Loader Wheel)."。

故障分析：

（1）反应杯装载槽内的收集反应杯的旋转板（装载器轮）运行不良。

（2）反应杯可能在旋转扳（装载器轮）内部发生堵塞。

故障处理：

（1）按 F5 Startup，确认是否进入 Ready。不能进入 Ready，出现相同故障时，请进入（2），确认反应杯是否堵塞，如图 10-25 所示。

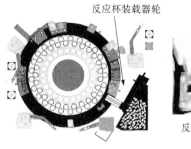
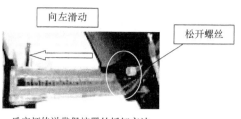

反应杯装载器轮

向左滑动

松开螺丝

反应杯传送带保护罩的拆卸方法

图 10-25　确认反应杯是否堵塞维修操作图示

（2）拆下反应杯传送带的半透明保护罩，确认落点处有无反应杯堵塞，有堵塞时予以清除。将半透明保护罩装回原位，按 F5 Startup，确认是否进入 Ready，如图 10-26 所示。

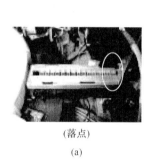
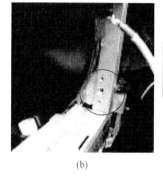

确认反应杯是否重叠
（(a)是有1个待机容器的正常状态）

（落点）

(a)　　　　　(b)

图 10-26　确认反应杯是否重叠维修操作图示
实际上反应杯传送带的前面有急诊探针

（3）实施（2）后仍出现相同故障时，关闭处理模块（PM）的电源，将反应杯装载槽内的反应杯全部移到别的容器内，手动确认旋转板（装载器轮）是否顺利旋转，发现反应杯堵塞时予以清除，如图 10-27 所示。能够逆时针顺利旋转时，打开 PM 的电源，按 F5 Startup，确认是否进入 Ready。

移动反应杯时，要戴上手套手动转动旋转板（装载器轮）时，有时候会有反应杯落到反应杯传送带的落点部分，因此有反应杯重叠时应予以清除。

注意事项：

通常旋转板（装载器轮）逆时针转动，将反应杯供向反应杯传送带。

（九）维修实例 9

故障编码及现象：

SCC 显示 "#5900 Step loss detected on (Process Path Carousel Motor)."。

反应杯装载槽内的旋转板

图 10-27　移除反应杯维修操作图示

故障分析：

（1）运行转盘（位于试剂仓外围下面，用于移动反应杯，起着传输作用的部件）的电机运行不良。

（2）反应杯可能在运行转盘内部发生堵塞。

故障处理：

（1）确认固体废物桶（垃圾箱），检查深处的废物斗是否在门打开着的状态下安装正确。若有用过的反应杯堆积，应予以清除。

（2）按 F5 Startup，确认是否进入 Ready。不能进入 Ready，并且出现同一故障时，请进入（3），确认反应杯是否堵塞，如图 10-28 所示。

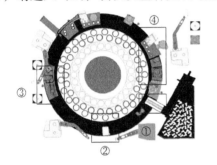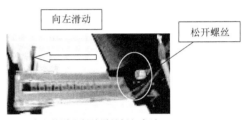

向左滑动　　　松开螺丝

反应杯传送带保护罩的拆卸方法

图 10-28　确认反应杯是否堵塞操作图示

（3）拆下反应杯传送带的半透明保护罩，在反应杯传送带左端从正上方看运行转盘内部，发现有反应杯堵塞时予以清除，将半透明保护罩装回原位①，如图 10-29 所示。按 F5 Startup，确认是否进入 Ready。

（4）实施（3）后仍出现相同故障时，关闭 PM 的电源，从反应杯检修门（图 10-30），即图 10-28 中的②处逆时针转动运行转盘，发现反应杯时将其全部清除；不能转动时，沿左右方向转动，确认能够逆时针顺利转动 1 周后，打开 PM 的电源。按 F5 Startup，确认是否进入 Ready。

图 10-29　拆下反应杯保护罩操作图示　　　　图 10-30　反应杯检修门

若不能顺利转动，在电源关闭的状态下进入（5）。

在旋转开始位置处做上标记，或者对放有反应杯的框进行计数，数到 112 个，确认旋转 1 周。

（5）拆下反应杯装载器附近，即图 10-28 中③处的部件，将运行转盘朝着转动的方向旋转，确认能够顺利旋转 1 周后，将拆下的部件装回原位，打开 PM 的电源，如图 10-31 所示。按 F5 Startup，确认是否进入 Ready。

若不能顺利转动，在电源关闭的状态下进入（6）。

在旋转开始位置处做上标记，或对放有反应杯的框进行计数，数到 112 个，确认旋转 1 周。

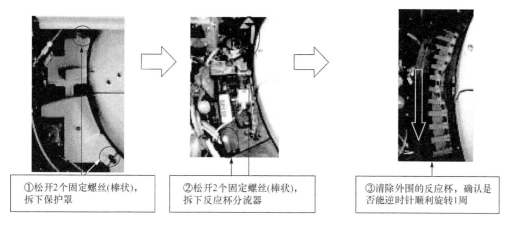

①松开2个固定螺丝(棒状)，拆下保护罩

②松开2个固定螺丝(棒状)，拆下反应杯分流器

③清除外围的反应杯，确认是否能逆时针顺利旋转1周

图 10-31　反应杯装载器部件拆装操作图示

（6）拆下清洗区（WZ）反应杯（1RV）分流器附近，即图 10-28 中④处的部件，将运行转盘朝着转动的方向旋转，确认能够顺利旋转 1 周后，将拆下的部件装回原位，打开 PM 的电源，如图 10-32 所示。按 F5 Startup，确认是否进入 Ready。

在旋转开始位置处做上标记，或对放有反应杯的框进行计数，数到 112 个，确认旋转 1 周。

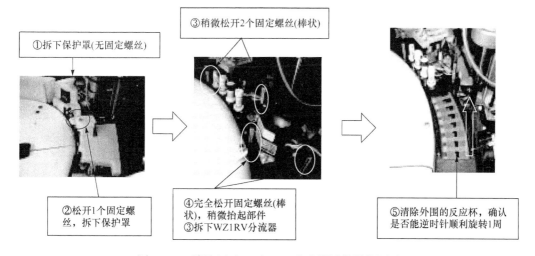

①拆下保护罩(无固定螺丝)

②松开1个固定螺丝，拆下保护罩

③稍微松开2个固定螺丝(棒状)

④完全松开固定螺丝(棒状)，稍微抬起部件
③拆下WZ1RV分流器

⑤清除外围的反应杯，确认是否能逆时针顺利旋转1周

图 10-32　清洗区（WZ）1RV 分流器拆装操作图示

注意事项：

拆下部件后再安装时，请正确安装，不要使电路板有松动现象。

第十一章 人工呼吸机与麻醉机

第一节 呼吸机的基本原理

呼吸机根据人体呼吸生理学的原理，借助机械力量，将含氧量大于大气的气体送入肺内，而使之强制通气。产生的压力差决定了潮气量（tidal volume，VT），潮气量和呼吸频率（respiratory rate，RR）决定了每分通气量。简单来说，呼吸机就像一个气筒，而患者的肺就像一个气球，气筒不断向气球内打气完成吸气，然后气球通过气筒将气体排出完成呼气。

按照与患者的连接方式的不同，呼吸机可分为有创呼吸机和无创呼吸机。有创呼吸机连接患者的呼吸管路有吸入和呼出管路，气流经过吸入管路到患者再到呼出管路最后经呼吸机排到外部环境。无创呼吸机只有一条管路，从呼吸机到患者再由漏气接头直接排出。本章介绍呼吸机原理，主要针对有创呼吸机，详细阐述其组成部分、常用的呼吸机的气体管路图，以及维修案例。

有创呼吸机的简易原理框图如图 11-1 所示。吸入模块负责送气给患者，呼出气体经呼出模块排到外界环境。控制模块控制整台呼吸机的运行。

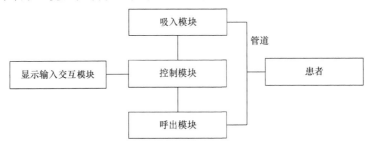

图 11-1 有创呼吸机原理框图

一、呼吸机的通气参数

潮气量：平静呼吸时每次吸入或呼出的气量。

每分通气量（minute ventilation，MV）：潮气量与呼吸频率的乘积（MV=VT × RR）。

呼吸比：吸气相和呼气相时间的比值。呼吸功能正常的患者呼吸比参考值为 1.5～2。

吸入氧浓度：患者吸入的氧气浓度。

峰流速：患者通气的最大流速。

平台压：在吸气末，不再供给气流，气道压力从峰压下降，形成一个不变的平台压力。

呼气末正压（positive end-expiratory pressure，PEEP）：在间歇正压通气的前提下，使呼气末气道内保持一定正压，在治疗呼吸窘迫综合征、非心源性肺水肿、肺出血时起重要作用。

二、呼吸机的通气模式

呼吸机在临床应用时，除了正确地选择各项参数外，还要按病情需要适当选择通气方式，以达到合理使用和最佳治疗效果。

机械通气有 3 个组成部分：触发、送气、吸气到呼气切换。这 3 个部分不同方式的组合，就产生了多种的通气模式。

（一）触发

触发呼吸机对患者送气的方式有两种：强制触发和同步触发。强制触发即固定呼吸频率，以一个固定的时间周期对患者进行送气，如 1min 通气 15 次，呼吸机即每 4s 强制向患者送气。同步触发是患者的自主呼吸触发呼吸机送气。这种方式的触发可以是以流量触发或者以压力触发。呼吸机以一个固定小流量的气流送气，并采用呼出端检测气流，当吸入流量大于呼出流量一定值时，判定患者开始吸气，故触发呼吸机对患者送气，这种触发方式就是流量触发。当呼吸机检测到气道压力值降低时，完成通气触发，这种便是压力触发。

（二）送气

呼吸机对患者送气的控制方式有容量控制通气（volume controlled ventilation，VCV）、压力控制通气（pressure controlled ventilation，PCV），以及两者结合的压力调节容量控制通气（pressure regulated volume controlled ventilation，PRVCV）。

容量控制通气：呼吸机送气达到目标潮气量时便从吸气相转为呼气相，此模式可以保证患者得到足够的气体。呼吸机按预设的频率、潮气量、呼吸比为患者送气。容量控制的方式需要控制呼吸机送气的流速，以满足目标潮气量的要求。流速的控制可以是恒定流速，也可以为递减流速，还可按患者的需求控制流速。图 11-2 为恒定流速 VCV 的压力-时间曲线和流量-时间曲线。

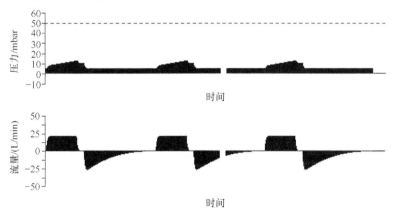

图 11-2　VCV 的压力-时间曲线和流量-时间曲线

压力控制通气：呼吸机送气达到设定吸气压力时从吸气相转为呼气相，压力上升时间加上压力维持时间等于吸气时间。图 11-3 为 PCV 的压力-时间曲线和流量-时间曲线。

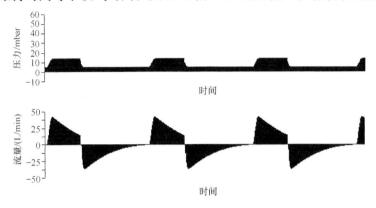

图 11-3　PCV 的压力-时间曲线和流量-时间曲线

压力调节容量控制通气：在确保预先设置的潮气量等参数的基础上，呼吸机能够自动连续测定胸廓/肺顺应性和容积/压力关系，并根据此反馈调节下一次通气时的吸气压力水平，使气道压力尽可能降低，以减少正压机械通气的气压损伤。

容量控制和压力控制适应于呼吸完全停止或者极其微弱、严重呼吸肌疲劳等无自主呼吸的患者。通气效果可靠，能最大限度地缓解呼吸肌疲劳，降低氧耗，可进行呼吸力学检测。但这种完全的机器控制通气，易发生人机对抗。

（三）切换

从吸气结束到呼气的切换有时间切换、容量切换、压力切换、流量切换。

时间切换：规定一定的吸气时间，达到吸气时间结束吸气，转为呼气。

容量切换：规定一定送气量（吸气潮气量），达到送气量时转为呼气。

压力切换：当气道压力达到预设的最大压力时便转为呼气。

流量切换：在吸气过程中一旦流速降到设置的某个百分点，切换为呼气。

（四）通气模式

根据允许患者自主控制呼吸的程度可粗略地分为控制通气和自主呼吸：控制通气包括控制机械通气（control mechanical ventilation，CMV）、辅助/控制（assist/control，A/C）通气、同步间歇指令通气（synchronized intermittent mandatory ventilation，SIMV）；自主呼吸包括连续气道正压通气（continuous positive airway pressure，CPAP）、压力支持通气（pressure supported ventilation，PSV）、双水平式气道正压（bi-level positive airway pressure，BIPAP）通气。

控制机械通气：完全控制的通气方式，不存在患者的自主呼吸。

辅助/控制通气：当患者自主吸气达到预调的触发灵敏度时，则呼吸机给一个预调的潮气量通气；若在所定的呼吸周期内无自主呼吸或吸气微弱不能触发灵敏度，则在周期结束时，呼吸机自动给予一次正压通气。辅助/控制通气的方式适用于恢复自主呼吸的患者。

同步间歇指令通气：自主呼吸频率和潮气量由患者控制，间隔一定的时间（可调）进行同步正压通气。若在等待触发时期（称为同步触发窗）内无自主呼吸，则在触发窗结束时，呼吸机自行给予正压通气，无人机对抗产生。A/C 通气模式和 SIMV 模式最大的区别在于 A/C 通气模式的实际频率可以大于设定频率；而 SIMV 模式的实际呼吸频率等于设定频率。SIMV 模式的主要优点是能减少患者自主呼吸与呼吸机对抗，减轻撤机困难，降低气道压力，防止呼吸肌萎缩与运动失调，减小呼吸对心血管系统的影响。

连续气道正压通气：吸气和呼气时，呼吸机均产生正压。吸气相正压相对高些，向气道输送一个恒定的气流，气流量和正压可按照患者具体情况调节。通气正压可有助于防止肺不张。

压力支持通气：患者的自主呼吸再加上通气机能释出预定吸气正压的一种通气。当患者触发吸气时，通气机以预先设定的压力释放出气流，并在整个吸气过程中保持一定的压力。应用 PSV 时，不需要设定 VT，故 VT 是变化的，它是由患者的吸气力量和所使的压力支持水平，以及患者和通气机整个系统的顺应性与阻力等多种因素所决定的。只有患者有可靠的呼吸驱动时，方能使用 PSV，因为通气时必须由患者触发全部的呼吸。

双水平式气道正压通气：让患者的自主呼吸在双压力水平的基础上进行，气道压力周期性地在高压力和低压力两个水平之间转换，每个压力水平均可以独立调节，以两个压力水平之间转换时引起的呼吸容量改变来起到机械通气辅助的作用。

第二节　呼吸机的基本构成及功能

一、呼吸机的主要部件

如图 11-1 所示，呼吸机由吸入模块、呼出模块、控制模块、显示输入交互模块构成，还有一些呼吸机的配套设备。吸入模块通常有减压阀、比例电磁阀、安全阀、流量传感器、压力传感器、氧浓度传感器等。呼出模块通常有 PEEP 阀、流量传感器、压力传感器等。配套设备主要包括模拟肺、呼吸管路、湿化器、供气管道、备用电池、过滤器、雾化模块、空气压缩机等。

（一）比例电磁阀

比例控制是闭环控制系统中的一种，即输出变化会成比例反馈给输入端。比例流量控制是指在气路控制系统中的气体压力和温度不变的情况下，对气体控制系统施加变换的电流（输入变量），从而改变气路的孔径，使气体的流量（输出变量）与电流（输入变量）的变化成比例。

以 Drager 的 Evita 呼吸机中的红宝石阀为例，它的比例电磁阀主要用于控制氧气和空气混合比例和流量，因此比例电磁阀有时称为空氧混合器。Evita 的比例电磁阀包含两个分别控制氧气和空气流量的带有位移传感器的高压伺服阀（即红宝石阀），以及两个供气压力传感器，在吸气过程中，控制电流并供应给红宝石阀内的线圈，将阀球从阀座上拉起，使阀球和阀座之间形成一个环形沟，让气体从阀内流过。环形沟和供气压力决定了气体的流量。在呼气过程中，红宝石阀的阀球压进阀座，阀门关闭，停止供气。两个红宝石阀如图 11-4 所示，一个氧气阀和一个空气阀协同工作就控制了供给气体中氧气的浓度。

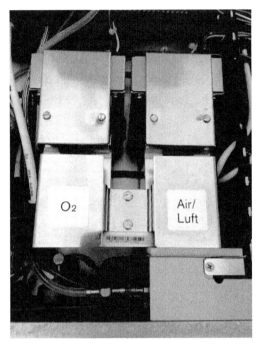

图 11-4　Evita 红宝石阀

（二）PEEP 阀

在呼气末需要维持一个正压，而比正压就需要 PEEP 阀。常见的 PEEP 阀有气压控制 PEEP 阀和呼吸时间控制 PEEP 阀。

气压控制 PEEP 阀在呼气活瓣控制阀门的开关，设置 PEEP 值为控制气流的压力，当呼气压力大于 PEEP 值时，活瓣被气压打开，当小于 PEEP 值时，活瓣关闭。Drager 的 Evita2 就是采用此种 PEEP 阀，如图 11-5 所示。稳定气体输入 Y4.1，控制 Y4.1 的孔径而得到与设定 PEEP 值相近的气体压力值，输入 Y5.1。患者呼出的气体从右边的管道进入，当压力大于设定 PEEP 值时，呼出阀 Y5.1 打开，当小于设定 PEEP 值时，Y5.1 关闭（注：此处产商将 Y4.1 命名为 PEEP 阀，而本书将图中完成 PEEP 功能的所有部件均称为 PEEP 阀）。

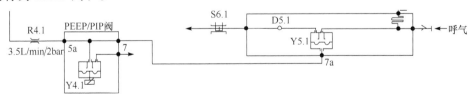

图 11-5　PEEP 阀

呼吸时间控制 PEEP 阀利用呼气相气道内的压力呈指数函数下降的规律，控制呼气阀的开放时间，以调节气道内的压力。当气道内的压力下降到预设的 PEEP 水平时，呼气阀关闭，从而使气道压力维持在要求的 PEEP 水平。这种装置必须是电动控制，它要求对气道内的压力进行连续测量，要有电动的阀门来控制气流的通断，形成闭环伺服控制。它具有呼气阻力小、控制精确、反应灵敏的优点。泰科的 PB840 便是采用此种方式，左下方的呼出阀（exhalation valve，EV）就是起到 PEEP 阀的作用，如图 11-6 所示。

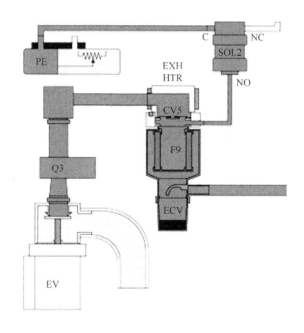

图 11-6　呼出阀（EV）

（三）安全阀

安全阀的作用是防止气道压力过高,使限定的压力水平可调,压力范围通常为 0～120cmH₂O。如果气道压力在设定范围内，安全阀关闭，一旦气道压力超过设定压力，则安全阀开启，将过高的压力释放掉。当回到正常范围时，安全阀重新关闭。在机器故障关机等无法通气的情况下，安全阀都是打开的。防止安全阀关闭气路堵塞，而此时医护人员恰巧又将呼吸管路连接患者，导致患者窒息的情况发生。

（四）流量传感器

流量传感器起到检测气体流量的作用，是将气体的流量转换成电信号的部件。它有热丝式流量传感器、压差式流量传感器和超声波式流量传感器等。

热丝式流量传感器的基本原理是将一根细的金属丝（在不同的温度下，金属丝的电阻不同）放在被测气流中，通过电流加热金属丝，使其温度高于流体的温度，当被测气体流过热丝时，将带走热丝的一部分热量，使热丝温度下降，热丝在气体中的散热量与

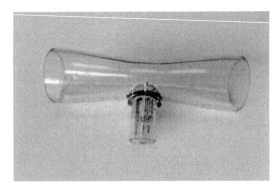

图 11-7　流量传感器

流速有关，散热量导致热丝温度变化而引起电阻变化，流速信号即转变成电信号，经适当的信号变换和处理后测量出气体流量。流量传感器如图 11-7 所示。

与热丝式流量传感器原理相同的还有晶体热模式流量传感器。晶体热模式流量传感器使用寿命相对于热丝式流量传感器具有更长的特点。

压差式流量传感器是通过两个测压孔和专门的孔板、流量喷嘴和文丘里管等限流装置与流量有关的压降，简单地说，就是通过孔板或可张合的膜片两端气压换算出流量的传感器。此类流量传感器多用于麻醉机。

超声波式流量传感器有超声时差法和超声多普勒法两种。超声时差法利用超声波在不同气流流速不同的原理，测量超声波在速度变化时的时间差达到测量流速的目的。超声多普勒法利用超声波在不同流速气流多普勒频移不同的原理来检测流速。

（五）氧浓度传感器

氧浓度的测量有电化学法和根据氧气顺磁性来测定氧浓度的方法。

绝大多数的呼吸机采用电化学法检测氧浓度，一般称为氧电池。它的工作原理为：被测混合气体中的氧分子，穿过传感器膜后，将金属电极氧化，产生氧化反应的程度正比于氧气浓度。氧电池是一种易耗品，寿命有效期通常为 1 年，如果检测高浓度氧，它的寿命会更短。因为氧电池是电化学反应，即使呼吸机在不开机的情况下，依然会产生消耗。

顺磁氧传感器利用了氧气具有顺磁性这一物理性质，能将它从大多数气体中区别出来。传感器气室内的两个磁极之间，安装了两个充满氮气的玻璃球（俗称"哑铃"），它们固定在一个可以转动的同轴支架上。被测气体中的氧气会被吸入磁场，产生对球体的作用力，从而对转轴产生一个力矩，这个力矩和氧气的含量具有线性关系，其原理图如图 11-8 所示。

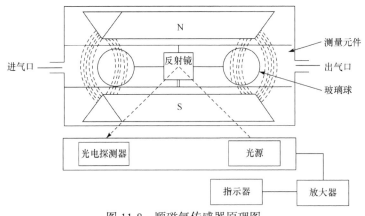

图 11-8　顺磁氧传感器原理图

因为使用物理的方式测量，顺磁氧传感器相对于氧电池使用寿命长，当然其售价也比氧电池高。

（六）雾化模块

雾化吸入药物是呼吸科常规治疗方法，雾化治疗是指治疗药物经雾化装置通过吸入的方式作用于呼吸道和肺部，从而达到呼吸道局部治疗、改善症状的作用。雾化让药物直接作用于呼吸道，起效快、局部药物浓度高、用药量少、应用方便、全身不良反应少。

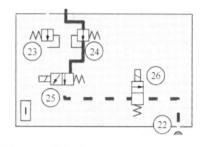

图 11-9　德尔格 V300 呼吸机雾化模块

目前，呼吸机结合雾化吸入在重症患者中的应用越来越广泛，雾化模块逐渐成为呼吸机不可或缺的一部分。呼吸机中的雾化模块将空气和氧气混合并输出至雾化器，最终输送到患者吸入管路。图 11-9 所示为德尔格 V300 呼吸机雾化模块。

压缩空气和压缩氧气分别通过压力调节器 23 和 24 调节压力，然后通过电磁阀 25 按一定比例混合，然后受电磁阀 26 控制输送给雾化器。

（七）空气压缩机

空气压缩机的作用是在没有中央供气的情况下给呼吸机供应压缩空气。压缩机是呼吸机一个选配的配件。泰科 PB840 的压缩机气路图如图 11-10 所示。

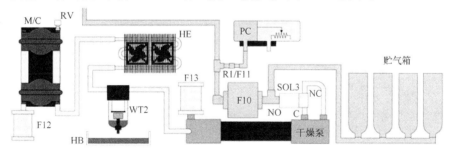

图 11-10　泰科 PB840 的压缩机气路图

空气被压缩电机 M/C 通过过滤器 F12 吸进管路，经过散热器 HE，对产生高于环境温度的压缩空气进行降温，然后通过积水杯 WT2，将压缩空气中的冷凝水排干，最后经过干燥泵，在钢瓶内充气。阀 SOL3 的作用是当过量的压缩气体要释放时，将气路拨向 NC 方向，最后通过干燥棒，由过滤器 F13 排出到大气。F13 还有消声的作用。

二、呼吸机的气路图分析

呼吸机的气路图可以分成吸入模块、呼出模块和患者管路，其构成框图如图 11-11 所示。吸入模块通过患者管路给患者供气，经患者呼出后的气体通过患者管路重新输送给呼吸机的呼出模块。本节着重介绍泰科 PB840 和德尔格 V300 的气路图。

图 11-11　呼吸机气路图

（一）泰科的 PB840 气路图

1. 患者管路

患者管路为连接呼吸机与患者的管道，其构造图如图 11-12 所示。气体从右边过滤器进入，经过湿化器湿化以及加温，并通过小积水杯输送给患者。患者呼出气体通过管路的另一个小积水杯并最终到达连接呼吸机的积水杯，此积水杯不仅起到积水的作用，而且起到过滤气体的作用，防止在前后使用呼吸机的不同患者间产生交叉感染。

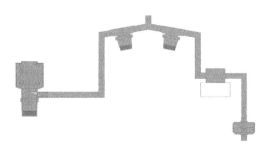

图 11-12　患者管路构造图

2. 吸入模块

吸入模块气路图如图 11-13 所示。

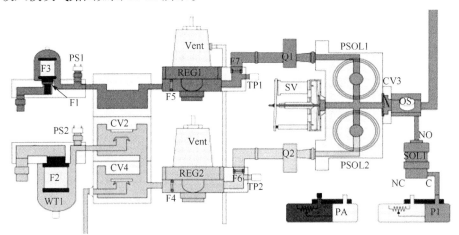

图 11-13　吸入模块气路图

中心供气的氧气和压缩空气分别从左边上、下管路进入。氧气经过过滤器 F3，然后经过压力开关 PS1，其作用是检测是否有氧气进入管路，然后进入稳压器 REG1，REG1 就像一个大的储存器储存气体，起到稳定气压的作用。氧气流出 REG1 后，通过流量传感器 Q1，输送到比例电磁阀 PSOL1，和空气混合后，经控制阀 CV3 控制和氧电池 OS 输送给患者。压缩空气的气路图与氧气气路图相似，只不过压缩空气在最初的中央供气中多了一个积水杯 WT1，以去除中央供气中多余的水分，起到干燥气体、保护后级部件的作用。控制阀 CV2 是防止中心供气的气体倒流的单向阀。同理 CV4 是防止由压缩机而来的压缩空气倒流的单向阀。SV 是安全阀，其功能不再赘述。

3. 呼出模块

呼出模块的气路图如图 11-6 所示。患者呼出气流流入积水杯 ECV，然后流经过滤器 F9，以及呼出流量传感器 Q3，最后由呼出阀 EV（PEEP 阀）排到外部环境中。其中，在流过控制阀 CV5 后，有一个呼出加热器，它的作用是加热呼出气体，防止呼出气体遇冷产生冷凝水，对流量传感器以及呼出阀造成影响。若此加热器损坏，很容易导致流量传感器 Q3 损坏。SOL2 的作用是控制流入压力传感器 PE 的是呼出气体还是外界环境气压。

泰科的 PB840 的气路图如图 11-14 所示。

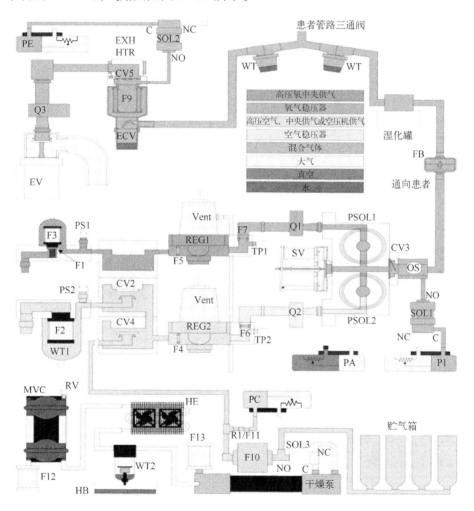

图 11-14　泰科 PB840 的气路图

（二）德尔格 V300 气路图

V300 与 PB840 呼吸机气路大体一致，其气路图如图 11-15 所示。

压缩空气通过 1 进入呼吸机，向下进入模块 I 雾化模块，向右进入空气比例电磁阀 5 与氧气的比例电磁阀 6 一同控制空气与氧气的混合比例，然后进入混合室 7 混合；混

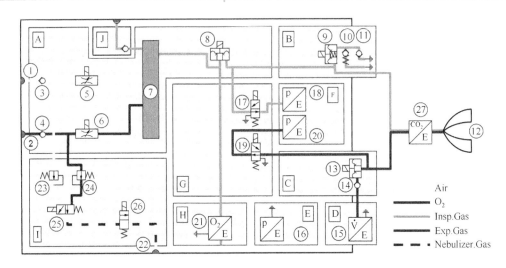

图 11-15　德尔格 V300 呼吸机气路图

合后出来的气体通过低压伺服阀控制吸入患者气体的量，吸入患者的压力监测由电磁阀 17 的开关通入压力传感器 18 检测得到；同时通入氧浓度模块 H 监测氧浓度；模块 B 为安全阀模块，当管路内部压力过高时，管内压力通过安全阀 10 泄压流到外界空气，若呼吸机故障，则会打开电磁阀 9，患者可以通过单向阀 11 将外界的气体吸入。27 为二氧化碳浓度检测模块；患者呼出的气体由 PEEP 阀 13 控制通断，通过单向阀 14 到流量传感器 15 监测流量；呼出的气体通过电磁阀 19 连通至压力传感器 20。

第三节　呼吸机的维护保养与性能检测

一、日常检查和维护

（一）日常维护

（1）每 4h 检查患者积水杯，若有积水，清除积水。
（2）每天检查气源端积水杯，若有积水，清除积水。
（3）定期更换患者管路。
（4）若呼吸机未使用，进行内置电池充电。
（5）定期更换气源端过滤器。

（二）清洁和消毒

1. 呼吸管道（积水杯）清洗与消毒

药物浸泡：常用过氧乙酸等。使用前应用压缩空气将管道吹干。
气体熏蒸：甲醛、环氧乙烷。甲醛会造成塑料件的老化，出现裂纹。
高温高压消毒。

以上的消毒清洗都应根据呼吸机的说明书进行。

2. 传感器清洗

可用水冲洗的部分用水冲洗，不能用水冲洗的部分必要时用 70%乙醇擦干净。大部分呼吸机的流量传感器极易损坏，必须严格按照说明书的要求清洗和消毒，否则会缩短传感器的使用寿命。

二、定期维护和保养

呼吸机的预防性维护应由工程师结合各品牌说明书并按一定周期完成，具体维护内容包括但不限于表 11-1。

表 11-1 呼吸机的预防性维护内容

序号	预防性维护内容	序号	预防性维护内容
A	外观整洁，无明显的缺陷	I	机内、外清洁除尘
B	电源插头及电源线无破损	J	开机自检正常通过
C	过滤网无灰尘	K	基本功能正常
D	各连接部位牢固	L	湿化器工作正常
E	呼吸回路等无破损或脱落	M	数据结果无差异
F	气源正常	N	流量传感器校正、标定正常
G	若带电池，充放电良好	O	氧电池校正、标定正常
H	吸入、呼出过滤器已更换	—	—

三、呼吸机性能检测

呼吸机性能检测主要包含电气安全测试以及呼吸机通气性能检测。

（一）电气安全监测

电气安全测试应符合《医用电气设备 第 1 部分：基本安全和基本性能的通用要求》（GB 9706.1—2020）、《医用电气设备 第 2 部分：呼吸机安全专用要求 治疗呼吸机》（GB 9706.28—2006）和《医用电气设备 第 2-12 部分：重症护理呼吸机的基本安全和基本性能专用要求》（GB 9706.212—2020）三个标准。

呼吸机的电气安全防护等级属于 BF 类（body floating），其电气安全监测包括：电源电压、接地阻抗、电源线阻抗、绝缘阻抗、对地漏电流、外壳漏电流（正常状态）、外壳漏电流（地线断开）、患者漏电流（交流、正常状态）、患者漏电流（交流、断开地线）、患者辅助漏电流（交流、正常状态）、患者辅助漏电流(交流、断开地线)。

（二）通气性能检测

呼吸机通气性能检测应结合各品牌呼吸机说明书以及国家标准 GB 9706.28—2006、计量检定规程 JJF 1234—2018 以及呼吸机安全管理 WS/T 655—2019（若有最新标准应参考最新标准），结合自身实际进行性能检测。

通气性能包括潮气量、呼吸频率、氧浓度、吸气压力水平、呼气末正压以及安全报警功能检测。

第四节　呼吸机的常见故障及维修实例

一、泰科 PB840

（一）故障现象一

（1）故障现象：氧电池示数偏差过大。

（2）故障分析：氧电池示数偏差过大，有比实际偏高和偏低之分。首先应考虑氧电池的老化问题。氧电池由于是电化学反应，老化后化学反应减少，比之前标定好的反应量减少，因此氧浓度的示值应该减小。如果氧浓度示值偏大，可能氧电池浓度显示正确，应该查找其他原因，可以考虑是比例电磁阀故障。当然如果比例电磁阀出现故障，一般情况下，机器会直接报错。

（3）故障处理：采用 100%通气。检测氧浓度，氧浓度实测值与设置值差异过大，怀疑氧电池老化，重新校准氧电池。再查看氧浓度是否恢复正常值，若未恢复或者机器报氧电池校准失败，应更换氧电池。更换氧电池后，示值正常。

（二）故障现象二

（1）故障现象：开机，机器报 DEVICE ALERT。

（2）故障分析：开机就报 DEVICE ALERT，说明机器本身存在故障，因此需要直接进入完整自检（extended self test，EST），检查系统故障。但会发现 EST 故障自检测试程序无法进入。然后重新开机，查看日志发现未运行快速自检（short self test，SST）和EST、呼出校准失败、流量传感器校准失败、压力校准失败。如此多的故障出现，按经验分析，应该不会是多个部件同时损坏，因此可以考虑是否是屏幕主机未获得呼吸控制主机的连接而导致的问题。查看呼吸主机与屏幕主机的连接线。

（3）故障处理：更换连接线后，呼吸机正常开机，而且 SST、EST 的运行时间也显示出来。不再出现以上的报错。

（三）故障现象三

（1）故障现象：呼吸机潮气量不准。

（2）故障分析：潮气量不准是经常发生的故障之一。首先应排除机器设置的问题。机器中有设置湿化器类型的选项，确认此选项设置与实际管路相同，然后确认外部管路是否连接正常，即确认外部管路是否连接紧密。在确认外部管路不存在漏气后，如果潮气量依旧不准，再考虑是否是机器内部的故障。机器自带 SST 以及 EST 都可以辅助测试管路是否漏气。

（3）故障处理：确认管路无漏气后，潮气量依旧不准，此时应使用 EST 进行流量的交叉校验。PB840 有 3 个流量传感器。在吸入端，氧气、空气分别为 Q1、Q2，在呼出端也存在一个流量传感器 Q3。流量的交叉校验方式是只通氧气，禁止通空气，比较氧气端传感器 Q1 与呼出流量传感器 Q3 检测的流量是否相等；然后同理只通空气，禁止通氧气，检查空气端传感器 Q2 与呼出流量传感器 Q3 是否相等；接着同时通空气与氧气，检测 Q1 加 Q2 是否等于 Q3。如果此项检测不通过，则应校准流量传感器。如果提示校准失败，则应更换相应提示校准失败的流量传感器。

（四）故障现象四

（1）故障现象：压缩机噪声大。

（2）故障分析：对于压缩机噪声大的问题，首先应分清是机器震动产生的噪声还是压缩机一直运行的声音。临床使用科室可能将机器一直运行产生的正常声音当作一种噪声。如果气压一直达不到设定值，机器则会一直运行，可能的原因有 3 个：漏气问题、气泵问题和进气小。如果是机器震动产生的噪声，可能是机器老化、弹簧垫盘防震装置的损坏。

（3）故障处理：确认压缩机一直达不到设定气压，从而一直打气，产生噪声。观察气泵，若没有明显的漏气，则排除漏气原因。移除进气的过滤器，若发现压缩机达到设定压力，并停止工作，则判断为进气小的原因，更换进气滤芯即可。

（五）故障现象五

（1）故障现象：机器报屏幕有遮挡物。

（2）故障分析：PB840 的屏幕采用红外定位的触屏。屏幕有遮挡物，去除遮挡物即可。如果去除还报错，则应拆开机器检查。

（3）故障处理：先用清水擦屏幕四周。擦完，复位报警，若故障依旧，则拆开机器检查，重新插拔屏幕排线，重启故障排除。因此，判断可能是排线松动造成的屏幕有遮挡物的报警。

（六）故障现象六

（1）故障现象：呼吸参数报警。

（2）故障分析：对于呼吸参数的报警，此类报警较多，应逐个讨论。

气道压力过高：气道压力等于或大于设定的界限，可能导致潮气量降低，因此应检查患者状态，处理方式为检查患者呼吸管路。

阻塞报警：患者呼吸管路严重阻塞，呼吸机进入阻塞状态，同时显示无呼吸机支持的时间。处理方式为检查患者状态，准备备用通气装置，检查患者呼吸管路是否积水、打折，过滤器是否堵塞，如果问题仍存在，停止运行呼吸机，进行维修。

操作步骤错误：呼吸机启动步骤完成之前与患者连接，此时，呼吸机进入安全通气模式。处理方式为完成呼吸机启动步骤，必要时提供备用的通气装置。

强制呼气潮气量过小：患者的强制呼气潮气量小于或等于下限。处理方式有：①检查患者状况；②检查患者呼吸管路是否漏气；③检查患者阻力或顺应性变化。

呼气每分通气量过小：所有呼气每分通气量均小于或等于设定值。处理方式有：①检查患者状态；②检查呼吸机控制参数。

由于呼吸参数过多，因此不再赘述，呼吸参数的报警都应以患者的安全为前提，检查呼吸管路、调整呼吸参数或者维修呼吸机。

（3）故障处理：查看患者状态，并检查呼吸管路、调整呼吸参数。

二、Drager 公司的 Evita 呼吸机

（一）故障现象一

（1）故障现象：经常需要更换呼出流量传感器。

（2）故障分析：Drager 的流量传感器为热丝式流量传感器，有 3 个可能原因：①环境因素引起；②机器本身电路导致热丝式烧断；③流量传感器质量问题。由于使用同一批次的流量传感器的其他机器使用寿命长，可以判断并不是流量传感器的质量问题。连接模拟肺打气，机器能正常使用，并没有其他异常。观察患者使用呼吸机时发现，流量传感器内积水严重，而呼出加热部分并没有加热，此时可以确认为加热部件未加热，导致积水在流量传感器内累积，流量传感器寿命缩短。拆开加热部件，发现加热电阻的电阻值正常，温控保险丝烧断。

（3）故障处理：更换同温度的温控保险丝。

（二）故障现象二

（1）故障现象：开机后有漏气的声音。

（2）故障分析：Evita 呼吸机内部为塑料管道，长时间使用后，管道会出现老化的现象，变得很脆，在关机时，中心供气气源是未进入呼吸机内的，当呼吸机开机时，瞬间的压力上升很容易将管道击穿。

（3）故障处理：更换内部气管。

（三）故障现象三

（1）故障现象：氧浓度检测失灵。

（2）故障分析：首先应重新校准氧电池，若通过后还是报错，应怀疑是否实际氧浓度误差过大，考虑空氧混合器红宝石阀是否损坏漏气，检测方法是将吸入管路接入水中。机器在待机状态，如果有持续的气泡冒出，则空气或者氧气的红宝石阀漏气。接下来确定是空气还是氧气红宝石阀漏气，将氧气拔出看是否漏气，漏气则说明空气红宝石阀故障；拔出空气，漏气则说明氧气红宝石阀故障。

（3）故障处理：更换红宝石阀。

（四）故障现象四

（1）故障现象：流量检测失灵。

（2）故障分析：首先更换流量传感器，若更换后依旧报错，则应拆机更换流量传感器连接的检测板，此时若故障依旧，由于流量传感器是热丝式流量传感器，它的连接数据线是模拟量的采集，故考虑是否是数据线电阻变化导致故障，更换后，机器正常使用。

（3）故障处理：更换流量传感器数据线。

（五）故障现象五

（1）故障现象：PEEP值过高报警。

（2）故障分析：PEEP值由PEEP阀控制，在患者的呼出端，可能长时间使用后会产生脏物，使阀片不能严密闭合，在吸气相时有部分气体漏出，并有可能影响流量传感器的检测。

（3）故障处理：更换流量传感器数据线。

第五节　麻醉机的基本原理与构造

麻醉机是利用人体从吸入气体中摄入一部分药物到体内,通过血液的传送到达各器官，这些药物能在一定时间内使器官暂时失去知觉和反射以达到麻醉的目的。经过一定的时间后，这些药物能通过呼吸道排出，使人体暂时失去知觉和反射的器官恢复正常。麻醉机利用呼吸管道、阀门、呼吸器、气体流量和压力检测部件来控制患者吸入气体的浓度、流量和压力，并根据患者的实际情况来控制患者的麻醉呼吸过程，以实现对人体的全身麻醉，并通过一些辅助装置使自身具有一些能保证患者安全、装置正常工作的功能。

麻醉机要求能准确释放麻醉气体，并且能从蒸发罐中释放出准确浓度的麻醉蒸发气，同时具有保证供氧充足、完全排出二氧化碳、呼吸阻力低、无效腔量小等特点。不仅能采用机器控制患者呼吸，而且可以采用手动捏皮囊输送气体的方式给患者通气。

麻醉机与呼吸机类似，没有呼吸机繁多的呼吸模式，由于患者多处于术中麻醉状态，不存在自主呼吸，因此麻醉机以机控为主。为配合麻醉，麻醉机又比呼吸机多出蒸发罐、储气囊、二氧化碳吸收器等装置。

一、麻醉机的组成部分

麻醉机由气体供给部分、麻醉药蒸发罐、呼吸器、患者回路部分等组成，其组成结构图如图11-16所示。

（一）气体供给部分

气源种类主要是指供给麻醉机所需要的氧气、笑气、空气、二氧化碳、氦氧混合气。气源供应主要包括中心供气管道、气瓶供气管道、后备气瓶供气管道等。

（二）麻醉药蒸发罐

麻醉药蒸发罐既能有效地蒸发麻醉药，又能准确地控制麻醉药的浓度。蒸发罐有多

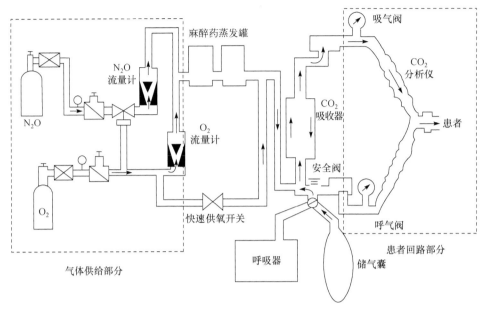

图 11-16　麻醉机组成结构图

种类型：鼓泡型蒸发罐、加热蒸发罐、滴入型蒸发罐、自然蒸发罐。蒸发罐常使用的药物有异氟醚、乙醚、氟烷、安氟醚。麻醉药的选取要求为麻醉效果好、使用安全、毒性低、不燃烧不爆炸等。

（三）呼吸器

麻醉机所配的呼吸器是用于自动呼吸或控制呼吸的。呼吸器属于呼吸机的一种，用于麻醉机的呼吸器一般以气动为主，也有电动型麻醉呼吸器。麻醉机与呼吸机不同的是麻醉机存在一个风箱皮囊（如图 11-16 所示的储气囊）。

风箱有气控和电控两种方式。气控方式如图 11-17 所示。风箱皮囊内充满需要送给患者的气体，当皮囊外气压高于皮囊内气压时，气体就从皮囊内输送出来。当皮囊外气压低于皮囊内气压时，皮囊充气。电控方式为直接电控向下压皮囊。

图 11-17　气控风箱

（四）患者回路部分

患者回路部分包括风箱皮囊、吸气阀、呼气阀、可调压极限阀、钠石灰罐（即二氧化碳吸收器）、螺纹管、呼吸囊、吸气面罩等。它们构成患者的通气管路部分，依靠这些完成几种呼吸循环方式，并与麻醉机相配合实施不同通气。

吸气阀和呼气阀类似于单向阀。吸气阀在新鲜气体的出口，在患者吸气或者呼吸器给气时，吸气阀开启，输送新鲜气体，并防止患者呼气时废气回流。呼气阀位于患者呼气的出口处，但它与吸气阀作用相反。

如图 11-16 所示，呼吸器供气，此时控制阀门打开，呼吸器将空气推动使气体向上压，气体通过管路经控制阀到达二氧化碳吸收器，经吸收器吸收后，通过吸气阀最后输送给患者。在呼气阶段，吸气阀关闭，呼气阀打开，气体从肺部出来经过呼气阀，回到呼吸器。在手动控制阶段，驱动呼吸皮囊，同时呼吸器控制阀关闭，新鲜气体向皮囊充气。

二、Drager Fabius GS 麻醉机气路图

Drager Fabius GS 麻醉机的气路图如图 11-18 所示。

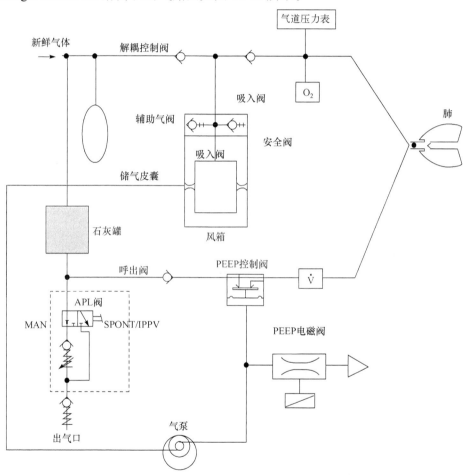

图 11-18　Drager Fabius GS 麻醉机气路图

在吸气阶段，气泵（piston pump）向风箱中打气，使风箱（ventilator）中的皮囊外气压高于皮囊内气压，将新鲜气体通过吸入阀打入患者体内。

在呼气阶段，患者呼出气体，由 PEEP 阀控制呼出末正压。气泵产生气压源，PEEP电磁阀控制 PEEP 的数值，输送给 PEEP 控制阀。当呼出气体高于设定 PEEP 值时，阀

门打开。当气压回落到设定 PEEP 值时，阀门关闭。呼出气体通过 PEEP 控制阀后，经过呼出阀，流过钠石灰罐（absorber）吸收二氧化碳以及呼出的水汽，最后返回风箱中的皮囊。

在手控阶段，新鲜气体向储气皮囊（manual breathing bag）内充气。当捏皮囊时，气体便向患者输送气体。其中 APL（adjustable pressure limiting）阀起到保护患者的作用，当气道气压高于设定时，APL 阀打开，气体排出管路起到降低气压的作用。当气道压力低于设定时，APL 阀关闭。

第六节　麻醉机的维护与故障排除

一、麻醉机的维护

麻醉机的日常检测和维护包括：检查设备完好，呼吸回路连接正确；呼吸系统含有充足的吸收剂；蒸发罐安装正确并锁紧，蒸发药充足；管道气体供应系统的连接和压力正确；备用气瓶安装正确；设备脚闸锁闭；电源连接指示正确。测试机控、手控、报警，并检测是否泄漏。

麻醉机的定期维护与呼吸机的定期维护类似，应按照机器使用说明书上的要求进行维护。

二、麻醉机的故障排除

（一）故障现象一

（1）故障现象：低压泄漏。

（2）故障分析：首先应检测是否存在泄漏。将机器设置成手控模式，并将 APL 阀设置成 70hPa，连接好管路，堵住 Y 形口，按快速充氧开关，将压力打到 25～30hPa，如果一段时间内压力没有下降，可判断整个管路没有泄漏。确认存在泄漏后，可能的原因有管路连接松动和密封圈老化。检查密封圈，重点检查钠石灰罐，由于钠石灰罐经常拆卸，因此它的密封圈老化破损最快。

（3）故障处理：气密性测试，并找出漏气原因。

（二）故障现象二

（1）故障现象：呼出潮气量不准。

（2）故障分析：一般情况下，如果流量传感器故障，机器会报出并指明是呼出流量传感器还是吸入流量传感器。如果麻醉机没有报错，首先应检查是否是由漏气引起的。若没有泄漏，则应标定流量传感器。如果泄漏，则应查找是管路漏气还是钠石灰罐漏气。

（3）故障处理：首先确定麻醉机故障是否是由漏气引起的。如果是，则应查找漏气原因；如果不是，则应标定流量传感器。若未恢复，机器报氧电池校准失败，则应更换氧电池。

（三）故障现象三

（1）故障现象：呼末二氧化碳浓度过高。

（2）故障分析：呼末二氧化碳浓度过高由麻醉监护仪测出，也有可能高档的麻醉机自带气体检测模块，因此首先判断二氧化碳浓度过高是否是实际存在的现象，由于气体检测二氧化碳的浓度为光电检测法，其故障率较低，应首先怀疑可能是气道二氧化碳浓度过高，检查钠石灰罐是否需要更换。

（3）故障处理：首先检查钠石灰罐是否更换，然后排除故障。

（四）故障现象四

（1）故障现象：机器有漏气声音。

（2）故障分析：应马上更换备用机，保证患者的安全。换下麻醉机后，拆开机器查找漏气声音的源头。对于老式麻醉机，它的管道为橡胶管道，长时间使用后，橡胶老化，加上内部高气压，很容易将管道冲破，造成漏气。

（3）故障处理：更换漏气管道。

呼吸机的维修案例

第十二章　血液透析设备

第一节　血液透析的原理

一、血液透析的概念

血液透析（hemodialysis）是急慢性肾衰竭患者肾脏替代治疗方式之一。它将体内血液引流至体外，经过一个由无数根空心纤维组成的透析器，血液与透析液（含机体浓度相似的电解质溶液）在一根根空心纤维内外通过弥散/对流进行物质交换，清除体内的代谢废物，维持电解质和酸碱平衡；同时清除体内过多的水分。

二、血液透析的基本原理

血液透析的基本原理包括弥散（diffusion）、对流（convection）、吸附（adsorption）和超滤（ultrafiltration）。

（一）弥散

溶质溶于溶液是一个溶质均匀分布到溶剂中的过程。只要溶质在溶剂中的浓度分布不均衡，存在浓度梯度，溶质分子与溶剂分子的相互运动会使溶质分子在溶剂中的分布趋于均匀。这种分子运动产生的物质迁移现象称为弥散，如图 12-1 所示。血液透析就是应用弥散的原理，在透析两侧存在某种溶质的浓度梯度，该溶质将由高浓度一侧向低浓度一侧扩散，最后达到动态平衡。尿毒症患者通过血液透析可以达到清除体内高浓度有毒代谢产物、补充体内所需物质的目的。弥散对清除相对分子质量小于 5000 的小分子效果最好。

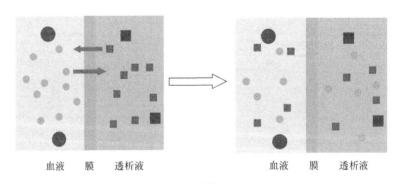

血液　膜　透析液　　　　　　血液　膜　透析液

图 12-1　弥散示意图

（二）对流

对流指的是在外力作用下溶质、溶剂或整个溶液的移动过程，如图 12-2 所示。溶质移动的动力是压力差（超滤）和溶剂（水）牵拉，而不是浓度差。对流可在两相或多相间发生。血液滤过就是应用对流的原理，血液和滤过液被滤过膜分开，膜两侧有一定压力差，血液中的水分子在负压作用下由血液侧流到滤过液侧，血液中小于滤过膜孔的物质也随着水分子的移动从血液进入滤过液。

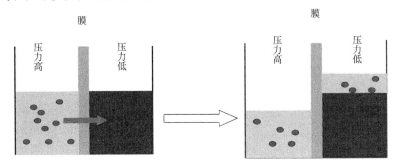

图 12-2　对流示意图

（三）吸附

吸附是通过正负电荷的相互作用或范德瓦耳斯力和透析膜表面的亲水基团选择性吸附某些蛋白质、毒物及药物（如补体、炎症介质、内毒素等），如图 12-3 所示。在血液透析中，由于膜材料的分子化学结构和极化作用，很多透析膜表面带有不同基团，使致病物质可以被选择性地吸附于透析膜表面，从而达到治疗目的。例如，一些膜材料表面亲水基团可以选择性地吸附白蛋白、药物及有害物质。

单纯应用吸附原理进行的治疗称为血液灌流。

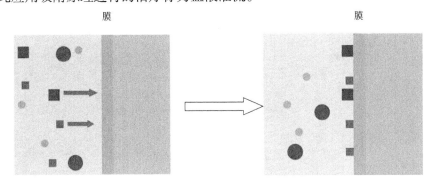

图 12-3　吸附示意图

（四）超滤

超滤是指液体在水力学压力梯度或渗透压梯度作用下通过半透膜的运动，如图 12-4 所示。临床透析时，超滤是指水分从血液侧向透析液侧移动，又称"脱水"；反之，如果水分从透析液侧向血液侧移动，则称为反超滤。超滤可以和透析同时进行，也可以单独进行（单纯超滤）。如果超滤和透析交替分开进行，则称为序贯透析。

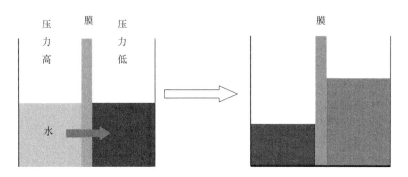

图 12-4　超滤示意图

三、血液透析的常见净化方式

血液透析中物质的移动包括溶质的移动和水的移动，图 12-5 为血液透析中物质的运输原理图。开始时，血液中含有代谢废物以及多余的水分，血液和透析液在透析器（人工肾）内凭借半透膜接触和浓度梯度进行物质交换，使血液中的代谢废物和过多的电解质向透析液移动，透析液中的钙离子、碱基等向血液中移动。同时，利用超滤压和渗透压的作用来清除血液中多余的水分。通过这种物质移动方式清除患者血液中的代谢废物和毒物及水分，使患者机体内在环境接近正常人，达到治疗的目的。

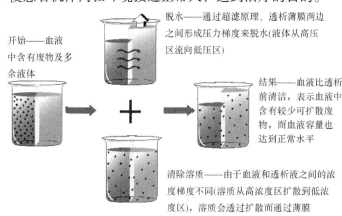

图 12-5　血液透析中物质的运输原理示意图

血液净化的主要目的是通过清除有害物质和体内多余的水分来部分替代肾脏功能，以维护人体的内环境平衡。然而不同的物质被清除的方式不同，小分子物质弥散效果好，中大分子物质则以对流及吸附效果好。因此，在临床应用时，应根据病情发展需要选择最恰当的治疗方式。血液透析常见的净化方式主要有血液透析（hemodialysis，HD）、血液滤过（hemofiltration，HF），以及血液透析滤过（hemodiafiltration，HDF），另外还有血液灌流、血浆置换等。下面主要介绍血液透析、血液滤过、血液透析滤过方式的原理。

（一）血液透析

血液透析的原理是利用血液透析机的血泵将血液从人体内引出，同时供应符合人体内环境的透析液，使血液与透析液在透析膜内外两侧进行物质交换，如图 12-6 所示。血液中的代谢废物（主要是小分子）和多余的水分，可通过弥散、超滤的方法从血液侧进入透析液侧，交换过的血液回到人体内，而透析液以废液的形式排出透析器外。

血液透析的特点如下。

（1）利用弥散清除溶质。

（2）需要透析液。

（3）对小分子物质的清除率高，而对中分子物质的清除率较低。

（4）利用超滤清除水分。

（5）能够快速纠正电解质以及酸碱平衡的紊乱。

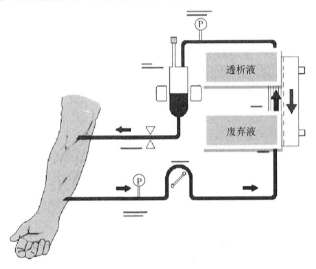

图 12-6　血液透析原理图

（二）血液滤过

血液滤过的原理是模拟肾小球滤过功能，通过增加透析器内血液的压力，清除血浆中的水分、小分子物质以及部分中分子物质，溶质和水的清除依靠对流与超滤作用，不需要透析液，由于血浆中的大量电解质、碱基被清除，故需补充相应量的置换液到血液侧，如图 12-7 所示。

血液滤过的特点如下。

（1）主要通过对流的方式清除溶质。

（2）不需要透析液，但是需要置换液。根据置换液补充的位置（透析器前或透析器后）不同可以分为前稀释和后稀释，图 12-7 为血液滤过的后稀释。

（3）对中分子物质的清除率高，而对小分子物质的清除率较低。

（4）利用超滤清除水分。

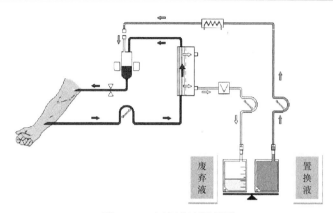

图 12-7　血液滤过原理图

（三）血液透析滤过

血液透析滤过的原理是结合血液透析和血液滤过两种方法的优点，采用高通量膜的透析器，在血液透析的同时输入置换液，超滤量大幅度提高，使透析与滤过同时进行，如图 12-8 所示。血液透析滤过所用膜的孔径较大，不但能够有效地清除小分子毒素，也使中分子毒素得到有效的清除，在整个过程中不但有弥散、超滤，还有对流的作用。

血液透析滤过的特点如下。

（1）通过弥散和对流的方式清除溶质。

（2）需要透析液和置换液。根据置换液补充的位置（透析器前或透析器后）不同可以分为前稀释和后稀释，图 12-8 为血液透析滤过的后稀释。

（3）可以同时清除小分子和中分子。

（4）利用超滤清除水分。

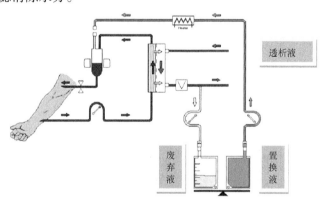

图 12-8　血液透析滤过原理图

第二节　血液透析机的工作原理和结构

血液透析机（简称血透机）又称洗肾机，是在血液透析过程中，执行操作人员的透析指令，按特定的参数完成血液透析治疗的设备。需要特别澄清的是，整个净化过程是在机外的透析器内完成的，而血液并不进入机器，血透机仅仅为此过程提供透析相应的条件并监控整个过程。血透机主要完成以下工作。

（1）将患者的待处理血液从体内引出，在处理后输回患者体内，并在过程中保证患者的安全。

（2）为处理过程提供温度、压力、离子浓度、pH、流量、生物品质等参数均符合特定要求的液体——透析液。

（3）将血液与合格的透析液送到透析器内进行净化处理。

（4）将患者体内多余的水分通过超滤脱出。

一、血透机的工作原理

血透机简单的工作原理图如图 12-9 所示，主要由血路部分和液路部分组成。透析开始时，将患者的血液在血泵的作用下引出，通过透析器，与用浓缩液和水经过透析液供给装置配制出合格的透析液进行溶质扩散、渗透和超滤的作用；作用后的患者血液通过血液管道，在监控系统（如空气探测器、压力传感器等）的监控下返回患者体内，同时透析后的液体作为废液排出血透机外；不断循环往复，完成整个透析过程。

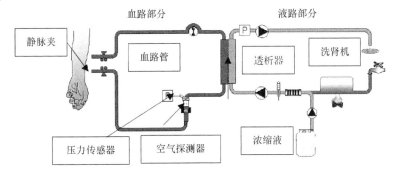

图 12-9 血透机工作原理

二、血透机的结构

血透机是一种较为复杂的机电一体化设备，它由体外循环通路、透析液通路以及基于单片机技术控制监测电路组成。简单来说，它是由血路部分、液路部分以及电路部分这三部分构成的。

（一）体外循环通路（血路部分）

体外循环通路的目的是使患者的血液可以安全地引出体外，通过透析器，并且能安全地返回患者的体内。从血液引出开始，依次为动脉夹、泵前压力监测（动脉压传感器）、血泵、肝素泵、滤器前压力监测（有部分机型没有这个压力传感器）、滤器后压力监测（静脉压传感器）、血液探测、空气探测、静脉夹。不同机型根据不同的市场定位，选择性地使用了上述的全部或部分功能。一般来说，血泵、肝素泵、动静脉压监测器、空气探测器、静脉夹是基本配置，任何通过体外循环进行的血液净化治疗的设备，都必须具备上述 5 个基本部件，下面详述这 5 个基本部件。

1. 血泵

血液透析时，血泵用来克服体外血液循环管路和透析器的阻力，推动血液循环以维持血液透析治疗的顺利进行。由于血液在人体内循环是脉动形式，血泵多采用蠕动泵，通过滚轴顶部压迫血液循环管路，再通过泵头的转动推动血液蠕动前进，如图 12-10 所示。

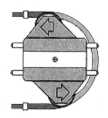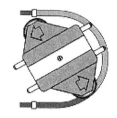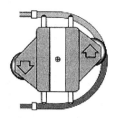

图 12-10　血泵原理图

血泵部件一般具备以下几个功能：可调血流量、可调泵管径、微处理器系统控制步进电机的驱动、泵门开关的感应以及泵速的监测。

血液透析机上没有血液流量检测装置，血液流量主要通过血泵管径和血泵转速间接算出来。血泵管径根据所使用的不同血透管路在设备的预设定菜单中设定。GAMBRO 设备中常用的血泵管径为 4.0mm（小儿血透管路）、6.35mm 以及 7.9mm，血泵转速则通过光耦传感器检测得到。因此，在设备使用过程中，血泵管径与所使用的血泵管路相对应是非常重要的，否则会引起严重的转速误差。

2. 肝素泵

肝素泵是在治疗中提供抗凝剂稳定动力的设备。肝素泵的泵管入口在血泵后、透析器前，这点是整个血液管路中压力最大的一点，之所以放到这里，是因为所有肝素泵都是以推为动力的。现在的肝素泵都是螺纹螺母结构，这种结构的特点是有间隙。不同品牌都有各自的排除间隙的方法，GAMBRO 利用的是肝素泵推杆末端的微动螺母。肝素泵一般都具备以下几个功能：时间设定、追加量控制、进推流量控制、可变注射器规格以及注射器阻塞和停止报警等。图 12-11 为 Fresenius 4008S 肝素泵和 GAMBRO AK96 肝素泵的外形。

3. 动脉压传感器和静脉压传感器

血液循环系统中，不同位置的压力值也会不同，例如，动脉压检测的是泵前压，一般来说表现的是负值；而静脉压检测的是透析器后的压力，一般表现的是正值。当血路情况发生变化时，如血流通路不畅、透析器凝血、血路管折叠等，就会引起血管通路中的压力变化。通过监测各点的压力，就可以及时发出报警，提醒操作者采取措施，保证透析过程中的安全。

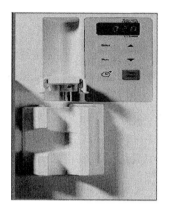

(a) Fresenius 4008S 肝素泵　　　　　　　　(b) GAMBRO AK96 肝素泵

图 12-11　肝素泵的外形

4. 空气探测器

空气探测器是为了防止气体顺静脉回血通路进入患者体内的装置。血透机空气检测一般分为直接血液管路气泡检测与液位监测两种模式，如图 12-12 所示。两种空气探测器检测方式均采用超声波检测方式。空气探测器由超声波发射器及接收器组成。工作时，超声波发射器发射的超声波通过血液传递给血管路对侧的接收器。超声波在液体中传播衰减，当有空气进入血液时，接收器接收的超声波强度降低，输出电信号发生变化，检测系统会驱动静脉管夹将血液静脉管路夹死。同时，血泵会停止转动，透析液从旁路流走，机器发出警报，避免空气进入人体。此时，护理人员应快速排出气泡，否则血液回路中的血液会因停止流动而发生凝血。当气泡排出后，开动血泵，恢复血液透析。

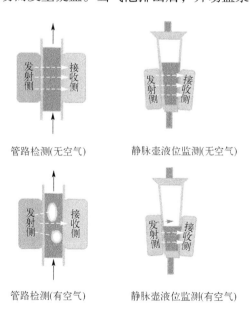

图 12-12　空气探测器

5. 静脉夹

静脉夹是静脉端安全保护结构，在机器发生报警时，尤其是血液侧报警时，机器自动夹闭静脉夹阻断静脉管，同时血泵停止，阻断动脉管，彻底切断血液与患者的联系，避免危险的产生与扩大，其原理如图 12-13 所示。在单针治疗时，静脉夹还是控制血液流向的重要组件。现在单针治疗基本退出了临床，但静脉夹作为重要的安全组件得到保留，而且是透析机的必选件。

静脉夹部件处还有一个光学探测器，它的原理主要是通过发射红外光与接收发射端发射的红外光来探测血路管中是否已经有血液流过，帮助机器判断是否应该进入治疗模式，并锁住对治疗产生危险的操作。当光学探测器监测的血管路由透明色的预冲液转为鲜红的血液时，设备开始从预冲状态转入治疗状态；当通过光学探测器监测的血管路由鲜红的血液转为透明色的预冲液时，设备开始从治疗状态转入结束治疗状态。

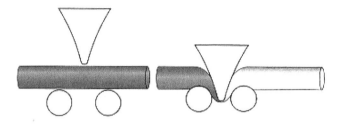

图 12-13　静脉夹原理图

（二）透析液通路（液路部分）

血透机的液路部分主要的功能是配制成满足治疗要求的透析液，调节透析液流量，维持透析液一定的温度和压力，实现超滤、监测、报警和消毒等功能。透析液通路在结构上包括温度控制系统、透析液配比系统、除气系统、电导率监测系统、超滤控制系统等。不同于体外循环通路，各个厂家对透析液通路的设计差异较大，一般液路部分框架图如图 12-14 所示。

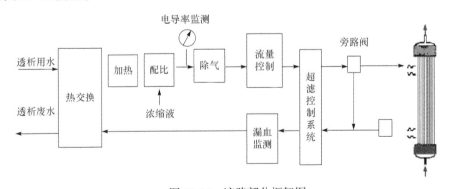

图 12-14　液路部分框架图

目前市面上用得比较多的血透机厂家主要是瑞典金宝（GAMBRO）、德国费森尤斯（Fresenius）、德国贝朗（B.Braun）以及日本日机装（NIKKISO）。每个厂家内部液路部分的设计都不尽相同，即使是同一个厂家，根据透析方式的不同，设计的内部液路部分也不同。虽然液路部分设计的结构都不太相同，但它们所要达到的目的基本上都是配置透析液以及将多余水分脱出。下面主要以瑞典金宝 GAMBRO AK96 型号的血透机为例说明液路系统的各个结构原理。

1. 温度控制系统

温度控制系统由热交换器、加热器、温度传感器共同组成，通过计算机系统升高配制透析液用水的温度。热交换器是利用物理导热的作用将进入机器的反渗水进行预热，可以相对升高进水温度，减少加热工作。结构上，进入机器的水和即将排出机器的废液流入一个相互包围的管路系统，水和废液在不锈钢管壁的两侧相对流过，热量即通过管壁由温度较高的废液传至反渗水。

加热器是温度控制系统中最主要的加热元件。通常采用电热棒直接加热的原理，对流过电热棒的反渗水进行加热，一般都会带有高温保护装置。

一般来说，治疗时的温度范围为 35～39℃（可根据患者情况选择具体的温度值），在使用热消毒程序来消毒时，加热器可以将温度升高至 85～97℃。在治疗过程中，若温度失控高于 42℃，则蛋白变性；高于 45℃，则发生溶血，过低可引起寒颤。因此，如何精确地控制温度变得尤为重要。

那么，分布于加热棒以及液路部分其他部位的温度传感器就有控制反馈加热器的作用，从而控制透析液温度达到所要设定的温度。

GAMBRO AK96 的透析液温度主要由两个温度传感器共同控制，分别是在加热器处的温度传感器（PT-100）和电导 B 上的温度传感器。如图 12-15 所示，在温度调控中，有两个反馈。例如，设定温度为 37.5℃，第一个反馈通过加热器加热，温度传感器探测到温度并反馈控制，这个反馈系统的特点是温度变化又快又大，使温度在短时间内上升到 37.5℃左右。第二个反馈通过电导 B 来完成。为了让透析液到达透析器时的实际温度正是操作人员设定的温度（液体在管道中流动会消耗热量），AK96 机型预先在机器的内部参数中设定从电导 B 到透析器这段液路部分的温度掉落值（如 0.3℃），通过电导 B 处温度传感器测得温度再次反馈控制加热器。这个反馈系统的特点是温度变化不大，属于微调。

2. 透析液配比系统

配比系统一般包括 A、B 吸液泵，A、B 混合室以及电导模块。透析液的配比系统的作用就是将 A 浓缩液和 B 浓缩液与反渗水按一定的比例混合，再通过电导模块计算控制，使最终的透析液达到操作人员设定的浓度。不同厂家的配比系统有所差异，但最终都是为了配置操作人员设定的透析液浓度。费森尤斯（Fresenius）的配比系统是一个定容系统。A、B 吸液泵每一次动作的吸入量是一定的，通过 A、B 泵将定量的 A、B 浓缩液吸入与反渗水混合，电导率只作为监测使用，并不反馈控制 A、B 吸液泵。

GAMBRO AK96 是另一种配比系统，首先在机器的计算机系统中设定不同模式的配方，当用户选择某一种模式时，计算机系统相应地控制 A、B 吸液泵转速吸入浓缩液与

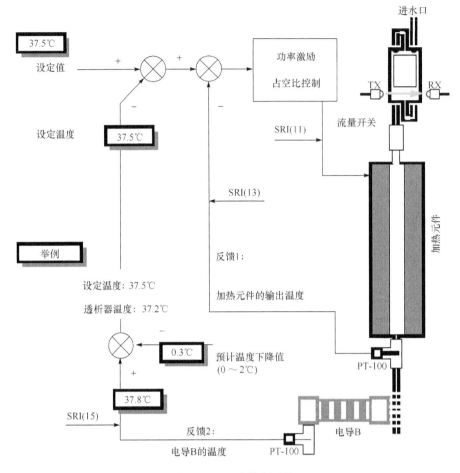

图 12-15　温度控制系统

反渗水混合，使用电导模块监测再反馈来控制吸液泵。电导模块测量混合液的电导率，并将测量值与设定的电导值进行比较，两者的偏差值作用于吸液泵，控制泵的转速来纠正此电导偏差。此时会得到一个新的吸液泵转速，此转速与理论泵速（计算机根据配方算出的）存在一个偏差值，通常计算机系统中设定 A 转速偏差为±15%，B 转速偏差值为±20%。当偏差值超出设定范围时，机器将会报警，治疗无法继续，保证透析的安全。电导率随温度变化有较大变化（温度每变化 1℃，电导率即变化 1.8%），因此，每个电导模块基本上带有温度传感器，起电导补偿作用。图 12-16 为 GAMBRO AK96 配比系统的液路图，A 浓缩液经红色接头被 A 吸液泵吸入并加入反渗水与其达到一定温度，经混合室反渗水配比混合，除气形成混合液进入 cell A。cell A 测量到的值与需要的值做比较，偏差值会控制 A 吸液泵的速度，以校正此偏差，当电导值达到 9.5mS/cm($1S = 1\Omega^{-1}$)并趋于稳定时，B 吸液泵开始吸浓缩液与前面混合液进入第二混合室除气，然后进入 cell B。cell B 测量到的值与需要的值进行比较，偏差值会控制 B 吸液泵的速度，以校正此偏差，形成 Acid/Water/Bic（酸性液/超纯水/碳酸氢盐碱性液）混合液，此时电导达到预设值 14mS/cm，cell P 传感器主要在保护系统中使用，从而达到正常配比，实现对透析液总离子浓度的监测。

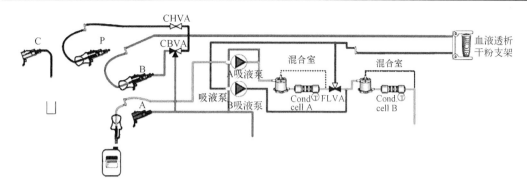

图 12-16　GAMBRO AK96 配比系统液路图

3. 除气系统

液路系统中，气体的存在必然会影响电导和流量的测量，然而当 A 浓缩液与 B 浓缩液混合时，必然会引起游离气体——CO_2 的产生。因此，若想要得到精准的电导以及流量的测量值，有效地除气成了关键。在上个配比系统中已经提到 A 浓缩液、B 浓缩液以及水在混合室中混合，混合室可以有效地将气体旁路以至于不影响电导的测量，但在这个过程中气体并未除掉，除气主要在除气系统中进行清除。

除气系统的组成部件是除气室、泵、节流口以及相关的阀和管路。各种品牌血透机的除气室在结构上有很大不同，但原理一般很接近，都是用除气负压泵形成一个极大负压力使溶解在反渗水中的气体扩张成为气泡逸出，从而避免透析液中混有气体导致流量测量不准确或者集聚于透析膜一侧使透析不充分。下面以 GAMBRO AK96 为例介绍透析液除气过程。

首先，在除气泵和节流口的配合下，建立大约–600mmHg 的负压（默认是–610mmHg，可根据不同的海拔设置不同的除气压）。此时，管路中的微小气泡会膨胀成大的气泡进入除气室中以待除气。除气压力传感器会对管路中的负压值进行监测，以控制除气泵的转速，从而确保管路中的除气压力维持在预设定值。

除气室的详细结构如图 12-17 所示，其主要的功能就是分离透析液中的气体。随着透析液不断地流入，除气室内部的水位逐步升高，当水位到达最高点时，浮漂将空气出口封闭，透析液从除气室底部流出。随着除气室内气泡不断增加，气压逐步升高，除气室内的水位会慢慢地下降，随之浮漂也会慢慢掉落，使顶端脱离密封的状态，气泡通过空气出口被超滤泵抽走。

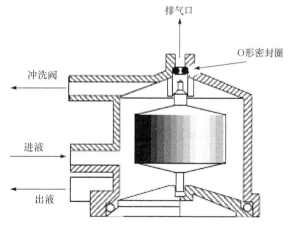

图 12-17　GAMBRO AK96 除气室

4. 超滤控制系统

血透机除了配置合格的透析液，另一大主要的功能就是帮助患者排除体内多余的水分，而这个功能主要由血透机的超滤控制系统来完成。超滤控制方式有多种，比较典型的超滤控制系统有平衡腔系统（代表有 Fresenius 4008 系列、B.Braun Dialog+）以及流量计（GAMBRO AK 系列）。

平衡腔系统，顾名思义是一种能保持液体平衡的系统，在透析过程中，平衡腔可以保证透析液的进出平衡。再加上一个"超滤泵"，完成超滤量的设定目标。平衡腔系统的运作方式如图 12-18 所示，平衡腔由两个相同的腔体以及 8 个电磁阀组成，每个腔体中均有一块膜片分隔，每个腔体都有固定的容量，如 4008S 系列的设备，平衡腔腔体是 30ml 的。平衡腔的切换以电路上截取的电流增加脉冲为基准。腔室 2 充满电流的瞬间，即腔室 2 的膜片到达平衡腔的墙壁时废液侧压力增大，流量泵的力矩相应增大，进而导致流量泵驱动电流增大，机器在电路上截取此电流增加脉冲控制平衡腔的切换，电磁阀立即转换成相向状态，继而进入下一个周期。新鲜的透析液进入平衡腔的量与从平衡腔中排出的废液量，在每次的转换过程中都是相等的。因此，患者脱水量的计算可以由超滤泵来控制。4008 系列的超滤泵为固定容量的膜式泵，单个冲程量为 1ml，操作人员设定的超滤量即决定了超滤泵的运动次数。

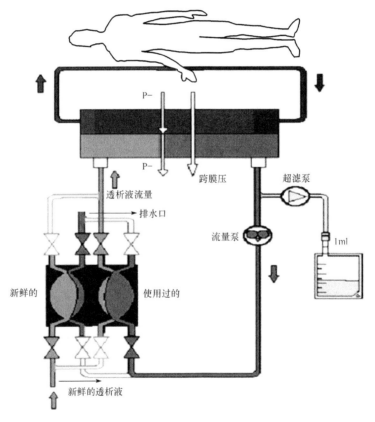

图 12-18　平衡腔系统运作方式

流量计控制方式如图 12-19 所示，以 GAMBRO AK96 为例，它是通过超滤单元(ultrafiltration cell，UF-cell)来实现的，还负责开机自检和透析中流量的控制。因此，超滤单元是金宝血透机的核心部件，下面具体介绍它的基本工作原理。超滤单元通过磁电原理平衡流速反馈式容量来控制流量和计算超滤。超滤单元的主要部件为一个容量测量体，此容量测量体包括两个形状相同的管路，输送液体来往于透析器。管路置于固体铁氧磁芯内，周围包

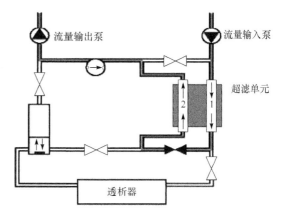

图 12-19　流量计控制方式

着电磁铁线圈。电流经过铁线圈，就会产生电磁场。当含有电解质的液体流经磁场时，其所在的管路便会产生低电压，由每条管路内的铂电极来测量电压，通过电压值来计算单位时间内通过的透析液容量，从而进一步确定透析液的流量。容量测量体的第一条管路测量通往透析器的透析液流量，第二条管路测量回流透析器的透析液流量，两者之间的差量就是脱水超滤量。

5. 旁路阀

旁路阀(by-pass valve，BYVA)是保证患者安全的重要控制组件。只有符合要求的透析液才能通过该电磁阀流经透析器。当透析液电导率、温度、pH 等出现波动，超出允许范围时，旁路阀就会立即关闭通往透析器的通道，打开旁路口，将异常透析液从旁路排出，以保证患者安全。在单纯超滤（即只有脱水没有弥散等）、透析液压力异常、漏血报警等情况下，旁路阀也会打开，使透析液经旁路流出。

6. 漏血监测

从透析器流出的废液将流经漏血探测器，这是为了防止透析器破膜导致血液流失设计的安全装置。漏血探测器的主要结构是一个透明的空腔，正常情况下废液应该是不含血细胞的无色透明液体，如果出现透析器破膜，则液体混合血液后，会呈现不同程度的红色，阻挡红外光的通过，触发漏血报警，如图 12-20 所示。机器运行一段时间后，漏血探测器内壁的附着物也会阻挡红外光，造成假报警。

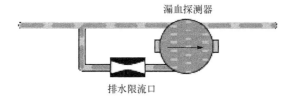

图 12-20　漏血探测器

（三）单片机技术控制监测电路

单片机技术控制监测电路是血透机的"大脑"，它负责接收操作人员通过操作面板输入的指令；处理透析液通路和体外循环通路上的传感器信号；按照预先编制的程序，由执行器件如泵、电磁阀、电热线圈控制透析参数；通过声光报警来告诉操作人员机器的状态，如图 12-21 所示。

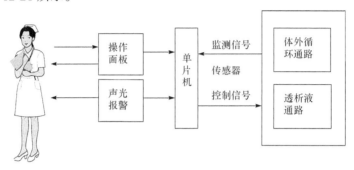

图 12-21　单片机技术控制监测电路

为了确保透析的安全，越来越多的生产厂家倾向于采用两套独立的单片机技术控制监测电路，分别负责控制功能与监测功能，并在透析过程中不断复核两套系统所测得的透析参数。这样的血透机在透析的安全性上更好，但是因为需要独立的传感器件、单片机技术控制系统及更复杂的设计，所以造价也会更高。

目前血透机实际都是介于非独立系统和完全独立系统之间的半独立系统。两者的区别主要在于对透析参数的监测与控制在单片机技术的使用上以及传感器上的独立程度不同，即在部分参数的控制和监测上从单片机到传感器完全独立，但在另一部分参数的控制和监测上又有所共享。

第三节　血液透析机的维护保养及调校

血液透析机是非常精密的光、机、水、电一体化的仪器，代替人体肾脏实现水、电解质的交换和新陈代谢产生的废物排泄功能。它集合了电路、血路、水路等多种功能模块，各项性能指标参数直接关系到患者透析治疗的质量和生命安全。因此，血透机的维护保养、调校是保障透析质量和透析安全的重要质量安全控制过程。同时，做好机器的维护保养工作能减小机器故障发生率，可以有效节约工程师的时间和科室的维修经费支出。

一、外观清洁保养

血液透析机存在血液体外循环，血管路及透析器直接安装到血透机的体外循环通路的各部件上，因此在每次透析后均需要做好消毒工作，以免造成交叉感染。用稀释后的中性消毒液擦拭机器外表面，特别要检查动、静脉压测量口处的保护罩有无泄漏并污染机器，特别要注意机器上的槽和角落位置，以及血泵外表和泵门，如果发现机器表面有血迹应及时用高浓度的消毒剂清洁干净后，再使用低浓度的消毒液再次擦拭机器。为了防止交叉感染，确保患者安全，在每班患者之间需要对设备的水路系统进行消毒。清除水路系统的钙盐沉淀物以及透析液结晶物以确保内部管路系统正常运行。

根据血透机的结构设计，血透机既具有电路部分，又有水路部分，加上体外循环管路也常用到盐水等液体，所以，在使用过程中要特别注意机器表面渗水现象。在开机自检之前检查机器外周包括进水管、排水管、透析液管、旁路座等是否漏水；检查显示屏上是否有液体渗漏，若发现应及时擦拭，以免水渍渗入机器内部，损坏显示屏；若使用干粉，应特别注意清洁干粉支架连接头上遗留下的粉末；透析液快速连接头在使用一定时间后表面会有钙沉淀，使用20%柠檬酸溶液浸泡清除；吸液头、吸液座上部分结晶物可用反渗水清洗；血泵门盖里面转子上的滚筒，不能使用湿布擦拭，必须要用干布，因为液体粘在泵上容易导致轴承生锈。

二、空气滤网及电路板

血液透析机使用多个电脑主芯片来控制及检查设备的各项运行参数，由于电路复杂，运行功率较大，在工作时需要风扇来被动散热，为防止空气中的灰尘大量进入电路板，一般机器风扇吸风口都安装了空气滤网，如图 12-22 所示，正常情况下每月需要拆下空气滤网清洗干净，以免堵塞进风口导致工作过程中电路板过热保护或烧坏。在运行几年后，不可避免地会有灰尘集聚到电路板上，如果数量过大或机器出现异常，应由专业的工程师进行除尘工作，其他相关使用人员不可擅自进行操作。

(a) GAMBRO AK95S　　　　　　　　　　(b) Fresenius 4008S

图 12-22　空气滤网

三、机器耗材更换

（一）超滤器的更换

为了进一步清洁和滤过血液透析机中的细菌、内毒素，一般都在机器后方安装过滤细菌、内毒素的滤过器，称为超滤器。超滤器的作用主要有两个——过滤流经超滤器液体中的细菌以及吸附流经超滤器液体中的内毒素，得到更纯、质量更好的透析液和置换液。血液透析机只有一道过滤器，而血液透析滤过机因为要配置在线置换液，对透析液的要求更高，一般都会安装两道过滤器。不同厂家的设备对超滤器的使用寿命的要求都不同，例如，GAMBRO AK 系列的超滤器（U8000、U9000）要求用户在进行 150 次治疗或者次氯酸钠消毒达到 10 次后均应更换超滤器，Fresenius 4008 系列则要求用户在进行 100 次治疗后更换超滤器，如图 12-23 所示。用户在使用过程中务必根据厂家的要求及时地更换超滤器，以免超滤器堵塞导致漏水影响超滤或者过滤效果失效而使无效安装等问题出现。

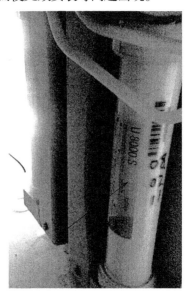

(a) Fresenius 4008S　　　　　(b) GAMBRO AK200US

图 12-23　超滤器

（二）易损部件更换

如同汽车行驶一定里程后要进行保养，机器定期保养同样重要。易损件是机器整体的一部分，性能、品质下降后将对机器其他部分产生负面影响，有可能造成其他部件寿命缩短。定期更换有利于减少因此部分零件品质的改变产生的小故障，提高机器利用率。需要定期更换的易损部件如下。

1. 筛网状过滤器

筛网状过滤器通常应用于透析液返回口、原液吸入口、消毒液吸入口等，用于去除大颗粒杂质，防止内部管路堵塞。例如，原液吸入口的滤网若出现堵塞将直接影响浓缩液的吸入。因此，应定期清洗更换筛网状过滤器。

2. 所有硅胶制成的 O 形圈、硅胶接头

O 形圈是密封部件，在长期的使用过程中容易出现老化、磨损、变形等问题，特别是快速接头的 O 形圈、干粉支架 O 形圈以及吸液头 O 形圈等。快速接头是连接机器与

透析器的通道，经常与透析器接触，容易磨损，可能会出现漏水、漏气现象；干粉支架是用来安装透析用干粉的，若 O 形圈老化，可能会导致干粉桶或干粉袋进水困难；吸液头用于吸浓缩液，经常与外部的液体连接，O 形圈老化有可能导致液体吸入失败等问题。

液路部分的管路通过硅胶接头连接，这些硅胶接头的连接处，长期在高流量的流体作用下，可能会出现破裂、老化等现象。设备在使用过程中，若连接头出现破裂老化，可能导致机内大量漏水，再加上设备内部不仅有水路部分还有电路部分，若水或电解质漏到电路板上将造成不可估量的损失。

3. 硅胶制阀膜

阀膜也是密封部件，主要用在电池阀上，避免电池阀泄漏。

4. 使用时间超过 10000h 的流量泵泵头、电机等

流量泵的泵头在使用时间超过 10000h 后，泵头齿轮可能出现磨损严重，流量下降，使进入的反渗水减少，导致透析液浓度偏高；流量泵的直流电机在使用时间超过 10000h 后可能存在停转问题，导致电导率偏高。

四、机器内部管路清洁

《血液净化标准操作规程（2020）版》中规定每次透析结束后按照生产厂家的要求进行消毒，如化学消毒或热消毒。进行机器内部管路清洁主要是为了达成以下的效果。

（1）消毒程序——针对反渗水及 A、B 浓缩液带来的微生物污染。

（2）除钙程序——针对透析液中形成的碳酸钙和碳酸镁沉淀物。

（3）清洗程序——针对治疗中从患者血液中扩散或对流到透析液中的有机分子，如氨基酸、蛋白质及脂肪等沉淀物。

表 12-1 中列出了常见消毒液达成的管路清洁效果，用户结合不同厂家机器使用说明，恰当地安排对机器内部管路的清洁。

表 12-1　各种消毒剂作用效果

消毒剂	消毒	清洗	除钙	注释
热消毒（>85℃）	+++	0	0	无污染
过氧乙酸	+++	0	+	抗菌
甲醛	+++	0	0	致癌
次氯酸钠	+++	+++	0	影响环境
热消毒+碳酸钠	+++	++	0	CleanCart-A
柠檬酸	0	+	+++	效果不如结合热消毒
醋酸	0	+	+++	US
热消毒+柠檬酸	+++	+	+++	CleanCart-C

五、血液透析机的调校

血透机的调校主要是对血透机内部的传感器进行调校。传感器不容易损坏，但是容

易偏移。所有的传感器有两个基本的参数：灵敏度（斜率）和零点偏差，对传感器的调校即对这两个参数的校准。传感器的校准需要用到专业的调校工具，通过把调校工具中测到的数值作为标准值调校机器内部的参数来实现对设备的调校。

血透机中的传感器有很多，血路部分的传感器有动静脉压力传感器、预冲探测器，水路部分的传感器有电导率传感器、温度传感器、漏血探测器、水路压力传感器等。不同型号的机器根据设计的情况有所差异，部分传感器是不可调校的，如金宝的温度传感器，调校的方法也有些许的偏差，但基本上大同小异，下面以 GAMBRO AK96 型号为例简单说明调校方法。

（一）压力传感器（动静脉压力传感器、水路压力传感器）

使用动静脉压力传感器时，要防止液体流入动静脉夹内和动静脉压接口，避免内部传感器的损坏。调校前先排空管路选择无水状态下进行调校，调校时选择三点定标（低点、零点、高点），以确定传感器的零点以及斜率。每个定标点的数据均等待稳定后确认，调校完毕后保存数据。请记得要用专用工具对机器定标。

（二）光学探测器（预冲探测器）

光学探测器是通过探测接收红外光强弱来判断是否处于治疗状态。当传感器偏移时，可能出现下位机血线不消或者预冲状态下出现血线的状况。调校时，用单位所使用的无水透明管路（厂家不同，管路透明度不同）进行调校。进入机器的预冲探测器调校菜单，放置好管路后，按压选择键进行自动调校，不需要专用工具，最后保存即可。

有时异物也可对红外光造成阻挡，而产生虚假信号，所以当不断出现血线不消的情况时，应对发射端和接收端的窗口进行擦拭（使用乙醇棉签），在使用过程中，操作人员要注意保持发射端和接收端窗口的干净清洁。

（三）电导率传感器

电导率实际上是测量导体的导电能力的一个参数，应用在血液透析机上的透析液就是导体，通过电导率传感器间接地测量透析液的离子浓度。因此，电导率传感器的准确度对透析机配置的透析液质量至关重要。以金宝的 GAMBRO AK96 机的电导率调校进行说明，GAMBRO AK96 的电导模块有三块，分别是 cell A、cell B 和 cell P。三块电导模块完全相同，在机器管路内部所处位置不同，功能有所区别。对这三块电导模块的调校需要确定零点及斜率，调校方法如下。

（1）通过调校两点（0.0mS/cm 和 14.0mS/cm）来确定零点和斜率。
（2）调校前先除钙和清洗，保证传感器清洁。
（3）确保稳定的透析液流量。流量不稳定，会影响电导，导致电导不稳定。
（4）进入有水状态下调校，因为在调校高点（14.0mS/cm）时，需要吸入 A 浓缩液。
（5）进入维修模式，选择需要调校的电导模块。将快速接头连接到 MesaLabs 90GL（专用血透设备调校工具）上，透析液为非旁路状态。

（6）调校 0.0mS/cm 时，血透机不吸入任何的浓缩液，待 MesaLabs 90GL 的电导显示稳定为零点时，查看血透机显示的电导值，将其电导值改为零并确认。

（7）调校 14.0mS/cm 时，使用 A 吸液头吸入 A 浓缩液，待电导值稳定后，查看 MesaLabs 90GL 上的电导值与机器显示的电导值。以 MesaLabs 90GL 上的电导值为准来校正血透机，即将 MesaLabs 90GL 上的电导值输入机器中，确认。

（8）保存数据，完毕。

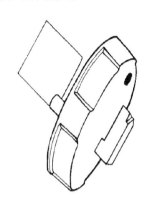

图 12-24　GAMBRO AK96 漏血探测器调校工具

（四）漏血探测器

漏血探测器的调校也是调校两个点（0 值和 100 值），它需要用到专用调校工具，如图 12-24 所示。消毒清洗后，将漏血探测器盖取下，换上专用工具；进入有水状态下，使用 A 管吸入 A 浓缩液；旋转滤光片到水平位置调 0 值，确认后，旋转滤光片到垂直位置调 100 值；数据保存。

长期使用后，可能会有部分沉淀物附着在机器上，影响传感器的标准值，所以应对漏血传感器定期清洗和校准。

第四节　血液透析机的维修案例分析

一、金宝透析机 GAMBRO AK200US 型号

1. 故障现象

机器自检正常，但在进行治疗过程的第一个 5min 出现技术故障，错误代码为 FCN 4.05 015。

2. 故障分析

查阅故障代码手册得知，"FCN 4.05 015"是由 UF CELL 自校准期间信号不稳定引起的。在治疗过程中的第一个 5min 内以及在接下来的每隔 30min，机器还会进行"TARATION"的超滤测量单元自校准。通过 UF-cell CH2 的是废液，其中的生物物质有可能会沉积在 UF-cell CH2 的内壁上，这个必然会减小 UF-cell CH2 的容积，以至于影响 UF-cell CH2 流速测量的精确度。TARATION 是为了解决这一问题，保证脱水的正确性而设计的。TARATION 总共分成 3 个阶段：第一阶段是超滤测量系统密闭性校准，测量与超滤单元相关部分是否有泄漏；第二阶段是超滤单元的零点校正，这时超滤计量单元和透析器都被旁路，透析液都不通过 UF-cell CH1 和 UF-cell CH2 两个通道（DIVA、TAVA 和 BYVA 阀关闭，ZEVA 阀打开），这时通过这两个通道应该是没有流量的，测量到的实际流速应为一个非常接近 0 的值，将该值保存在 RAM 中；第三阶段是超滤单元差值

校正，这时透析器被旁路但透析液流过超滤单元，那么理想状态下两个通道的流量值应该是一致的，此时 CH2 的校准系数（即两个通道流速的比值，接近 1）会开始调整变化直到两个通道的实际测量差值为 0，即灵敏度达到一致，此刻的校准系数将保存在 RAM 中。整个校准需要 60～90s，如果任何一个偏移值超出范围，机器将会在下一个 5min 开始重新做 TARATION，如果再次测量失败，机器将会出现技术故障代码；如果偏移值在正常范围，机器则又正常开始治疗。

查看维修手册了解到可能造成 4.05 015 故障的原因，以及对可能的原因进行分析处理如下。

（1）消毒不彻底，流量槽污染。处理方法是下机之后使用次氯酸钠消毒液消毒，然后进行 UF-cell 内部调校，再观察使用情况。UF-cell 内部调校如下：进入维修模式→选择 service（服务）→calibration（调校）→UFAuto→interity→使用 B 吸液头吸入 A 浓缩液→complete，校正完成确认，如果报错就是校正不成功，则需更换 UF-cell。

（2）UF-cell 本身故障。处理方法是与其他同型号的设备对调，再观察两台设备的使用情况。

（3）TAVA、DIVA、BYVA 阀关闭不完全，有泄漏。处理方法是更换阀的阀膜。阀膜本来就是易耗品，特别是已使用几年的设备，都可以考虑直接更换。

（4）1 号除气室的超声水位传感器故障，导致除气室水位不正确。处理方法是更换超声水位传感器或者检查水箱旁边的滤网是否有脏东西堵住出水口。如果是超声水位传感器故障，在自检时还可能出现 5.06 001 的技术故障代码。

（5）流量输出泵输出不稳定，导致流量不稳定。处理方法是把流量泵与其他机器的流量泵对换，再观察使用。

3. 故障处理

（1）选择次氯酸钠对设备进行化学消毒。

（2）消毒完毕后，进入维修菜单，进行 UF-cell 内部调校，调校通过。

（3）调校完毕，退出维修菜单，机器自检。

（4）对透析机进行模拟治疗，观察是否再次出现技术故障。模拟 2h 超滤设定 2kg，结束后净超 1.98kg，在模拟治疗过程中均无相关技术故障代码出现。

二、金宝透析机 GAMBRO AK96 型号

1. 故障现象

机器自检时出现 C COFF 088 025。

2. 故障分析

电导率反映的是透析液的浓度，电导率的准确性直接关乎透析液质量问题，因此在机器自检过程中，电导模块的自检是一个关键性的检测。电导在自检过程中分别检测电导模块的零点以及高点（通过 A 吸液泵吸入浓缩液 A）。分别两两比较 cell A、cell B

和 cell P 这三个电导值，若发现两两之间偏差值过大，则会出相应的故障代码。根据维修手册，C COFF 088 025 反映的是在高电导自检时，电导值太低。可能引起此故障的原因如下。

（1）液体吸入故障。A 泵故障吸入失败；A 吸液头 O 形圈磨损，吸入气体；使用的液体不合标准等。

（2）电导 cell A、cell B 和 cell P 中的某一块电导模块故障，导致自检失败。

3. 故障处理

（1）查看所使用的液体，A 浓缩液使用的是正确的。

（2）机器自检时，将 SRI_20（反映 cell A 测量的电导值）、SRI_24（反映 cell B 测量的电导值）、SRP_3（反映 cell P 测量的电导值）值调出来。

（3）在设备进入吸引状态时，查看吸液情况。A 吸液管中有液体正常被吸入并且未发现有气泡，可判断 A 吸液泵以及 A 吸液头均正常使用。待稍微稳定，查看 SRI_20、SRI_24、SRP_3 的值，可看到 SRI_20 与 SRI_24 偏差至少 0.3 以上，而 SRI_24 与 SRP_3 的值相近，可大致判断 cell A 故障。

（4）进入维修模式，调校 cell A，但是调校失败。

（5）打开设备，更换 cell A 之后，再次试机。取下 cell A 后发现 cell A 上有个接头碳棒上的线断开。从旧的配件中拆一个碳棒的接头重新焊接，安装到机器上。

（6）再次进入维修模式调校电导的状态，调校 cell A，调校顺利通过。

（7）开机自检正常使用。

三、Fresenius 4008S 型号

1. 故障现象

4008S 开机时自动检查过程中的报警系统，机器的显示屏显示 Flow Alarm 字样。消毒冲洗也无法进行。

2. 故障分析

可能导致透析机流量报警的原因如下。

（1）使用的浓缩液品质低或者机器消毒不到位，导致有异物或者碳酸盐的钙结晶在管路及各个滤网中，引起水路流通不畅。

（2）除气泵和流量泵发生故障，导致水流动力不足，引起流量报警。

（3）进水阀与水箱里的 Float switch 出现异常现象，导致进水不足，引起流量报警。

（4）平衡腔发生故障问题。

（5）LP634 控制板本身的故障问题。

3. 故障处理

（1）关机进入维修模式，进入 CALIBRATE 菜单，发现 flow（300）、flow（500）和

flow（800）都没有数值显示或显示 147，同时一直进行填充程序。判断流量报警可能是由水路的泵、电磁阀或过滤器引起的。

（2）打开设备后盖，检查 89 号除气小孔、210 号过滤器以及其他滤网，并短接超滤器。查看流量，依旧如故。可判断不是由管路堵塞导致的。

（3）怀疑是某个电池阀故障，引起水路不畅。查看各相关电池阀开闭是否正常，过程如下。

按以下菜单顺序选择并且依次按确认键。

DIAGNOSTICS → WRITE OUTPUTS → WRITE DIGIT. OUTPUTS →CPU1:WR DIGIT. OUTP，按确认键，此时显示：O:CPU1_V24；按 ▲▼ 键找到需要诊断的电磁阀（V24、V24b、V31～V38 号），同时在水路管上找到相应的电磁阀，然后按面板上 UF Rate 旁+−键使其在 0000～1111 之间切换，查看是否正常的开关。经检查，电磁阀均正常。故障依旧。

（4）怀疑流量泵故障。更换流量泵后，再次进入维修模式，查看 flow（300）、flow（500）和 flow（800）有数值显示并且不再是 147。由此可判断流量泵故障。

（5）更换流量泵后，调校 300、500、800 的流量。最后流量显示的结果分别是 flow（300）= 303，flow（500）= 505，flow（800）= 798。

（6）开机自检正常通过，消毒也正常。

四、总结

血液透析机是水、电、机为一体的设备，水路部分的故障相对复杂而又常见，其中流量、电导、超滤系统等出现的问题尤为突出。对设备来说，日常清洁消毒、按时更换消耗性配件十分重要，可以相对减小设备的维修率，保证透析过程中的安全。在维修过程中，善用机器自带的诊断和调校功能，如果出现不易处理的报警，不妨多做几次消毒，问题也可能就会得到解决。

第十三章　普通 X 射线摄影设备

普通放射科的影像设备种类繁多，主要包括以下几种 X 射线摄影设备：普通摄影 X 射线机（general radiography X-ray machine）、滤线器摄影 X 射线机（grid radiography X-ray machine）、影像增强器电视透视机（image intensifier television fluoroscopic machine）、胃肠造影 X 射线机（gastrointestinal radiography X-ray machine）、计算机 X 射线摄影（computed radiography，CR）设备、数字化 X 射线摄影（digital radiography，DR）设备、乳腺摄影专用 X 射线机（mammography X-ray machine）、骨密度测量双能量 X 射线机（bone density measurement dual energy X-ray machine）、口腔全景 X 射线机（oral panoramic X-ray machine）、床边移动式 X 射线机（bedside mobile X-ray machine）等。随着医学影像数字化技术的发展，越来越多的 DR 设备应用于临床。X 射线摄影设备都是通过测量穿透人体的 X 射线来实现人体成像的，其最重要的高压部件有 X 射线管、高压发生器和高压电缆。本章就 X 射线摄影设备的高压部件和临床应用较多的 DR 设备的常见故障进行分析。

第一节　普通 X 射线摄影设备的成像原理

1895 年 11 月 8 日，德国物理学家伦琴首次发现 X 射线，X 射线摄影设备发生了巨大变化，特别是近 40 多年来，随着电子、材料、工艺和计算机技术的迅速发展，X 射线摄影设备进行了彻底地改头换面，其图像质量也产生了质的飞跃。普通 X 射线摄影设备的基本结构由 X 射线发生装置和外围装置两大部分组成。X 射线发生装置也称主机，由 X 射线管、高压发生器和控制装置构成，其主要任务是产生 X 射线并控制 X 射线的穿透能力、辐射强度和曝光时间。外围装置是根据临床检查需要而装配的各种机械装置和辅助装置。普通 X 射线摄影设备的成像原理是利用 X 射线穿过被检体后的能量衰减而成像的，X 射线管产生的 X 射线穿过被检体后，将三维空间分布的物体信息转化为二维空间分布的投影，经接收器（增感屏-胶片组合、影像增强器、影像探测器）接收并最终转换为人眼可识别的影像。胶片需要进行显影、定影、水洗和烘干等步骤，影像增强器可将 X 射线转换成可见光，再通过电视系统将视频信号传输到显示器上显示图像。

第二节　X 射线摄影设备高压部件的常见故障举例

X 射线发生装置的高压部件是 X 射线主机系统的主要元器件，高压发生器通过高压电缆与 X 射线管连接。高压发生器主要包括高压变压器、X 射线管灯丝变压器、高压整流器、高压交换匣、高压插座、高压绝缘油等元器件。本节主要介绍 X 射线管、高压变压器的常见故障。

一、X射线管的常见故障

X射线管的常见故障多见于X射线管的灯丝、阳极靶面、真空度和旋转阳极转子。

（一）X射线管灯丝断路

1. 故障现象

（1）曝光控制继电器工作，无X射线产生，毫安表无指示。

（2）检查中可见X射线管灯丝不亮。

（3）对X射线管灯丝变压器初级进行测量，其电流很小，但电压高于正常值。

（4）测量灯丝两端阻值为无穷大。

（5）管壁发黑。

2. 故障分析

（1）灯丝加热，电压过高。

（2）错误地调高灯丝加热电压。

（3）X射线管在长久使用后，灯丝蒸发变细，发射率降低。

（4）X射线管大量进气，通电后灯丝迅速氧化烧断，形成淡黄色氧化物粉末。

（二）X射线管阳极靶面损坏

1. 故障现象

（1）X射线输出量显著下降。

（2）靶面龟裂。

（3）阳极金属蒸发，使玻璃壁镀上薄金属层，增大对X射线的吸收，影像清晰度降低。

（4）严重的焦点熔化，造成X射线管爆裂。

2. 故障分析

（1）超负荷使用。

（2）旋转阳极卡转。

（3）散热装置问题。

（三）X射线管真空度降低（即漏气或进气）

1. 故障现象

（1）毫安表指示异常。

（2）由于高压次级电流增大，初级电流相应增大，高压变压器、控制台等负载嗡嗡声很大，电源电压表和管电压表指针下降，保险丝可能熔断。

（3）进行冷高压实验时，X射线管内出现明显淡红或淡黄色辉光。

2. 故障分析

（1）使用中阳极过热，金属内部有气体溢出或阳极铜体与玻璃焊接处发生微小裂隙造成进气。

（2）运输过程中强烈震动造成裂隙。

（3）放电击穿玻璃形成微小的针孔，进气进油。

（四）旋转阳极转子的故障

1. 故障现象

转速过低或者卡死，X 射线照常发生，靶面某点过负荷，导致靶面熔化，管电流剧增，保险丝熔断。

2. 故障分析

旋转阳极在长期使用过程中，转子工作温度很高，轴承的磨损变形及间隙发生变化，同时固定润滑剂的分子结构也发生变化。

二、高压变压器的常见故障

（一）高压对地击穿或两线圈之间高压击穿

1. 故障现象

高压变压器一般分两个线圈，一个线圈始端直接通地 A，另一个线圈始端经毫安表后才通地 B，所以故障现象有所不同。B 对地击穿时，全波整流电路内，毫安表指针冲顶。同时电压表和管电压表指针下降，机器过载声很大，保险丝熔断，无 X 射线产生或X 射线甚微。A 对地击穿时，故障现象同上，但毫安表无指示。

2. 故障分析

（1）绝缘油质量下降，高压沿线圈边缘击穿。

（2）高压经绝缘支架表面或内部击穿。

（3）绝缘油耐压性能降低或有杂质，高压通过油内杂质对地击穿或从两个线圈之间击穿，击穿瞬间可听到放电声。

（4）组合机头式 X 射线管头内有气泡，气泡在高压电场作用下形成细长通路，破坏了油的绝缘能力，引起击穿，击穿时也有放电声。

（二）高压变压器次级线圈局部短路

1. 故障现象

局部短路后，透视时荧光屏亮后慢慢暗下来，X 射线穿透力不足，毫安表指示比正常稍低或无异常，高压初级电流增大，机器过载嗡嗡声大，短路严重时，保险丝熔断，无 X 射线产生。

2. 故障分析

多为匝间或层间绝缘物破坏，引起短路。

（三）高压变压器次级线圈断路

1. 故障现象

断路后，高压通过断线头放电，有吱吱响声，荧光屏荧光闪动，毫安表指示不稳；端口距离较大时，则无 X 射线产生，毫安表无指示。

2. 故障分析

（1）绕制线圈有隐伤，使用日久，形成断路。
（2）绕制线圈时导线焊接不良，使用日久，使导线松脱断路。
（3）线圈层间固定不紧，装拆不慎，拉动线圈外层，拉断导线。
（4）高压击穿时，导线被烧断。

第三节　数字化 X 射线摄影的基本成像原理

数字化 X 射线摄影（DR）设备是在传统 X 射线机的基础上发展起来的一种数字化的 X 射线摄影设备。DR 设备以 X 射线探测器为核心组件，通过直接或者间接方式采集透过人体的 X 射线信息，并最终形成数字化 X 射线图像。目前市场上根据探测器类型不同，主要有非晶硅平板探测器系统、电荷耦合器件（charge coupled device，CCD）探测器系统及非晶硒平板探测器系统。DR 设备是目前普通放射科影像设备的主流产品，所以掌握 DR 设备的原理、结构和维修非常重要。

（一）非晶硅平板探测器的基本成像原理

非晶硅（也称非晶态氢化硅、无定形硅）平板探测器是目前最具有代表性的 X 射线探测器，其集成了闪烁晶体屏、大面积非晶硅传感器和相应的电子电路元件，以像素陈列快速获取 X 射线信息并输出高质量的图像。

非晶硅平板探测器采用间接成像方式，整个 X 射线成像过程可大体上分为两步进行：第一步，入射 X 射线光子通过某种发光物质转换为可见光，再定向传送到大面积非晶硅传感器阵列，即能量转换传导过程；第二步，通过大规模集成非晶硅薄膜晶体管（thin film transistor，TFT）阵列将屏上的可见光转换形成电荷，然后由读出电路经放大、A/D（模拟/数字）转换形成数字信号，传送到计算机中形成可显示的数字图像，即信号采集和数字化过程。图 13-1 为间接数字化 X 射线成像的基本原理。

在数字化 X 射线摄影设备中，采用类似原理的探测器技术统称为间接成像技术。

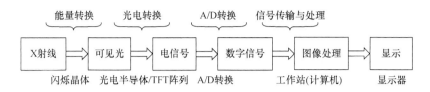

图 13-1　间接数字化 X 射线成像的基本原理

（二）CCD 探测器的基本成像原理

CCD 芯片将可见光信号转换成电信号，经 A/D 转换器转换为数字信号，送入计算机进行处理，CCD 探测器数字化 X 射线成像大致可以分为以下 4 个基本过程。

（1）采用碘化铯或硫氧化钆等发光晶体物质作为 X 射线能量转换层，入射 X 射线光子被晶体物质吸收后转换为可见荧光。

（2）采用反光镜/透镜或光纤进行缩微和光传导，将光信号按确定的方向导入 CCD。

（3）光生电子产生，光生电子的数目与每个 CCD 吸收的光子数成正比；光生电子形成电信号迅速存入存储装置，存储装置积累的电荷量代表感光单元接收的光照射强度。

（4）存储的电荷按像素矩阵的排列方式被转移，寄存器转移、放大，接着进行 A/D 转换，将模拟信号转化为数字信号。

CCD 型 X 射线摄影设备属于间接转换类型，它与数字化平板 X 射线装置的主要区别是在 X 射线能量转换过程中增加了光学信号传输系统。

（三）非晶硒平板探测器的基本成像原理

非晶硒（amorphous selenium，a-Se）平板探测器属于一种实时成像的固体探测器。在成像原理上采用光导半导体材料能量转换原理与大面积 TFT 阵列信号采集原理相结合的办法，构成了直接成像的新一代数字化 X 射线探测器。其基本原理为：X 射线能量转换介质采用非晶硒半导体材料，该材料对 X 射线具有高敏感性，能在一定范围内大量吸收 X 射线，并将捕获到的 X 射线光子直接转换成电荷。TFT 阵列构成信号接收读出电路，TFT 像素矩阵将产生的电荷信号读出并进行数字化。最后通过计算机重建和预处理，即可获得数字化 X 射线图像。图 13-2 为直接 DR 成像的基本原理。

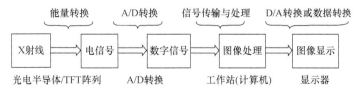

图 13-2　直接 DR 成像的基本原理

与间接数字化 X 射线成像探测器相比较，非晶硒平板探测器不需要能量转换中间过程，从 X 射线采集到数字信号读出是一步完成的。在 X 射线摄影成像设备中，将采用类似原理的探测器技术统称为直接成像技术。

当 X 射线照射到非晶硒层时，根据半导体原理会激发产生电子-空穴对，电子和空穴在外加电场的作用下分别向两面电极做反向运动，电子向正电极运动，空穴向负电极运动，从而产生电流，电流与入射 X 射线光子的数量成正比。这就是非晶硒光导半导体 X 射线直接转换的基本原理（图 13-3）。

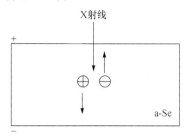

图 13-3　非晶硒光导半导体 X 射线直接转换原理

第四节　DR 设备的基本结构及功能

DR 设备是一种高度集成化的数字成像设备，主要由 5 个相对独立的单元配套组建而成，包括 X 射线发生单元、X 射线探测单元、检查台/床单元、信息处理单元和图像显示单元。

（一）X 射线发生单元

DR 的 X 射线发生单元是传统 X 射线机的延续，其最主要的进展如下。

（1）X 射线发生器的绝大多数已采用逆变式中频、高频发生器，使输出 X 射线的品质和平均功率得到大幅度提高。由于 X 射线探测器提高了 X 射线利用率，因此 DR 所采用的 X 射线发生器的功率可适当降低。

（2）在电子线路方面运用了先进的数字电路设计理念，大量采用集成化电路板，使设备更加小型化，系统功能更加稳定。

（3）操作台面趋于程序化、多功能化和集成数字式，控制操作台面包括：①人性化的、方便实用的操作界面；②受检者基本信息的计算机登录（包括 RIS 系统、IC 卡、条纹码、键盘录入等）；③主要摄影参数的可视化和自动化；④自动光野选择、按摄影部位的自动滤过板选择；⑤常规摄影流程记忆、器官程序自动控制曝光；⑥故障报警采用代码显示，一般故障通过关机后开机自检即可恢复正常状态。

（二）X 射线探测单元

（1）X 射线探测器是数字化 X 射线机的核心部件。在目前临床使用的 DR 设备中，不同类型的 X 射线探测器采用不同的工作原理，负责完成 X 射线信息探测，能量转换、量化，信息传输等成像过程。

（2）不同的探测器所代表的临床摄影功能和图像质量有一定的差异。X 射线探测器物理指标的差异基本确定了采集信息量，X 射线探测器的采集数据量越大，图像还原能力就越强。根据临床使用要求选择图像质量。

（3）X 射线探测器安装在摄影床下，一般与滤线栅和自动曝光控制装置组合在一起使用，即第一层是不同比率的滤线栅（铝基、碳基），第二层是自动曝光控制（automatic exposure control，AEC）装置，第三层是 X 射线探测器组件。

（三）检查台/床单元

DR 摄影检查台/床逐步向专用化和多功能化两方面发展，机械结构设计更有针对性地服务于临床摄影检查。

（四）信息处理单元

DR 设备具备强大的计算机信息处理能力，数字化 X 射线图像通过医学图像软件处理，如窗宽/窗位调节、图像缩放、移动、镜像、反像、旋转、长度、角度、面积测量以及标注、注释功能等，可以满足图像学、诊断学和临床医学对 DR 图像的各种需求。另外，许多 DR 设备还依托专有硬件的支持，实现对图像的特殊处理功能，如双能量减影、时间减影、图像拼接、融合体层等。

DR 图像具有较大的信息量，一幅未经过压缩的 DR 图像字节数可达到 10～30Mbit。

（五）图像显示单元

DR 图像的显示有两种模式：其一，直接由符合 DICOM3.0 标准的医用显示器显示，按照图像诊断的角度，普通 DR 图像采用分辨率为 3M 像素的医用显示器，乳房 DR 图像采用分辨率为 5M 像素的医用显示器；其二，通过打印机（湿式或干式）打印出 X 射线照片，以观片灯的形式再现出 X 射线图像。

第五节　DR 设备的维护与保养

正确的使用和合理的维护保养是保证 DR 设备使用性能的主要手段。

DR 设备的维护保养主要包括以下几个方面：①一般情况下，每周一次定期按照设备提供的程序进行平板校正，消除伪影；②定期做好数据库的备份，保证其完整性、正确性；③保持工作环境的清洁，特别是系统和显示器外部的清洁；④探测器内有散热装置，要打开外盖，用高压鼓风机将机器内的灰尘按照空气流通的方向吹走；⑤对于 CCD 型 DR，如果需要液氮冷却 CCD 探测器降低噪声，应注意检查压力表指示值，定期更换液氮。

第六节　DR 设备的常见故障及维修实例

目前市场上生产 DR 设备的厂家非常多，本节仅以常见的飞利浦公司、万东公司和锐珂公司的 DR 设备作为案例，对典型故障进行分析处理。

一、飞利浦公司 Digital Diagnost 型 DR 设备的故障实例

（一）故障现象

现象一：图像有 1 条或多条横线或竖线。

现象二：WALL DETECTOR 一直处于"BUSY"中，无法进入"READY"状态。

现象三：SID（source image distance，源像距）=1.5m 时，SID 无显示。

现象四：FPD（flat plane detector，平板探测器）放平后，不能再操作。

现象五：GRID 灯闪烁（EXPOUSE DISABLE）。

现象六：照射野灯泡经常烧坏。

现象七：机器报错（ERROR：HCU COMPOSITION AND PRINTING）。

现象八：机器报错（ACHIVE ERROR）。

现象九：TRACKING 灯不亮，球管不能自动跟踪，遮光器上显示"THIS AUX UNIT IS NOT AVAILABLE"。

（二）故障分析

现象一：通过平板校正或者更换平板来解决。

现象二：DETECTOR 与 PC 通信故障。

现象三：检测开关位置变动造成故障。跟踪原理：球管上下运动设有一个反馈电位器，探测器上下运动也设有一个反馈电位器，计算机通过读取探测器上下位置反馈电位器值，驱动球管上下运动，使球管上下位置反馈电位器值与其相等，进而实现球管自动跟踪，此故障可能是自动跟踪反馈电位器异常所致。

现象四：怀疑由探测器旋转位置反馈电位异常，造成过位、限位开关锁死所致。

现象五：设备采用活动滤线栅（栅密度 N：36，栅比 R：12）。GRID 未准备好，并且不能够进入正常工作状态中，从而不停地完成动作，怀疑是 GRID 开关损坏造成。

现象六：照射野灯泡损坏，更换直流电压为 12V、功率为 100W 的灯泡，两周又烧坏。再次更换欧司朗直流电压为 12V、功率为 100W 的灯泡，测供电压为 DC12V，一周后再次烧坏。

现象七：检查 ERROR LOG 发现"NO VALID HCU CONFIGURATION"，应恢复备份数据（LOCAL IMAGE、APC）。

现象八：图像传输队列堵塞，不能外传，所以每次 RESTART 都会报 ACHIVE。

现象九：工作站与 BUCO 板通信故障。

（三）故障处理

现象一：校准步骤如下。①System→Quality Assurance→PW：QA check；②把 SID 调到 150cm，取出 GRID，插入 21mmAL；③Gain calibration；④Pixel calibration；⑤QA done OK（offset 要在 service 里完成）。

现象二："WALL X2"插头重查；检查光纤是否被损坏；重插光纤接口板。

现象三：SID 检测开关安装位置见表 13-1。SID 与检测开关工作状态见表 13-2。

表 13-1　SID 检测开关安装位置

开关 1	开关 2
开关 3	开关 4

表 13-2　SID 与检测开关工作状态

SID 位置	平床位	1.1m	1.5m	1.8m	2.0m
开关 ON	3、4	2、4	1、3	1、4	1、2
开关 OFF	1、2	1、3	2、4	2、3	3、4

按表 13-2 调整开关位置，使其符合对应的工作状态即可。

现象四：更换探测器上下运动反馈电位器，调试、紧固。先用手抬起 FPD，使限位开关松开，再按键使 FPD 抬起。接着按自动竖起按钮找到对中的反馈电位数值，松开齿轮不让电位联动，手动让 FPD 对中，装回即可。确认 SID 显示正常。这种方法是在没有维修软件前提下的应急处理方法。

现象五：拔出开关，GRID 停止动作，进入准备状态。此法作为应急处理，暂时解决问题，待买到新开关后更换，故障可彻底消除。

现象六：型号不同，灯泡的使用寿命也不同：电压为 12V、功率为 100W 的 64623 型号的灯泡使用寿命较长（2000h）；而 64625 型号使用寿命较短（50h）。

现象七：恢复备份数据（LOCAL IMAGE、APC）及数据盘：external device→media storage→load：（显示 Loaded），system→service→PW：8.0maint→configuration→restore DB→select item（Image、APC）→start。

现象八：删掉（DELETE）EXTERNAL DEVICE 里堵塞的内容。

现象九：重插、更换 CAN INTERFACE 板；确认硬件（CAN INTERFACE 板）正常后，故障依旧。重装 APPLICATION 软件（Application software 1.4.1）：system→stop→Logout→install→PW：8.0maint→select1（rev：1.4.1）→save and exit→select8→（extend 1.4.3 level）→save and exit→sabre，再 RESTORE BACKUP。

（四）讨论与总结

上述九个故障为该机型最常见的故障，既有软件问题，又有硬件故障，只要熟知维修手册，认真分析故障现象，就可以尽快解决问题。重要的是，对于设备的安装调试参数的备份数据，刻录光盘后，要认真保管，因为很多故障是调试参数丢失造成的，只要将相应的备份重新导入即可。

二、万东公司新东方 1000 型 DR 设备的故障实例

（一）故障现象

现象一：管球支架不能来回移动。

现象二：计算机启动速度缓慢，摄影照片传输不全。

（二）故障分析

现象一：管球支架不能移动，说明已被锁死，当设备接通电源支架不能移动时，判断是 24V 直流电压没有加到支架的电磁铁上。

现象二：计算机启动缓慢，可能是系统出现问题；照片传输不全，可能是系统引起的，也可能是软件参数设置不当引起的。

（三）故障处理

现象一：检查 24V 直流供电电源，发现 220V、2A 保险管烧断；进一步检查后级电路元器件，没有发现问题。更换保险丝后，设备当天工作正常，第二天开机后，又出现同样故障，怀疑是 24V 硅整流桥性能不良，更换后，设备使用很长时间没有出现同样故障。

现象二：检查软件各端口参数设置均正确，用杀毒软件查杀病毒，发现图像工作站的计算机已严重感染病毒，杀毒完成后重新使用，照片仍有传输不全问题，重新安装系统及软件后，故障排除。

（四）讨论与总结

现象一：为防止医院突然断电对工作站产生影响，应对工作站配备不间断电源（uninterrupted power supply，UPS），以防止突然停电、供电对工作站造成损害。

现象二：DR 设备属于大型医疗设备，其工作站一般与单位局域网相连，以实现资源共享，为避免工作站感染病毒，应对设备工作站的计算机采取 USB 口封闭，避免工作人员在工作站上使用 U 盘，防止工作站感染病毒。

三、锐珂公司 DR-3500 型 DR 设备的故障实例

（一）故障现象

校准多次出错，报偏移量错误，获得多个无效偏移帧。

（二）故障分析

此时机器禁止曝光，重新启动机器后依然报错，暗度校准和 X 射线校准都无法进行，暗度校准进度条在结束前自动退回起点，报校准失败。

检查平板电源，平板的一侧有 5 个指示灯：第一、二个灯是平板电压；第三个灯是通信灯；第四个灯是状态灯；第五个灯是曝光指示灯，检查指示灯显示正常。

进一步检查平板电源为 +24.5V、+5.15V 和 −5.13V，电压显示在服务功能的诊断选项内。正常值应为 +24V 和 ±5V，误差不能超过 ±0.1V 和 ±0.05V。平板电源在 UPS 的机柜内，可以方便地在计算机监控显示下调整。将电压调整至正常范围后，再次校准仍旧失败。

（三）故障处理

怀疑校准文件出错，将所有校准文件重新安装后，校准顺利通过，曝光图像正常，故障排除。

（四）讨论与总结

DR 核心技术是平板探测器技术，在使用过程中会产生电子基准漂流现象，导致图像采集异常，影响诊断的准确性，所以需要定期校准。锐珂 DR-3500 是一款镰刀臂机架的多功能 DR 设备，配有一块非晶硅的平板探测器，型号为 Trixell 公司生产的 Pixium 4600。

1. Pixium 4600 型平板探测器的日常维护要求

（1）平板在日常使用中应定期校准，若长时间不做校准会出现各种伪影，较常见的是图像会出现一条条的细长白线，对诊断会有很大影响。平板探测器使用一定年限或者经过一定次数曝光，像素的老化损坏是不可避免的。一般在 5 个以内的坏点可以用软件修补，但 10 个以上就是一片白点，而且是不可逆的。随着曝光次数增加，坏点会逐渐形成坏道。为了保证图像质量，必须定期做坏点校准。

（2）在通常情况下，平板探测器必须保持 24h 通电，正常关机后平板探测器仍保持通电状态，在外部断电的情况下由 UPS 提供电源。校准之前必须保证平板探测器通电预热 4h 以上。暗度校准和 X 射线校准基本上 1 个月做 1 次，偏移量校准基本上 1 个星期做 1 次。

2. DR-3500 型 DR 平板探测器的日常维护方法

（1）在主菜单屏幕上，单击实用工具菜单进入探测器校准，选择校准类型，共有偏移量校准、暗度校准和 X 射线校准 3 种，步骤只需根据计算机上提示操作进行即可。一般先做偏移量校准，单击偏移量校准选项后，计算机将自动运行相应程序，程序运行后不能取消，5~8min 校准完成。它的目的是在没有 X 射线入射的情况下，保证像素中所读出的数据为 0，校准成功后，程序通过。

（2）暗度校准是通过程序查找坏点或坏线并记录下来，获取有 X 射线入射的物体图像之后，计算坏点位置所有点的像素值，再进行修复。步骤为单击暗度校准后，计算机将自动运行相应程序，暗度校准不能在运行时取消，校准大约 25min 完成。

（3）X 射线校准必须在暗度校准成功后才能进行。此校准是在没有物体遮挡的 X 射线入射时，获取探测器中读取的图像，以此计算增益系数。在有 X 射线入射后，通过计算每个像素的增益系数，减少所有像素增益系数的不同带来的影响。X 射线校准时需将滤线栅完全抽出，取出平板外壳表面的胶布和铅字，X 射线管中心线对准平板中心，与平板探测器距离（SID）为 180cm，光栅要打到最大，准直器内插入 0.5mm/1.0mm 铜/铅板，铜板面必须朝向球管，球管与平板探测器之间不能有任何障碍物，单击 X 射线校准选项后，根据曝光提示按下手开关曝光，大约 15 次曝光后完成 X 射线校准，校准时间大约为 25min，完成后复原滤线栅。在以上所有校准过程中，不能移动平板探测器。

DR 设备的维修案例

第十四章 CT 成像设备

计算机断层扫描（computed tomography，CT）仪是一种利用 X 射线进行人体断层成像的设备，该设备自从 20 世纪 70 年代发展至今，在临床上的应用日渐广泛，成为疾病早期诊断和治疗效果评价的常用诊疗工具。

第一节 CT 成像设备的基本原理

当 X 射线通过人体时，其强度依受检层面组织、器官和病变等的密度（原子序数）不同而产生相应的吸收衰减，此过程即 X 射线通过人体时，其能量的吸收减弱过程。探测器收集上述衰减后的 X 射线信号时，借闪烁晶体（或氙气电离室）、光导管和光电倍增管的作用，将看不见的 X 射线光子转变为可见光线，再将光线集中，然后由光电倍增管将光线转变为电信号并加以放大。借助模拟/数字转换器将输入的电信号转变为相应的数字信号后，由计算机处理重建一幅横向断层的图像，这是一幅由各像素的衰减系数排列成的图像，所以完全可以排除上下重叠的影响，可将图像的细微结构显示清楚。

如前面所述，X 射线穿过人体某一部位时，不同密度的组织对 X 射线的吸收程度是不同的。密度越高，吸收 X 射线越多，探测器接收的信号就越弱；反之，组织密度越低，吸收 X 射线越少，探测器接收的信号越强。由吸收定律可知，当 X 射线穿过任何物质时，其能量与物质的原子相互作用而减弱，减弱的程度与物质的厚度和成分或线衰减系数有关，其规律如图 14-1 中的公式所示。

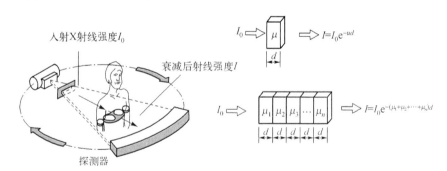

图 14-1 线衰减系数 μ 的定义

由上述可知，在能量为 E 的单能射线穿过厚度为 d 的物体后，射线强度 I_0 衰减为 I。对于任一能量射线衰减系数为 $\mu(E)$，则衰减后射线强度 I 可记为

$$I = I_0 e^{-\mu d} \tag{14-1}$$

式中，I_0 为入射 X 射线强度；I 为通过物体吸收后的 X 射线强度；d 为物体的厚度；μ 为物体的线衰减系数。

将式（14-1）中的 μ 移到等号左边，并取对数，得

$$\ln(I/I_0) = -\mu d$$

或

$$\mu = (1/d)\ln(I_0/I) \tag{14-2}$$

一、CT 成像的物理基础

在扫描场中，某一层面组织被分割成许多小的体积单元，称为体积元素。由这些小体积元素组成一个扫描矩阵，被准直成扇形束的薄的 X 射线穿透体积元素，衰减后到达探测器。

X 射线穿透物体后按指数规律衰减，由式（14-1）可知，I 和 I_0 可通过测量得到，又因为扫描场的尺寸是机器给定的，矩阵的大小也是已知的，因而每个小体积元素的 d 是可知的，若能求得线衰减系数 μ，就可得到被扫描人体断层组织器官的密度分布。将组织器官的密度分布状况以灰阶的形式显示，就可得到断层扫描图像。

二、CT 成像的数学原理

1917 年，奥地利数学家雷登（J.Radon）证明：一个二维或三维的物体可通过其投影的无限集合单一地重建出来。这一定理的证明奠定了 CT 的数学基础。

CT 重建图像的基本方程由式（14-1）和式（14-2）推导如下：

$$I_n = I_0 e^{-(\mu_1 + \mu_2 + \mu_3 + \cdots + \mu_n)d}$$

或

$$\mu_1 + \mu_2 + \mu_3 + \cdots + \mu_n = (1/d)\ln(I_0/I) \tag{14-3}$$

如果已知式（14-3）中的 I_0、I 和 d，即可求出沿 X 射线路径上的线衰减系数之和 $\mu = \mu_1 + \mu_2 + \mu_3 + \cdots + \mu_n$。因为重建一幅 CT 图像，必须求解每个小立方体的吸收系数 $\mu_1, \mu_2, \mu_3, \cdots, \mu_n$。由于几个未知的 μ 不可能从一个方程中解出，故必须从不同的方向进行扫描，收集足够多的采样数据，建立足够多的方程，即建立 N 个联立方程组并求解，从而求出线衰减系数 μ。这些复杂的运算工作是靠高速电子计算机来完成的。

由此可见，物质的线衰减系数与 X 射线的能量、物质的原子系数 Z 以及密度有关。d 或 μ 越大，则 I 越小，即 X 射线衰减越大。

在进行实际的 X 射线扫描时，考虑到人体是由许多种物质构成的。沿着每一条所测射线的路径中，由于不同的物质（如骨骼、组织、空气等）对于同一射线具有不同的 μ，它们均对这一测量起作用，因此，由这些各个 μ 的总和决定最后所测得的 X 射线强度。又由于 μ 可以连续变化，该总和一般表示为一个积分值，即常说的线积分，因为它是一个沿所测射线路径上 μ 的线积分，这个取衰减因素 I_0/I 的自然对数所得到的线积分值称为 μd 值。

X 射线能量与线衰减系数 μ 之间的关系是：能量越低，μ 值越大，μ 值随着能量增加

而减小，图 14-2 为线衰减系数 μ 与能量的关系图。

由图 14-2 可见，低能射线将比高能射线更快地被过滤掉，即通过同一组织的低能射线比高能射线的衰减大，结果是组织的有效线衰减系数 μ 在 X 射线束穿透受检者的过程中随着穿透距离的增加而减小。这种现象称为射线束的硬化效应，对它必须进行详细的校正，以避免此种效应而造成 CT 图像的不均匀性，如图 14-3 所示。

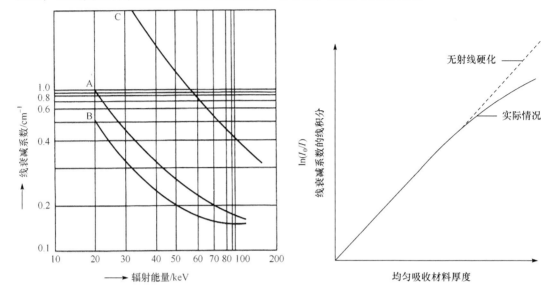

图 14-2　线衰减系数 μ 与能量的关系图　　　　图 14-3　由射线束硬化引起的 μd 值的非线性
A-肌肉；B-脂肪；C-骨

人体组织的主要成分为氢、碳、氧和氮，它们的原子序数都低于 10，因此 X 射线康普顿效应主要取决于 μ，实际上，软组织的 μ 主要取决于组织的密度，其射线束硬化非常相似，并可比拟于通过水的射线束硬化。但骨骼中的钙质，其原子序数为 20，由于光电效应，μ 在骨骼中比在软组织中更依赖于能量。这就意味着考虑图像中的骨骼时，应对射线束硬化做不同的校正。

通常，射线束硬化校正是这样进行的，即把某一个 μ 值看成是从单一能量的 X 射线扫描中获得的。当扫描时所用的 X 射线谱的平均能量接近于某一个特定能量时，校正就可以简单些，这个能量定为 73keV。

一般来说，软组织的 $\mu_{软}$ 接近于水的 $\mu_{水}$，肌肉的 $\mu_{肌}$ 大约比 $\mu_{水}$ 高 5%，而脂肪的 $\mu_{脂}$ 大约比 $\mu_{水}$ 低 10%，脑灰白质的线衰减系数彼此间相差 0.5%，而它们与 $\mu_{水}$ 相差 3.5%，骨的 $\mu_{骨}$ 值大约为 $\mu_{水}$ 的两倍。

在医学上，以 μ 为依据，用 CT 值表示人体组织密度的量值。CT 机中的 X 射线强度测量是相对测量，即测得的是 μ 值的相对值。国际上对 CT 值的定义为人体被测组织的吸收系数 μ_x 与水的吸收系数 μ_w 的相对值，用公式表示为

$$CT值 = \frac{\mu_x - \mu_w}{\mu_w} \times K \qquad (14\text{-}4)$$

CT 值的单位为 HU（Housfield unit）。规定 μ_w 表示能量为 73keV 的 X 射线在水中的线衰减系数。式（14-4）中，K 为分度因数，常取 1000。

第二节　CT 成像设备的基本结构及功能

一、硬件结构

CT 成像设备由硬件结构和软件结构两大部分组成，其硬件结构由采样系统和图像处理系统两大部分组成，如图 14-4 所示。整个系统由中央处理机系统控制器操纵，加上检查床便构成一台完整的 CT 机。

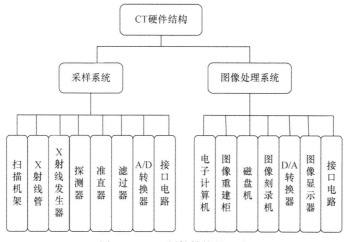

图 14-4　CT 硬件结构的组成

（一）扫描机架

扫描机架是中心设有扫描孔的机械结构，如图 14-5 所示，其内部由固定（机架部分）和转动两大部分组成，前者有旋转控制和驱动电机、滑环系统的碳刷、冷却系统、机架倾斜和层面指示等，后者主要包括 X 射线管、探测器、准直器、采样控制部件、X 射线发生器和逆变器、低压滑环等。扫描机架还可根据诊断的需要进行 ±20° 或 ±30° 等的倾斜。

图 14-5　CT 扫描机架基本结构

（二）X射线管

X射线管是产生X射线的器件，一般由阴极、阳极和真空玻璃管（或金属管）组成，其基本结构如图14-6所示。目前CT机上使用的X射线管均为旋转阳极，热容量大，散热效率高，其冷却方式分为风冷和油冷。螺纹轴承阳极靶在自身和机架双重高速旋转下能保持最佳的稳定性，螺纹轴承中空，冷却油进入阳极靶核心而形成"透心凉"直接油冷技术，液态金属润滑，延长球管使用寿命，图14-7为直接油冷球管。

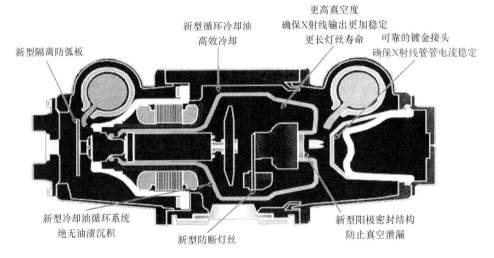

图14-6　X射线管基本结构

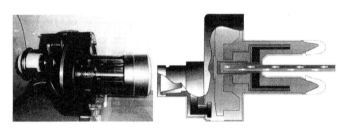

图14-7　直接油冷球管

目前对球管焦点的控制技术主要有以下几种方法。

（1）采用动态双焦点技术设计，其基本原理是X射线管的阴极采用两组相同的灯丝，在曝光前进行选择，曝光时交替使用，变换速率约为1.0ms。

（2）球管外的偏转线圈产生磁场，偏转真空腔内带负电的电子流，在曝光过程中对焦点进行调整，再由积分电路控制电子流在真空中的投影方向，在曝光过程中进行控制，导致电子的瞬时偏移，使高压发生时电子的撞击分别落在阳极靶面的不同位置上。

（3）电子束控金属球管的阳极能够得到直接冷却，所有的旋转轴承位于金属真空部件外。其原理结构类似于一个缩小的电子束CT，如图14-8所示，球管中的电子束由电磁场调控偏转，即飞焦点（flying focal spot，FFS）技术。阳极直接冷却的冷却率达到4.7MHU/min，不再有阳极的热积累，所以不再需要阳极热容量。事实上，其阳极热容量接近于0MHU。

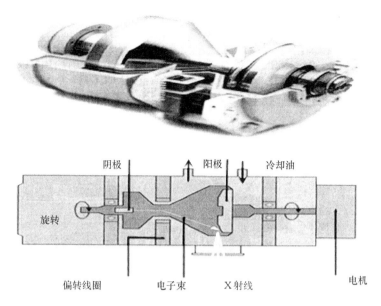

阴极　　　阳极　　　冷却油

旋转

偏转线圈　　　电子束　　　X 射线　　　电机

图 14-8　电子束控金属球管

（三）X 射线发生器

在滑环技术出现之前，高压发生器独立于机架系统，发生器与 X 射线管之间的电信号联系由高压电缆完成。当 X 射线管绕人体旋转时，电缆也一起折曲、缠绕，使扫描速度受到限制。采用滑环技术的螺旋 CT 机克服了上述缺陷，特别是现在采用的高频逆变高压发生器，输出波形平稳、体积小、重量轻，可将高压发生器安装在扫描机架内，使扫描系统更加紧凑化。

目前高档 CT 机的 X 射线发生器的功率一般为 50～100kW，中档 CT 机一般为 35～45kW，低档 CT 机一般为 20～30kW。

CT 机的管电压一般在 80～140kV 分档可调，后 64 层的高端 CT 机管电压则可调至 70kV。

CT 机对高压的稳定性要求很高，在 CT 机的高压系统中需要采用高精度的反馈稳压措施。

（四）冷却系统

CT 机的冷却系统一般有水冷、气冷和水气冷三种，各个公司在各种型号的 CT 机中分别采用其中的一种，并且这三种冷却系统各有优缺点。水冷效果最好，但是装置复杂、结构庞大，需要一定的安装控件和经常性维护；气冷效果最差，其他一些方面也正好与水冷相反；水气冷则介于两者之间。

（五）探测器

探测器的功能是探测 X 射线的辐射强度，CT 机扫描时，透过人体的 X 射线被探测器接收，它将接收的 X 射线能量按其强度比例转换为可供记录的电信号。根据 X 射线通过一定物质所产生的效应，目前常用的固体探测器包括半导体探测器和闪烁探测器。固体探测器利用光电倍增管收集射线通过某些发光材料所激发的荧光，经放大转变为电信号并加以接收。以常用的闪烁探测器为例，闪烁探测器是利用射线可使某些物质闪烁发光的特性来探测射线的装置。由于此探测器的效率高、分辨时间短，既能探测带电粒子，又能探测中性粒子；既能探测粒子的强度，又能测量粒子的能力，鉴别粒子的性质，所以闪烁探测器在 CT 机中也得到了广泛应用。

　　光电倍增管是一种将微弱的光成比例地转换为较大电脉冲的器件。它由光电阴极、倍增极（二次发射极）和阳极构成，其原理图如图 14-9 所示。

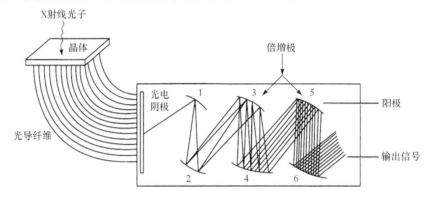

图 14-9　光电倍增管原理图

　　光电阴极是实现光能向电能转换的地方，它的好坏直接影响光电倍增管的灵敏度。倍增极的作用是使电子增加，每级倍增极可使电子数增加 6～12 倍，倍增可达十级以上，总的放大倍数可高达 10^6～10^7。倍增后的电子打在阳极上，由阳极收集并在输出电阻上产生输出脉冲信号。

　　综上所述，CT 机内探测器的基本功能是接收 X 射线辐射并将其转换为可供记录的电信号，即测量出 80～140kV 阳极电压的 X 射线经被检体后的透出量，并把它按强度比例转变为电信号。要达到此目的，探测器作为一种成像介质，必须要具有转换效率、响应时间、动态范围、稳定性等特性。转换效率指探测器将 X 射线光子俘获、吸收和转变成电信号的能力；响应时间指两次 X 射线照射之间探测器能够工作的间隔时间；动态范围指在线性范围内接收的最大信号与能探测到的最小信号的比值；稳定性指探测器响应的前后一致性，如果探测器的稳定性较差，则 CT 机必须频繁地校准来保证信号输出的稳定。

　　目前 CT 机所用探测器及其后续电路的技术发展非常快，如"类宝石"材料探测器、数字模块化信号转换器件、光纤信号传导技术。该类探测器的稳定性、转换效率、余辉效应等参数均有长足进步，使 CT 图像质量明显提高。

（六）准直器

　　X 射线管侧准直器位于 X 射线管窗口的前方，遮挡无用射线，大幅度地减少散射线，严格限制 X 射线束的扇角宽度和厚度。输出的扇形 X 射线束与探测器阵列的中心精确准直。在非螺旋和单层螺旋 CT 机中，扇形 X 射线束的厚度决定扫描层的厚度。在多层螺旋 CT 机中，扫描层厚是由探测器单元的组合方式决定的，准直器准直的 X 射线束厚度与探测器有效宽度相匹配。

在有的 CT 机中，准直器分为两种：一种是 X 射线管侧准直器；另一种是探测器侧准直器。这两种准直器必须精确地对准，其位置示意图如图 14-10 所示。

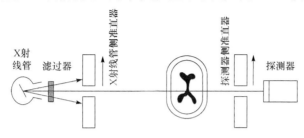

图 14-10　准直器的位置示意图

（七）滤过器

CT 机中滤过器的功能是：①吸收低能 X 射线（软射线），优化射线的能谱，减少受检者的 X 射线剂量，而这些低能 X 射线也无益于 CT 图像的探测；②使 X 射线通过滤过器后，X 射线束变成能量分布均匀的硬射线束。

如果不加滤过器，在 X 射线通过一个圆形物体后，即使该物体是由单一物质组成的均匀物体，X 射线的衰减也是不一样的，X 射线通过圆形物体的衰减原理图如图 14-11 所示。

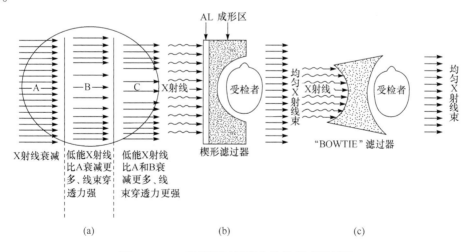

图 14-11　X 射线通过圆形物体的衰减原理图

在图 14-11（a）中，A、B、C 三个区域的 X 射线衰减是不同的。在 A、B 区域内，吸收软射线多而线束硬化，在物体厚度不同的区域吸收软射线的程度不同，厚区吸收软射线多，薄区吸收软射线少，结果在 C 区不均匀。在图 14-11（b）和（c）中，分别加入了楔形滤过器——"BOWTIE"滤过器，得到了均匀的 X 射线束。

（八）模数转换器（A/D 转换器）

A/D 转换的方法很多，最常用的有以下两种：逐次逼近式 A/D 转换器和双积分式 A/D 转换器。

逐次逼近式 A/D 转换器的原理电路如图 14-12 所示。

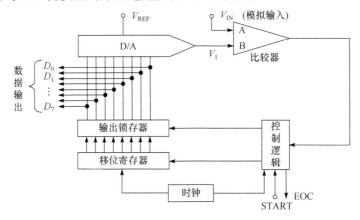

图 14-12　逐次逼近式 A/D 转换器的原理电路

逐次逼近式 A/D 转换器的主要工作原理如下：将一个待转换的模拟输入信号 V_{IN} 与一个 "推测" 信号 V_1 相比较，根据推测信号是大于还是小于输入信号来决定减小还是增大该检测信号，以便向模拟输入信号逼近。推测信号由 D/A 转换器的输出获得，当推测信号与模拟输入信号 "相等" 时，向 D/A 转换器输入的数字即为对应的模拟输入的数字。

其 "推测" 的算法是这样的：它使二进制计数器中的二进制数的每一位从最高位起依次置 1。每接一位时，都要进行测试。若模拟输入信号 V_{IN} 小于推测信号 V_1，则比较器的输出为 0，并使该位置 0；否则比较器的输出为 1，并使该位保持 1。无论哪种情况，均应继续比较下一位，直到最末位为止。此时，在 D/A 转换器的数字输入对应于模拟输入信号的数字量，将此数字输出，即完成其 A/D 转换过程。

双积分式 A/D 转换器的工作原理如图 14-13 所示。

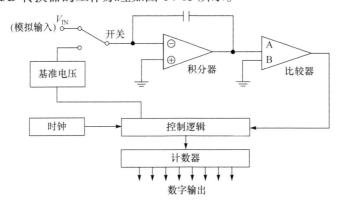

图 14-13　双积分式 A/D 转换器的工作原理

双积分式 A/D 转换方法的抗干扰能力比逐次逼近式强。该方法的基础是测量两个时间：一个是模拟输入电压向电容器充电的固定时间；另一个是在已知参考电压下放电所需的时间。模拟输入电压与参考电压的比值就等于上述两个时间值之比。

在"转换开始"信号控制下，模拟输入电压 V_{IN} 在固定时间内充电几个时钟脉冲，时间一到，控制逻辑就把模拟开关转换到与 V_{IN} 极性相反的基准电源上，开始使电容器放电。放电期间，计数器计数脉冲的数量反映了放电时间，从而决定模拟输入电压，输入电压大则放电时间长。当比较器判定电容器放电完毕时，便输出信号使计数器停止计数，并由控制逻辑发出"转换结束"信号。计数器计算值反映了输入电压 V_{IN} 在固定积分时间内的平均值。

在 CT 机中，探测器接收 X 射线后输出相应的 X 射线强度的模拟信息，此信息必须转换为能被数字电路识别并进行处理的数字信号。A/D 转换器就能实现模拟信号到数字信号的转换。对探测器模拟信息采样并积分，探测器接收 X 射线的强度不同，积分结果也不同。A/D 转换是 CT 机数据采集系统（data acquisition system，DAS）的主要组成部分，它把数字化后的数据传送到数据总线，通过数据缓冲板（data buffer）逐一缓冲后传送至阵列处理器。同时，还把参考探测器的信号译码后送到主控计算机。

（九）计算机系统：主控计算机和阵列处理器

在第三代及以后的各代 CT 机中，计算机系统一般由主控计算机和阵列处理器（array processor，AP）两部分组成。主控计算机一般采用通用小型计算机或微型计算机，它是中央处理系统，除了提供 DAS、AP、DISK、MTU、LP 等以及机架和高压系统微处理器的输入输出连接外，还通过其中央处理器和存储器（memory）执行以下功能。

（1）控制和监视扫描过程，并将扫描输入数据（投影值）送入存储器。

（2）CT 值的校正和输入数据的扩展，即进行插值处理。

（3）控制 CT 扫描等信息的传送-数据管理。

（4）图像重建的程序控制。

（5）故障诊断及分析等。

在 CT 机中，AP 在主控计算机的控制下接收由 DAS 或磁盘送来的数据，进行运算后再送给主控计算机，然后由终端进行显示。它与主控计算机是并行工作的，在 AP 工作时，主机可执行自己的运算，而当 AP 把运算的数据送给主机时，它将暂停自己的运算，而处理 AP 交来的工作。目前大多数 CT 机使用专门的图像重建计算机来完成这项工作。

（十）磁盘机

硬磁盘机的主要功能是存储操作系统软件及诊断软件，并将从 CT 机数据采集系统收集来的扫描数据先储存于它的缓冲区域，以完成一次完整的扫描。这些数据经过处理后，则存入磁盘的图像存储区。此外，从光盘存取图像时，硬盘则作为中介。通常软磁盘机的功能是保存操作系统软件、故障诊断软件和受检者扫描图像资料等。

硬盘是 CT 设备中和图像工作站保存信息资源的重要外部存储设备，其作用是储存 CT 机运行时需要的系统文件、图像数据等。它主要由碟片、磁头、磁头臂、磁头臂伺服定位系统和底层电路板、数据保护系统以及接口等组成。硬盘的技术指标主要围绕在盘片尺寸、盘片数量、单碟容量、磁盘转速、磁头技术、伺服定位系统、接口、二级缓存、噪声等参数的研究。

随着图片存档及通信系统（picture archiving and communication systems，PACS）的广泛应用，CT 机产生的图像除了存储于自身硬盘外，过多的图像则上传至 PACS 服务器，存储在磁盘阵列中。

（十一）操作台

CT 机操作台的作用是输入扫描参数、控制扫描、显示和储存图像、诊断系统故障等。CT 机的大部分功能均由操作台来实施，主要由两部分构成。

（1）视频显示系统。该系统由字符显示器及调节器、视频控制器、视频接口和键盘组成。其主要功能是实现人机对话、控制图像操作、输入和修改受检者数据；产生输送至视频系统的视像信号，传送视频系统和显示系统处理器之间的数据与指令；建立计算机与视频系统之间的指令和数据通道。

（2）磁盘系统常装在操作台上，用来储存和提取图像信息，也可应用诊断磁盘来进行故障的诊断。

（十二）CT 检查床

CT 检查床可上下运动，以方便受检者上下移动，同时它还能纵向移动，扫描检查床的移动精度要求高，绝对误差不允许超过 ±0.25mm。

有的 CT 机在检查床上配有冠状位头托架，可对头部进行冠状位扫描，如鞍区病变的检查；配有坐位架，可进行胸部、腹部、肾脏等器官的纵向扫描；配有腰部扫描垫，可使腰骶椎扫描检查的定位更加准确。

（十三）工作站

工作站早期称为独立诊断台，其主要功能是进行图像的后处理，实际上就是一台高配置的计算机，装有各种图像后处理专用软件。通常通过网络系统从主控制台获得图像数据，再进行后处理、诊断、存储、传输和复制。工作站硬件的档次决定其性能，软件的优劣决定其实现的功能。

二、软件结构

目前，CT 机的软件可分为基本功能软件和特殊功能软件两大类，CT 软件结构的组成如图 14-14 所示。

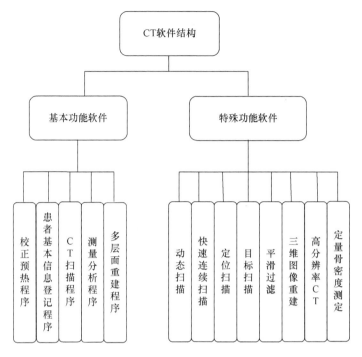

图 14-14　CT 软件结构的组成

（一）基本功能软件

基本功能软件是各型 CT 机均具备的扫描功能、诊断功能、打印图像功能和图像储存功能、图像处理功能、故障诊断功能等的软件。各功能软件采用模块化设计，相对独立，它们之间的关系协调及调用由一个管理程序来完成。这些独立的软件包括预校正、定位像扫描、轴位扫描、图像处理、故障诊断、外设传送等。

常用的基本功能软件如下。

（1）校正预热程序。在 CT 机中存有一组各项性能指标的标准值，每天开机后首先要对某些性能指标进行校正（自动），以保证影像质量和 CT 机各部分能正常工作。X 射线管为高压器件，为了避免冷高压对 X 射线管的损伤，保证 X 射线量输入准确，当停机间隔时间较长时，还应对 X 射线管进行预热，通常要求温度达到 10% 以上时才能正常工作。

（2）患者基本信息登记程序。为了便于管理，对每个受检者的扫描资料均建立为一个文件，扫描前要对受检者的相关资料进行登记，包括编号、姓名、年龄等资料。

（3）CT 扫描程序。根据解剖部位不同，扫描程序有各种不同的模式，如头、胸部、体部及脊柱等，根据患者不同情况，个性化设置扫描参数后启动扫描程序即可完成扫描。现代 CT 系统具有很好的人机对话功能，可以根据需要随时修改各个部位扫描程序中的参数、扫描方式及图像重建计算方法等内容。若有必要，操作技师只需进入相应的子程序功能模块，便可以非常方便地完成修改任务。根据扫描方式，又可分为定位扫描和轴位扫描，轴位扫描是 CT 扫描的常规方式。

（4）测量分析程序。其主要功能是测量兴趣区的 CT 值、病灶大小等。

（5）多层面重建程序。在轴位图像的基础上，可进行矢状面、冠状面及斜矢状面等多平面重建，有利于观察病灶与周围解剖结构的关系。

（二）特殊功能软件

目前，特殊功能软件多种多样，其不断的改进和更新取代了扫描方式的发展，成为当今 CT 发展的重要标志。

常用的特殊功能软件主要如下。

（1）动态扫描功能是通过动态扫描获得组织内造影剂的时间-密度曲线，用于动态研究，从而可提供更多的诊断和鉴别诊断的信息。

（2）快速连续扫描功能是在选取了必要的扫描技术参数后，整个扫描过程自动逐层进行，直到全部预置的扫描结束后，再逐一处理和显示图像。

（3）定位扫描功能是可准确地标定出欲扫描的区域和范围等。

（4）目标扫描功能是仅对感兴趣区的层面实施扫描，而对感兴趣区以外的层面，则采取较大的层厚、层距或间隔扫描。

（5）平滑过滤功能是使所有相邻的不同组织界面得到平滑过滤，产生平均的 CT 值，有效地提高相邻区域间的对比。

（6）三维图像重建功能是在薄层连续重叠扫描的基础上，重组出三维立体图像，常简称为 3D-CT，较常规二维 CT 有更高的定位价值。

（7）高分辨率 CT（high resolution CT，HRCT）的主要功能是对肺部弥漫性间质性病变以及结节病变的检查。

（8）定量骨密度测定功能是可对骨矿物质含量进行定量测定，为老年医学的重点研究课题之一，可定量测定腰椎的骨小梁和皮质骨的三维单位体积内骨矿物含量（mg/cm^3）。其方法较多，如单光子吸收法和双光子吸收法等。

第三节　CT 成像设备的维护与保养

一、日常检查和维护

1. 环境

（1）温度保持。在扫描状态下，温度保持在 20～28℃（变化范围不超过每小时 5℃）。在外界温度低于 0℃或者高于 35℃的情况下，建议晚间不要关闭空调。每天开机准备扫描患者之前，应首先使室温保持在 20～28℃半小时以上。

（2）湿度保持。在扫描状态下，相对湿度保持在 30%～70%（无凝露）。在外界湿度较大的情况下，建议即便不使用设备，也应将除湿机打开。开机前如果湿度过大，建议先打开除湿机，使湿度在允许的范围内保持半小时以上，再开机扫描。如果相对湿度低于 30%，建议使用室内蓄水池蓄水，湿度达到要求后，再开机扫描。如果湿度不能保证要求，将导致图像伪影或质量下降，甚至损坏设备。

2. 清洁和消毒

（1）地面清洁。地面清洁应使用真空吸尘器，清洁时不要扬起灰尘。在需要使用水或液体清洁剂时，不要使水溅入机器内部。机架下面的地面应定期清理，并注意有无泄漏物。

（2）外罩清洁。外罩清洁可使用中性清洁剂，用布擦去污迹，不可用强酸性或强碱性的清洁剂清洗外罩。

（3）床垫消毒。与患者接触的应用部分应在每次使用后，用90%的乙醇或消毒剂擦洗消毒，每次应最少擦洗三遍。擦洗时，擦洗液不得溅入设备内部。

3. 控制台

（1）显示器。如果屏幕有污迹，则用干净的软布擦拭屏幕。如果用玻璃清洁液，不要用含有抗静电溶液或类似添加物的任何类型的清洁剂，否则可能会损伤屏幕的涂覆层。不可用圆珠笔或螺丝刀等尖锐的物体去摩擦、触摸或敲打屏幕表面，否则可能会刮伤显示屏。用软布蘸温和的洗涤剂溶液擦拭清洁机壳、前面板和控制器。不可使用任何类型的砂纸、研磨粉和乙醇、苯等溶剂。

（2）键盘和鼠标。键盘可用软布清洁，不要将水或其他液体溅入键盘内。机械式鼠标可定期（每周）打开轨迹球，清理内部的脏物。光电式鼠标只需用软布定期清洁表面即可。

4. 电缆

铺设在室内的电缆应定期检查，如果是电缆沟，应注意鼠害。

5. 特别处理

在给患者做身体检查时常常会遇到很多特殊的情况，如患者在扫描过程中出现呕吐、流血或撒尿等状况，遇到这种情况应立即处理，防止异物进入机器内部。如果已经进入，应及时关闭机架电源、打开机架的前罩并进行内部清理，防止机器短路。

二、定期维护和保养

1. 球管的日常维护与保养

（1）外部的三相电源检测，包括三相电源的相位相幅平衡稳定、相幅均衡不移相、地线的阻值以及接地是否良好。

（2）消灭老鼠与蟑螂等动物，由于它们咬断电线、污染线路板等而引起火灾的现象屡见不鲜。

（3）机房的温湿度要适宜，温度太高或太低，电子电路都不能正常工作；工作环境太干，容易引起静电；工作环境太湿，容易因氧化物灰尘等潮湿引起电路短路。通常工作环境温度应维持在20～30℃，温度变化率≤30℃/h，湿度为75%，湿度变化率≤5%/h。

（4）CT 球管的工作参数的检测，包括 CT 球管的管电压、管电流、温度等。

（5）高压电缆与球管管套的接触要良好，每两年检查一次。

2. 主旋转轴承的保养

CT 机每使用三个月应加一次润滑脂，每次加润滑脂的量根据使用的频度不同而不同。平均日检查人数大于 20 人次的设备每次加润滑脂应不超过 200g，平均日检查人数小于 10 人次的设备每次加润滑脂应不超过 100g。需要注意的是，严禁使用添加二硫化钼的润滑脂。

3. 螺丝紧固

根据需要打开机罩，在保证断电的情况下检查端子排上的螺丝是否松动、接插件是否牢靠、线扣及线托是否脱落，若发现有，则用工具加固。

4. 主旋转同步带的张紧调整

每三个月应检查机架旋转同步带的松紧度，方法如下：用约 5kg 的力度压同步皮带，其弧度应在 14mm ± 0.5mm 的范围内。

5. 扫描床机械系统的保养

为减轻机械系统的磨损，延长其使用寿命，需定期进行保养，添加润滑脂。扫描采用的润滑脂可与旋转轴承的润滑脂一致。

6. 软件维护

（1）在非扫描状态时关闭各类窗口，禁止使机器处于待曝光状态。

（2）定期进行水模校准及空气校准，以保证数据准确性和良好的图像质量。

（3）及时清理磁盘空间，以保证数据存储的通畅。

（4）开机和关机时，要严格按照机器程序及指令提示进行操作。准备停电时，要提前关机。

（5）当机器长时间搁置不用时，要定期开、关机一次，并进行一次预热扫描，以保证软件和硬件正常运行。

（6）禁止在机房及控制室内使用手机，防止电磁波干扰。

（7）认真记录机器每天的运行情况。

7. 球管冷却系统的清洁

每三个月用高压氧气或者气泵冲净冷却系统内的灰尘和杂物。

8. 其他

每三个月检查清洁油箱风扇、外壳风扇及各应急开关是否灵敏。

第四节　CT 成像设备的常见故障及维修实例

世界上能够生产 CT 设备的国家有中国、美国、荷兰、日本、德国等，涉及十多个厂家。本节仅以常见的美国 GE 公司的几款机型为例，对其典型故障进行分析处理。

一、GE 公司 Lightspeed 型 16 层螺旋 CT 的故障实例

（一）故障现象

现象一：扫描患者定位像时偶尔出现扫描中断，患者图像只出现 1/3，报"tube spits during exposure，gantry rotation abort，cradle unable to move to position"等错误，而断层扫描却正常。

现象二：检查床上升到一定高度后会发出刺耳的金属摩擦噪声，且有停顿现象，但检查床降低时无异常声音，无报错信息。

现象三：床在定位过程中，前进几毫米就停止，报"Cradle will not move in or out of the gantry"错误信息，在手动情况下每次按进出床键，床也只能前进或后退几毫米，水平驱动鼓和床板之间有打滑现象。

（二）故障分析

现象一：根据以往维修经验，扫描中断报错原因为球管打火、扫描中断、床面运动出错等，而床面运动本身引起的报错除了会出现扫描中断外，球管不会报错，故认为此故障是由于球管偶发性打火引起的，多次单独做球管的灯丝电流测试、旋转阳极测试、高压测试均正常，为了排除偶发性打火，重新处理 HV TANK 和球管的两端高压电缆接头，但故障依旧，到此基本排除了球管引起该故障。

这款 CT 床水平运动由床增强控制（enhanced table control，ETC）板、ETC 接口板、水平驱动组件、水平运动编码器组成，水平运动的基本原理是水平驱动电机带动驱动滚轴运动，而驱动滚轴和床板之间的摩擦力是床板运动的动力，当床板和驱动滚轴上有灰尘而又没及时清理时，也会引起床运动报错，在做完这些清洁工作后，仍未排除故障，用手动模式检查进床和出床，未发现异常，但在软件控制进出床时，发现偶尔有打滑现象，分析是由床驱动滚轴老化导致的此故障现象。需要更换驱动滚轴。

现象二：该检查床升降运动主要依靠垂直电机、支撑杆以及气弹簧来完成。拆除床外壳后根据耳听判断声音来自支撑杆，由于老化，支撑杆阻力增大，引起噪声。更换涡轮滑杆，解决了噪声问题，但上升停顿故障依旧存在。根据多年的维修经验，如果是垂直电机老化引起的故障，其现象应该是上升速度逐渐变慢，直至停止在某一高度，而不是升升停停，故排除电机问题。怀疑两个气弹簧由于使用时间较长，已漏气，需要更换。

现象三：根据打滑现象，怀疑床板和驱动鼓有灰尘，做清洁处理，故障依旧。将水平编码器钢丝从床板连接处单独拆下来，而电源和控线依旧连接不动。缓慢拉动或松放

钢丝，机架面板数字快速变化，仔细观察后发现数字变化有跳动不连续现象，判定编码器有问题。

（三）故障处理

现象一：更换驱动滚轴后故障排除。

现象二：更换两个气弹簧。

现象三：更换床水平编码器。

（四）讨论与总结

现象一：使用过程中，根据不同的机型，注意各个配件的使用年限，特别是易磨损件。可根据患者检查工作量购买相关配件，做好准备工作和维护保养工作。

现象二：关于床垂直运动的机械类故障比较简单，留心有不同的现象或异常的响声，一般就能判定故障的根源。

现象三：床水平运动的故障集中体现在水平驱动部件和编码器上，而编码器损坏最明显的特征就是机架面板上显示床运动位置的数字不连贯，有跳变。注意这点就能比较容易地区分是床驱动部件还是编码器引起的故障。

二、GE 公司 BrightSpeed Elite 型 16 层螺旋 CT 的故障实例

（一）故障现象

现象一：电源不稳或断电造成启动、运行不正常。

现象二：运行中出现软硬件、显示等故障。

现象三：预热后扫描患者只出前两层图像。

现象四：图像出现不全，为闭合的双环伪影。

（二）故障分析

现象一：电网电源电压不稳或断电，造成 CT 或 AW 工作站运行或启动不正常，主要包括以下几种情况。

（1）电源问题，尤其是电源瞬间跌落或断电，常造成系统程序损坏等软件故障，导致 OC（操作控制台）系统不能正常启动。提示框提示：启动时无法确认系统性能，请关闭后再打开 OC 电源，如果关闭后再打开电源仍不能启动系统，则联系 GE 维修部门。关机报警 4 声，检查 darc 硬盘等无明显故障，开机后 shell 窗 rush 登录不能正常进入系统，考虑软件问题。

（2）提示找不到硬件，"X-ray and driver power disabled. Please enable"或系统无法进入（Gantry enable），提示重新启动机架，且右显示屏功能状态提示 DAS/coll reset in progress。电源问题引起 Gantry 机架运行不正常。

（3）连续几日频繁停电后出现图像重建慢，以致只出几幅图后停止。

（4）来电后开机，界面提示 ACPI：S3 and PAE do not like each other for now. S3 disabled 死机无反应。只好强行关机，10～20min 后重启机器，报错信息重复。偶发快捷图标变灰而失去功能，不能打开处理界面，断电造成 AW 工作站丢失界面图标快捷方式或不能正常启动。

现象二：程序运行过程中或扫描过程中，常出现一些意想不到的问题，尤其最好不要单击鼠标或并行处理其他工作任务，否则会导致软件运行冲突、扫描程序损坏、处理停滞、信息中断、通信阻塞、死屏、死机、扫描中止、无法显示图像、无动态跟踪图像、无应用界面显示或浏览界面不能正常使用等现象，主要包括以下几种情况。

（1）扫描程序运行过程中，机架停止工作不能进床，操作者当时单击过鼠标，左屏界面显示红框提示：软件找不到接口，硬件驱动找不到。关机后重启出现"软件检测到错误的 DAS 配置，请重新配置 DAS 以解决故障"。单击确定后出现"注意：TGP/ORP/CCB/DCB/TCB/JEDI 以及系统硬盘中丢失一个或多个对应的驱动程序或可通过运行 Service 界面的 FLASH Downloader 工具解决此问题。若 DAS 重新配置后故障依旧请联系 GE 维修人员"。单击 Service 配置后故障依旧，联系厂家建议做原始数据清理、Reconfig、清除队列、清空患者检查图像，都无结果，后咨询厂家提示硬软件可能存在问题。在浏览 HOME 中发现页面中 DAS Converter Temperatures 数据为红色，极不正常，MAX：148294880.0；Today：–152078608.00；正常值为 20～40℃。于是考虑由积尘或通信不良造成。

（2）冠脉 CTA 扫描程序运行不正常，其他扫描程序正常。现象为：前几个层面扫描正常，后面的扫描层面出现监视器图像右侧无心率跟踪、期相显示，扫描参数由 0.5s/CH（cardiac helical，心脏螺旋）心脏螺旋冠脉扫描变为 0.5s/HE 普通螺旋扫描；左侧矩阵 512、模式 SSEG 变成 512、SEGM。此扫描图像数据无法在 AW 工作站中重建心脏冠脉图像及冠脉分析。操作者在运行中单击过鼠标后出现了上述现象，此后再做冠脉 CTA，该现象又多次出现。在解决问题的几个月中，仅偶尔几次扫描成功，其他只能采用及时补扫来弥补。在此期间向厂家反映，工程师记录现象并备份数据回公司汇报研究处理，又向售后服务部、工程部、医疗培训部多次咨询，持续 5 个多月后给出建议：①心电监护仪远离机架；②更换好品牌的电极片；③检查连接线端口；④观察心率是否在要求值内，心率不能太低；⑤每天关机。根据建议一一落实，无明显改善。GE 此时建议只能重装系统。怀疑扫描程序协议有问题，尝试复制一新协议，结果冠脉扫描恢复正常。

（3）在图像处理界面下单击选框无法正常显示，如单击 Browser 无菜单模块显示或菜单变灰无法使用。

现象三：常规启动、预热 CT，扫描患者只出前两层图像后无图，提示发现重建错误，注意重建过程已停止，可进行扫描但不会生成任何图像，重新启动系统，故障依旧，考虑数据部分问题，清空原始数据，扫描恢复正常，但是扫描几名患者后故障重复出现，清理全部图像、清理队列，打开 IG（image generation，图像生成）清理接插口，故障依旧，但 Ping IG 通信通。查 LOG 中报"recon error；RAC hardware failure"，即固态重建加速器有问题。IG 故障。

现象四：图像出现不全闭合的双环伪影，且构成 2 圆环的不闭合弧段交替层面出现，做快速校准，Mylar 窗口未能通过，提示 X-ray 通路问题。

（三）故障处理

现象一：

（1）重装系统软件解决故障。建议对 OC 加装 120V、6kVA 的不间断电源，减少或避免系统软件故障。

（2）可到 Gantry 上按压复位键恢复，若不能恢复则退出应用程序重启，一般采用右屏维修选框下 Utilities 内的 Application Shutdown 退出应用程序，然后用 shell 窗口命令"st"操作启动，提示栏显示"scanning hardware reset successful"，即硬件重置成功恢复正常；不得已再选用关机操作。

（3）清理原始数据后，故障现象可消除。

（4）数小时后启动恢复正常。快捷图标变灰失去功能，可到界面功能选用区，用鼠标左键单击拖动相应选项到图标处即可。

现象二：

（1）关闭 OC，打开机架，关闭 HV、rotor、120V 电源开关，检查机架内设备发现防尘网需清洁，将排线接口拧开，清理滑环及碳刷，重新连接排线接口，复位右侧线路板开关，重启 OC，未发现异常提示框，且 Home 中数据恢复正常。扫描水模未发现异常。

（2）在扫描协议管理菜单中选择"GE"中的 SnapshotSegment 0.625/1.25mm 协议，选择复制，返回扫描协议管理，部位"user"Routine chest 0.8 sec 中粘贴并进行编辑（仍按出错扫描协议的参数设置），轻松解决问题并避免了安装系统产生费用。

（3）在维修选框中选择 Utilities 下的 Application Shutdown 退出应用程序（推荐使用），或选择关机。

现象三：更换 IG。

现象四：清理擦拭准直器窗口、圆环、探测器面，做校准通过，图像恢复正常。

（四）讨论与总结

随着计算机技术的飞速发展，影像设备的软件更复杂，程序运行任务量更大，易引起硬件重建加速器故障，程序进行过程中的一些外因也会引起软硬件问题，所以增强责任心，养成良好操作习惯，扫描过程中尽量不要并行处理其他任务，同时要做好改善电网供电、配置 UPS，保持合适的温湿度，方能确保 CT 设备良好的运行状态。

三、GE 公司 Lightspeed pro16 螺旋 CT 的故障实例

（一）故障现象

现象一：CT 设备在突然停电后，重新启动正常，但启动完成后，硬盘中保存的患

者图像全部无法显示,扫描后图像也不能重建,并报错"[net server]can't connect with ct99: DBR Server"。

现象二:CT 设备启动过程中报错"recon disk partition error"。

现象三:CT 开机后预热和扫描定位像均正常,但是每次扫描时,在按下曝光开始键后要等 1min 以上,曝光灯才亮,进而才能启动曝光。有时要等几分钟,最长时要等 5min 才能曝光。

(二)故障分析

现象一:据经验怀疑是图像数据磁盘阵列有软件问题。

现象二:由于 CT 重建数据量大,所以高档 CT 采用磁盘阵列的格式来读写数据流,并互相校验,这样也使得 CT 重建工作站里面的硬盘较容易损坏。

现象三:按下曝光键,通常情况下,CT 机立即曝光。检查设备的 error log,报错代码为 260100028 和 245218。

第一个错误代码(260100028)的意思是扫描控制系统在等待来自 OC 的视图信息准备信号时暂停,需要补偿采集完成后,该信号才会从 OC 传送出来。可能的原因是触发失败、数据采集未能接收、信息丢失、软件错误。

第二个错误代码(245218)的意思是因为某进程锁定而无法删除一个分配好的但未经扫描的文件,最后释放该进程才会删除分配好的指令文件。如果 2min 后未指定新的扫描指令,那么当前的检查将会结束。

询问厂家工程师,也没有任何经验或提示。后发现每次扫描患者时第一次按下确认键后会发生这种故障,只要不退出这个扫描程序,后边的扫描序列都没有问题。仔细观察操作技师的操作习惯,发现扫描开始前摆体位时,技师要按"push button"定位。

(三)故障处理

现象一:打开维修菜单,进入 Utilities,关闭应用程序 Application Shutdown,打开 Unix Shell 窗口,输入命令行:reset ImageDB_linux,这是一个整理图像磁盘阵列空间的有用工具,10min 左右图像空间全部整理完毕。然后重启 CT 应用软件,一切恢复正常。

现象二:拆除硬盘后检查硬盘信息,其为希捷公司生产的型号为 ST36753LW 的硬盘。在市场上购买同型号硬盘,更换后重启系统,并在操作系统启动完毕后,手动停止应用程序的启动(CT 系统在应用程序启动前有停止提示),打开操作系统软件桌面的 Unix Shell 命令窗口,输入命令:sudo gre-raid-c。这个命令可以重新设置重建的磁盘阵列,并进行检测。然后重新启动系统,一切正常。

现象三:根据技师的操作习惯,经检查发现机架上面板中间的快进键由于频繁使用有些塌陷,按下后不能马上弹回。为了证实该故障来源,进行简单测试:一直按住快进键,再按曝光确认键,发现曝光确认指示灯一直不亮,即模拟出了故障情况。把机架控制面板拆开后,发现有较多的灰尘或对比剂等,用高纯度乙醇清洗后进行复位安装,故障排除。

（四）讨论与总结

①严格控制机房（包括扫描室和操作控制室）的温度和湿度将会较大程度地降低故障发生率；②做好机房的卫生工作，保持外壳的整洁，对于血迹、对比剂、尘土等异物要及时清洁处理，并定期清洁设备本身的防尘滤网；③定期对机架内和扫描床的相关部件进行保养，定期检查机械运动部件的运行状况；④每天在扫描患者之前须进行球管预热；⑤每周做一次空气校正，并视图像质量实际情况增加空气校正的次数。严格按照操作规程扫描也会在一定程度上降低故障的发生率。

CT 设备的维修案例

第十五章　磁共振成像设备

磁共振成像（magnetic resonance imaging，MRI）是一种利用人体中质子在强磁场内受到脉冲激发，产生核磁共振现象，经过空间编码技术，把以电磁波形式放出的共振信号接收转换，通过计算机，最后形成图像进行疾病诊断的技术，是 20 世纪 80 年代出现的彻底摆脱 X 射线损伤的全新扫描技术。该技术能从任何方向截面显示解剖病变和其质子密度图像，还可以得到反映组织生理生化信息的图像，在某些方面优于 CT。

第一节　磁共振成像设备的基本结构

磁共振成像（MRI）设备由磁体系统、梯度系统、射频系统、计算机以及图像处理系统等组成。这些系统之间通过控制线、数据线及接口电路连接成一个完整的成像系统。MRI 设备成像系统有专用的工作站、相应的生理信号处理单元、图像的硬复制输出设备（如激光相机）等，另外有很多附属设备，包括磁屏蔽体、射频屏蔽体、水冷机组、不间断电源、空调以及超导磁体的低温保障设施等。图 15-1 是磁共振成像设备结构图。

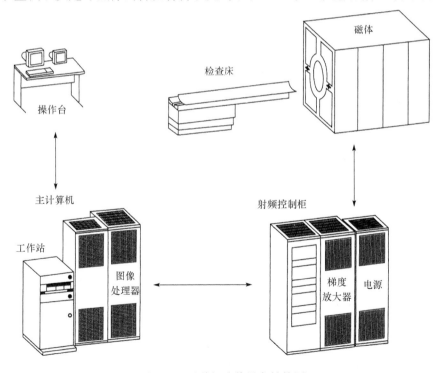

图 15-1　磁共振成像设备结构图

一、磁体系统

磁体系统是 MRI 设备的重要组成部分，它是产生主磁场的硬件设施，其性能直接影响最终图像质量。根据磁场强度，磁共振成像设备分可分为低场、中场和高场，通常场强在 0.5T 以下的 MRI 系统称为低场，场强为 0.5~1.0T 的称为中场，场强在 1.0T 以上的称为高场。

（一）磁体的性能指标

磁体的性能指标有主磁场强度、磁场均匀性、磁场稳定性、磁体有效孔径及边缘场的空间范围等。

主磁场 B_0 是在磁体孔径内通常小于 50cm 的范围产生均匀分布的磁场。在其他条件相同的情况下，图像信噪比主要依赖于磁场强度与采样体素，磁场强度越高，信噪比越大，成像质量越高。

磁场均匀性是决定影像空间分辨率和信噪比的基本因素，以主磁场的百万分之一（parts per million，ppm）为单位定量表示，由磁体本身的设计和具体外部环境决定。

磁场稳定性是衡量磁场强度随时间漂移程度的指标，它与磁体类型和设计质量有关，受磁体附近铁磁性物质、环境温度、磁体电源稳定性、匀场电源漂移等因素的影响。稳定性下降，意味着单位时间内磁场的变化率增高，在一定程度上也会影响图像质量。磁场的稳定性可以分为时间稳定性和热稳定性两种。时间稳定性指磁场随时间而变化的程度；热稳定性指磁场随温度变化而变化的程度。

磁体的有效孔径指梯度线圈、匀场线圈、射频体线圈和内护板等均安装完毕后柱形空间的有效内径，一般来说，其内径必须大于 65cm，才能基本符合临床要求。

磁体的边缘场指在磁体外部向各个方向散布的杂散磁场，以磁体原点为中心向周围空间发散，具有一定的对称性，其延伸的空间范围与磁场强度和磁体结构有关，常用等高斯图来表示。

（二）磁体的分类

磁体可分为永磁型、常导型和超导型三种。

（1）永磁型磁体是最早应用于全身磁共振成像的磁体，由永磁材料构成，目前使用的主流材料是稀土钕铁硼。

永磁体一般由多块永磁材料堆积（拼接）而成。磁体的两个极片需用磁性材料连接起来，以提供磁力线的返回通路，从而减少磁体周围的杂散磁场。图 15-2 为永磁体的两种结构形式，其中图 15-2（a）是环形偶极结构，图 15-2（b）是 H 形框架结构。

永磁型磁体的缺点为场强较低，而使成像的信噪比较低，功能成像及某些特殊快速成像在该类磁共振系统中无法实现；用于拼接磁体的每块材料的性能不完全一致，且受磁极平面加工精度及磁性本身的边缘效应的影响，磁场均匀性较差。另外，永磁型磁体的热稳定性差，通常永磁型材料随温度的变化值为 1100ppm/℃。该磁场稳定性是所有磁体中最差的，磁体室内的温度变化控制在 ±1℃之内；此外，该磁体可重达几十吨。

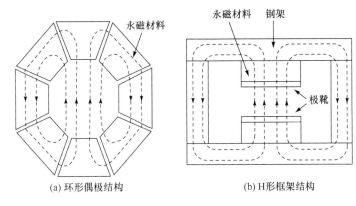

(a) 环形偶极结构　　　　　　　(b) H形框架结构

图 15-2　永磁体的结构图

永磁型磁体的优点是结构简单并以开放式为主、设备造价低、运行成本低、散逸场小、对环境影响小及安装费用少等。

（2）常导型磁体也称高阻式磁体或阻抗型磁体，其磁场由通电线圈产生，载流导线周围存在磁场，其场强与导体中的电流强度、导线的形状和磁介质的性质有关。常导型磁体线圈是由铜或铝导线绕制而成的。

常导型磁体的磁场强度与功耗、线圈的几何形状有关，磁体的功耗与磁场强度的平方成正比，因此这种磁体必须配备专门的电源供电系统及磁体水冷装置。线圈的电阻率 ρ 将随温度的升高而增加，从而影响主磁场的稳定性。

常导型磁体的优点是结构简单、造价低廉，磁场强度可达 0.4T，均匀度可满足 MRI 的基本要求，是常用的低场磁体，该磁体性价比较高，其成像功能已经满足临床基本需求，图像质量也较高，维修相对简便，适用于一些较偏远、电力供应充足的地区。其缺点是工作磁场偏低、磁场均匀性及稳定性较差、MRI 新功能及快速成像技术在该磁体上无法实现，且励磁后要经过一段时间等待磁场稳定，需要专用电源及冷却系统，使其运行和维护费用增高。

（3）超导型磁体设计原理与常导型磁体基本相同，不过，超导型磁体的线圈采用超导体导线绕制而成，这种磁体场强高，且稳定性及均匀性较高，MRI 中 0.5T 以上的磁体场强都采用超导型磁体。

超导型磁体由超导线圈、低温恒温器、绝热层、磁体的冷却系统、底座、输液管口、气体出口、紧急制动开关及电流引线等部分组成。超导线圈由铌钛合金的多芯复合超导线埋在铜基内制得，如图 15-3 所示，铌钛合金的临界温度在 9K 以上，超导线圈整个浸没在液氦中。铜基一方面起支撑作用，另一方面一旦发生失超，电流就从铜基上流过，使电能迅速释放，保护超导线圈，并使磁场变化率减小到安全范围以内。为了固定超导线圈

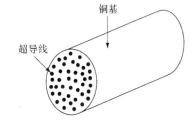

图 15-3　超导线圈的结构

绕组的线匝，防止其滑动，通常用低温特性良好的环氧树脂浇灌、固定、封装绕制好的超导线圈绕组。

超导线圈的低温环境由低温恒温器保障，低温恒温器是超真空、超低温环境下工作的环状容器，其内部依次为液氦杜瓦、冷屏和液氮杜瓦（新磁体大多没有该容器），其内外分别用高效能绝热材料包裹。

图15-4　超导型磁体

同阻抗型磁体一样，超导型磁体也由线圈中的电流产生磁场。两者的差别主要是线圈的材料不同：前者用普通铜线绕制，而后者由超导线绕成，超导型磁体线圈的工作温度为4.2K（−269℃），即一个大气压下液氦的温度。

图15-4为超导型磁体，其场强为0.35～12T。超导型磁体的优点为高场强、高稳定性、高均匀性、不消耗电能以及容易满足系统所要求的孔径，所得图像的信噪比高、图像质量好，许多需要高场强、高性能梯度磁场的复杂序列和快速成像脉冲序列只能在超导高场的磁共振系统中完成。但是超导线圈须浸泡在密封的液氦杜瓦中方能工作，增加了磁体制造的复杂性，运行、安装及维护的费用较高，随着磁场强度的升高，其边缘场范围变大。

二、梯度系统

梯度系统是指与梯度磁场有关的一切电路单元，其功能是为系统提供满足要求的、可快速开关的梯度场，对MR信号进行空间编码，决定层面位置和成像层面厚度；在梯度回波和其他一些快速成像序列中，梯度场的反转还起着射频激发后自旋系统的相位重聚，产生梯度回波信号的作用；在成像系统没有独立匀场线圈的磁体系统的情况下，梯度线圈也可对磁场的非均匀性进行校正，因此梯度系统是MRI设备的核心部件之一。

（一）梯度磁场的性能指标

梯度磁场简称为梯度场。图15-5表示梯度场的主要性能指标，通常包括梯度强度、梯度爬升时间、梯度切换率、梯度的有效容积及线性度等。

梯度强度指使梯度变化时可以达到的最大值，单位为mT/m（毫特斯拉/米）。在梯度线圈一定时，梯度强度由梯度电流所决定，而梯度电流又受梯度功率放大器的功率限制。目前新型MRI系统的梯度强度达到30～45mT/m。

梯度切换率和梯度爬升时间是梯度系统两个重要指标，它们从不同角度反映了梯度场达到某一预定值的速度。梯度爬升时间指梯度由零上升到预设梯度强度所需的时间，单位为毫秒。梯度切换率是梯度从零上升到正的最大值或下降到负的最大值的速度，即单位时间内梯度磁场的变化率，它的定义是梯度强度（通常以mT/m为单位）除以上升时间（以ms为单位），单位为mT/（m·ms）或T/（m·s）。梯度切换率越高，梯度强度爬升越快，即可提高扫描速度，从而实现快速或超快速成像。

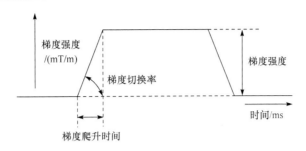

图 15-5　梯度场性能参数示意图

梯度的有效容积又称均匀容积。有效容积是指梯度线圈所包容的能够满足一定线性要求的空间区域。这一区域一般位于磁体中心，并与主磁场的有效容积同心。

梯度线性度是衡量梯度场平稳性的指标。线性越好，表明梯度场越精确，图像的质量就越好，非线性度随着与磁场中心距离的增大而增加，因此如果梯度场的线性不佳，图像的边缘上可能产生空间和强度的畸变。一般来说，梯度场的非线性度不能超过 2%。

梯度系统性能高低直接决定着 MRI 设备的扫描速度、影像的几何保真度及空间分辨率等，另外其性能还与扫描脉冲序列中梯度脉冲波形的设计有关，即一些复杂序列的实现也取决于梯度。

（二）梯度系统的组成

梯度系统由梯度线圈、梯度控制器（gradient control unit，GCU）、数模转换器（digital analog converter，DAC）、梯度功率放大器（gradient power amplifier，GPA）和梯度冷却系统等部分组成。梯度系统工作流程图如图 15-6 所示，其中波形调整器、脉冲宽度调整器和功率输出级合称为梯度功率放大器。GCU 发出梯度电流数值，DAC 将其转换为模拟控制电压，反馈环节是由霍尔元件组成的输出电流测量电路，它返回的电压与输出的实际电流成正比，该测量值与 DAC 输出的控制电压在波形调整器输入端相加后，其值送入调整器，再经脉冲调制，便产生桥式功率输出级的控制脉冲。

图 15-6　梯度系统工作流程图

（1）梯度线圈。MRI 系统需要三个互相正交的梯度磁场作为空间编码的依据，这三个梯度场分别由三个梯度线圈提供。

产生 Z 向梯度场的线圈 G_z 可以有多种形式，最简单的是 Maxwell 对。在两线圈中分别通以反向电流，便可使正中平面的磁场强度为零。图 15-7 为 Z 向梯度线圈电流产生的梯度场。

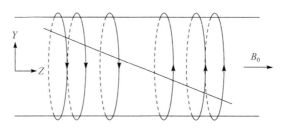

图 15-7　Z 向梯度线圈电流产生的梯度场

为了得到与 G_z 正交的磁场，G_x、G_y 采用鞍形梯度线圈。根据毕奥-萨伐尔定律，将四根适当放置的导线通以电流便可产生所需梯度，即产生的磁场在几何形状确定的前提下只与线圈的电流有关。根据对称性原理，将 G_x 旋转 90°就可得到 G_y。图 15-8 为 Y 向梯度线圈中的电流产生的梯度场。

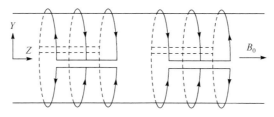

图 15-8　Y 向梯度线圈电流产生的梯度场

（2）梯度控制器和数模转换器。梯度控制器的任务是按系统主控单元的指令，发出全数字化的控制信号。数模转换器接收后，立即转换成相应的模拟电压控制信号，产生梯度功率放大器输出的梯度电流。对梯度功率放大器的精确控制就是由梯度控制器和数模转换器共同完成的。数模转换器收到梯度控制器发送的、标志梯度电流的代码后，立即转换成相应的模拟电压控制信号，以驱动梯度功率放大器输出梯度电流。

（3）梯度功率放大器。梯度场是流经梯度线圈电流的产物，而这一电流正是梯度功率放大器所提供的。梯度功率放大器是整个梯度控制电路的功率输出级，具有功率大、开关时间短、输出电流精确和系统可靠等特点。梯度功率放大器的输出信号就是来自数模转换器的标准模拟电压信号。梯度电流采用霍尔元件进行探测。扫描过程中，需不断地改变梯度场的强度和方向，因此梯度功率放大器需具备良好的功率特性和开关特性。

为了使三个梯度线圈的工作互不影响，一般都安装三个相同的电流驱动放大器，在各自的梯度控制单元控制下分别输出系统所需的梯度电流。

（4）梯度冷却系统常用的冷却方式有水冷和风冷两种。水冷方式是将梯度线圈经绝缘处理后浸于封闭的蒸馏水中散热，水再由冷风交换机将热量带出；风冷方式是直接将冷风吹在梯度线圈上。目前均采用水冷方式。

（5）涡流及涡流补偿。根据法拉第定律，在变化的磁场中会产生感应电流，这种电流在导体内自行闭合，称为涡流。涡流的强度与磁场的变化率成正比，其影响程度与导体部件的几何配置、梯度线圈的距离有关。涡流所消耗的能量最后均变为焦耳热，称为涡流损耗。涡流可引起 MR 伪影，并能引起 MR 频谱基线伪影和频谱失真。随着梯度电流的增加（如梯度脉冲的上升沿），涡流会猛然增大；梯度电流减小时（如梯度脉冲的下降沿），又将出现反向变化；而当梯度场保持不变时（相当于脉冲顶部），涡流按指数规律迅速衰减。涡流的存在会明显影响梯度场的变化，严重时可使波形发生严重畸变。

为了减小涡流造成的负面影响，最常用的办法就是在主梯度线圈与磁体之间增加一个用于屏蔽梯度磁场对磁体影响的辅助梯度线圈，其产生的梯度磁场同主梯度线圈的相反，使合成梯度为零，从而避免了涡流的形成。另外可以采用高电阻材料来制造磁体，以阻断涡流通路，从而使涡流减小。还有一种方法是预先对梯度电流进行补偿，在梯度电流输出单元中加入 RC 网络，改善梯度质量。

（三）双梯度系统

通常情况下，每个 MRI 系统各有一个 X、Y、Z 梯度及对应的梯度功率放大器等组件，为提高梯度性能，GE、飞利浦等公司提供了两种不同的梯度场供选择，如图 15-9 所示，有两套梯度线圈及其相应的放大器。

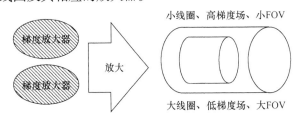

图 15-9　双梯度系统

三、射频系统

射频系统是 MRI 系统中实施射频激励产生射频场 B_1 并接收和处理射频信号（radio frequency signal，RF 信号）的功能单元。射频系统不仅要根据序列的要求发射各种翻转角的射频脉冲，还要接收成像区域内的磁共振信号。一般来说，磁共振信号只有 μV 的数量级，因而射频接收系统的灵敏度和放大倍数都要非常高。

（一）射频线圈

射频线圈既是氢质子发生共振的激励源，又是磁共振信号的探测器。射频线圈中用于建立射频场的称为发射线圈，用于检测 MR 信号的称为接收线圈。

射频线圈的主要指标有信噪比（signal-noise ratio，SNR）、灵敏度、射频场均匀性、线圈品质因数、填充因子及线圈的有效范围等。提高信噪比是设计线圈的最主要目的；线圈的灵敏度是指接收线圈对输入信号的响应程度，灵敏度越高，越可检测微弱的信号，但同时噪声水平也会增加；射频场均匀性是指射频发射场或接收磁共振信号的均匀性，它与线圈的几何形状密切相关，其表面线圈的均匀性最差；品质因数（Q 值）指线圈谐振电路的特性阻抗与回路电阻的比值；填充因子为样品体积与线圈容积之比，它与线圈的 SNR 成正比；线圈的有效范围是指激励电磁场可以到达的空间范围，它取决于线圈的几何形状，有效范围越大，成像视野越大，其信噪比越低。

（二）射频脉冲发射单元

射频脉冲发射单元的功能就是在射频控制器的作用下，提供扫描序列所需的各种射频脉冲，即能够产生任意角度的射频脉冲。射频发射电路是通过连续调整 B_1 的幅度来改变射频脉冲翻转角度的。发射单元主要由射频控制器、振荡器、频率合成器、波形调制器、放大器、终端发射匹配电路及发射线圈组成。图 15-10 为射频发射单元的组成及其发射通道。由振荡器产生的电磁波首先被收入到频率合成器，射频波的频率在此得以校正，使之完全符合序列的需要。在这一过程中，射频脉冲要经过多级放大，使其幅度得以提高。射频脉冲发射单元的最后一级为功率放大级，它输出一定发射功率的射频脉冲波。这一射频脉冲波要通过一个阻抗匹配网络进入射频线圈。阻抗匹配网络在这里起到缓冲器和开关的作用。有些线圈既是发射线圈又是接收线圈，必须通过阻抗匹配网络进行转换。射频发射时，它建立的信号通路阻抗非常小，使线圈成为发射天线；射频接收时，它建立的信号通路阻抗非常大，使线圈成为接收天线。

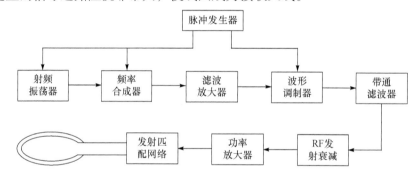

图 15-10　射频发射单元的组成及其发射通道

脉冲功率放大器是射频发射单元的关键组成部分，它通过逐级放大实现，并将固体电路推动级与真空管末级相结合。一般要求它不仅能够输出足够的功率，还要有一定宽度的频带和良好的线性。此外，功率放大器的工作必须是非常可靠的。

为了产生理想的射频场，线圈的设计应使得它产生的射频场尽可能均匀，且在共振频率处有极高的 Q 值。在 MRI 系统中，线圈的性能不仅取决于所用的元件和电路形式，还取决于它的几何形状以及对分布参数的利用技术。

（三）射频信号接收单元

射频信号接收单元的功能是接收人体产生的磁共振信号，并经适当放大处理后供数据采集单元使用。它由接收线圈、前置放大器、混频器、相敏检波器及低通滤波器等组成。图 15-11 是射频信号接收单元的组成及其接收通道。

前置放大器是射频接收单元的重要组成部分。从接收线圈中感应出的 MR 信号只有微瓦数量级的功率，这就要求它既要有很高的放大倍数，又要有很小的噪声，为减少信

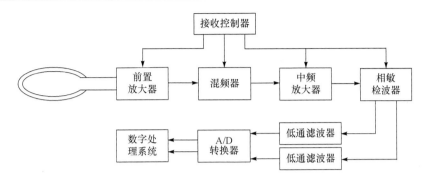

图 15-11　射频系统的接收单元

号在电缆上的损失，前置放大器应尽量接近接收线圈，并使发射器与前置放大器绝缘。前置放大器要对 1μV 以下的信号发生反应。同时，在工作频率附近，要求有较为平坦的信号经前置放大器放大后到达混频器。为了提高放大器的灵敏度与稳定性，在这里一般采用外差接收的方法，使信号与本机振荡混频后产生一个中频信号，该信号经中频放大器进一步放大后送往相敏检波器。

　　相敏检波又称正交检波。对于频率和相位均不同的信号，相敏检波器有很高的选择性，因而可得到较高的 SNR，也就有可能将其用在 SNR 小于 1 的信号的积累实验中。相敏检波器输出两个相位差为 90°的信号，其幅值分别正比于输入信号的振幅和相位，这两个信号即为 MR 信号的实部和虚部，该信号经两个低通滤波器，滤除其中混杂的交流成分后送至 A/D 转换器供数据采集系统使用。由此可见，高频噪声在数字化时并不进入信号频谱。

　　在二维傅里叶（2DFT）成像中，体素的空间定位信息均包含于 MR 信号中，即信号的频率和相位特性实际上代表了体素的空间位置，为了在图像重建中能够还原出体素的空间信息，必须在信号采样前用硬件将两者区分开，这就是采用相敏检波的原因。线圈中得到的 MR 信号的实部与虚部，实际上是横向磁化矢量 M_{xy} 在 X 与 Y 轴上的分量，因此相敏检波分离出的两个相位差为 90°的信号就是 MR 信号的实部和虚部。

四、信号采集和图像重建系统

　　数据采集是指对相敏检波后的两路信号分别进行 A/D 转换，使之成为离散数字信号的过程。这些数字信号经过累加及变换处理后就成为重建图像的原始数据。图像重建的任务则是根据 K 空间中所提供的原始数据来计算可显示的灰度图像。K 空间也称傅里叶空间，是带有空间定位编码信息的 MR 信号原始数据的填充空间。数据采集和图像重建是磁共振成像的最后一步。

　　信号采集单元的核心是 A/D 转换器。转换速度和精度是 A/D 转换器的两个重要指标。A/D 转换的过程可分为采样和量化两个步骤，这两个步骤的快慢都将影响 A/D 转换的速度。转换精度一般以输出二进制数据的位数来表示，A/D 转换器进行 MR 信号的数字化，再经一定的数据接口送往接收缓冲器等待进一步处理。

　　A/D 转换所得数据还不能直接用来进行图像重建，它们在送入图像处理单元之前还需进行一些简单的处理，这些处理包括传送驱动、数据的拼接和重建前的预处理等。为了叙述方便，可以把未经处理的数据称为 ADC 数据，把经过拼接的带有控制信息的数据称为测量数据。此外，通常还把在图像处理单元中经过预处理的测量数据称为原始数据。原始数据经重建后便得图像（显示）数据。ADC 数据是关于信号的基本数据，不包括任何控制信息及标识信息，对 ADC 数据的处理首先是加入图像重建必需的其他信息，包括扫描定位信息、ADC 数据的类型（实部/虚部）及生理信号门控数据等。

图像重建在主控计算机中通过运行有关软件来完成。由于其数据量及运算量都很大，软件重建的速度太慢，目前都在专用的图像处理计算机（图像处理器）中进行图像重建，在高速图像处理器中，每秒钟可重建几千幅图像。

图像处理器是专用的并行计算机，它通常由数据接收单元、数据预处理单元、高速缓存、控制部件、直接存储器存取通道和傅里叶交换器等组成。在 2DFT 成像方法中，图像重建所进行的运算主要是快速傅里叶变换（fast Fourier transform，FFT）。FFT 的快慢，基本上决定着图像重建的速度。图像重建速度是 MRI 系统的重要指标之一。

五、主计算机和图像显示系统

在 MRI 系统中，计算机（包括微处理器）的应用非常广泛。各种规模的计算机、单片机、微处理器，构成了 MRI 系统的控制网络。

主计算机又称主控计算机、中央计算机。它介于用户与 MRI 的谱仪系统之间，其功能主要是控制用户与磁共振各子系统之间的通信，并通过运行扫描软件来满足用户的所有应用要求。此外，随着医学影像标准化的发展，主计算机还必须提供标准的网络通信接口。为了提高系统的运行效率，主计算机一般采用性能较好的小型机或工作站，还有采用双机并行的主计算机，使整个系统的可靠性明显提高。

在 MRI 扫描中，用户进行的活动主要有受检者登记、扫描方案制订、图像调度（显示及输出）以及扫描中断等。这些任务都要通过主计算机的控制界面（键盘、鼠标）来完成。序列一旦开始执行，控制权就交给了测量控制系统，此后便可在主计算机上进行其他操作。

主计算机系统由主机、磁盘存储器、光盘存储器、控制台、主图像显示器（主诊断台）、辅图像显示器（辅诊断台）、图像硬复制输出设备（多幅相机或激光相机）、网络适配器以及谱仪系统的接口部件等组成。主图像显示器通常又是控制台的一部分，用于监视扫描和机器的运行状况。

六、磁共振成像设备的保障体系

除了构成磁共振成像设备的必要部件外，MRI 系统正常工作还必须装备一定的保障设备，如磁屏蔽、射频屏蔽、水冷系统、空调系统、电源系统等外围设备。

（一）磁屏蔽

磁屏蔽是指用高饱和度的铁磁性材料或通电线圈来包容特定容积内的磁力线。它不仅可防止外部铁磁性物质对磁体内部磁场均匀性产生影响，而且能明显削减磁屏蔽外部

杂散磁场的分布。MRI 系统的磁屏蔽分为有源和无源两
种，有源屏蔽是指由一个线圈或线圈系统组成的磁屏蔽。
与工作线圈（内线圈）相比，屏蔽线圈可称为外线圈。
这种磁体的内线圈中通以正向电流，以产生所需的工作
磁场。外线圈中则通以反向电流，以产生反向的磁场来
抵消工作磁场的杂散磁场，从而达到屏蔽的目的。无源
屏蔽采用铁磁性屏蔽体，它因不使用电流源而得名，如
图 15-12 所示。

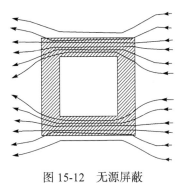

图 15-12 无源屏蔽

（二）射频屏蔽

由发射单元与接收单元组成的射频系统是 MRI 系统的重要组成部分。发射单元按照
拉莫尔频率发射射频脉冲，是磁共振的激励源；接收单元则在质子的弛豫阶段接收磁共
振信号。由于发射单元的功率高达数千瓦，工作时产生的射频脉冲又处于电磁波谱的米
波段，极易干扰邻近的无线电设备，另外线圈接收的共振信号功率为纳瓦级，又容易受
干扰而淹没。因此，MRI 的磁体间需要安装有效的射频屏蔽。

常见的射频屏蔽用铜板或不锈钢板制作，并镶嵌于磁体室的四壁、天花板及地板内，
以构成一个完整的、密封的射频屏蔽体。上述六个面之间的接缝应当全部叠压，并采用
氩弧焊、无磁螺钉等工艺连接，地板内的射频屏蔽还需进行防潮、防腐和绝缘处理，所
有屏蔽件均不能采用铁磁材料制作。

关门后，磁体室门和墙壁间的屏蔽层要密切贴合，观察窗的玻璃间应用铜丝网屏蔽
体，其规格的选择要满足孔径小于被屏蔽电磁波波长的条件，即电磁波的频率越高，要
求铜网的孔径越小。进出磁体室的电源线、信号线均应通过滤波板，以有效地抑制射频
干扰，所有进出磁体间的送风管、回风口和氦气回收管等穿过射频屏蔽时必须通过相应
的波导管。此外，整个屏蔽体须通过一点单独接地，其接地电阻要小于规定值。屏蔽
工作完成后，应邀请有关专业机构按国家标准对其进行质量检测。门、观察窗、波导
管和滤波器周围要重点测试，总的要求是各墙面、开口处对 15~130MHz 信号的衰减
不低于 90dB。

（三）水冷系统

由于液氦昂贵，降低磁体的液氦消耗量一直是 MRI 磁体制造商追逐的目标之一。除
了在磁体制造方面采用高性能的保温材料和保温技术外，目前还广泛采用磁体冷却系统
来减少液氦的蒸发，磁体冷却系统通常由磁体中的液氦及液氮冷屏、冷头、氦压缩机（简
称氦压机）和水冷机系统组成。

在磁体的低温容器顶部装有一个二级膨胀的冷头（制冷机），它用冷氦气来维持冷屏
的温度。氦压缩机和水冷机组都是与此配套的设备，氦压缩机中充以高纯度的氦气，并通
过绝热软管与冷头相连。工作时，从冷头循环而来的热氦气被压缩至 22bar（1bar=10^5Pa）
左右，温度升高，此高温高压氦气在热交换器中与压缩机油交换热量，使得温度迅速下降，
成为低温氦气。低温氦气经油水分离器滤除其中的油滴，送至冷头制冷用。

氦压缩机采用水冷却方式，它的散热器被冷水管包绕，产生热量最终由循环冷水带走，而这里的冷水正是由系统中的水冷机提供的。水冷机一旦出现故障，氦压缩机会因高温报警而立即停转，冷头就不能制冷，这时冷屏温度逐渐上升，辐射漏热增多，液氦蒸发率将成倍升高，因此必须有可靠的水冷机作为 MRI 系统正常运行的保证。

（四）其他保障系统

1. 空调系统

MRI 系统各电子柜、图像处理器、控制计算机、氦压缩机和电源等设备工作时都会产生一定热量，使室温升高，影响系统的可靠性。MRI 系统对环境的要求一般为室温（21℃±3℃）、相对湿度为 50%～65%。现在的精密空调由于都可进行温度和湿度的双重控制，经过适当的设置很容易满足 MRI 系统的要求。

2. 不间断电源

不间断电源（UPS）是一种位于市电和用户负载之间的、可连续高质量供电的新型电源设备。有了 UPS，即使市电不正常或发生中断，它也能向负载提供符合要求的交流电，从而保证一些重要设备的不间断工作。

计算机等高级电子系统的电源中都装有欠压保护电路，在电网欠压或突然中断后，其滤波电容的能量一般可维持 10ms 左右的时间。如果 UPS 能在此时间间隔内接续供电，就不影响负载的正常工作。这一时间称为 UPS 的过渡时间，它是 UPS 的重要指标之一。目前 UPS 的过渡时间已能减少到 10ms 以下，许多 UPS 的过渡时间甚至接近于零。显然，过渡时间越短，断电时对设备的影响就越小。断电后 UPS 通过释放储存的能量来暂时提供负载所需要的电能，它能供给电能的时间就是 UPS 的后备时间。由于 UPS 的能量也储存于大容量的蓄电池中，后备时间不可能太长，一般够进行断电后的禁忌作业处理即可。随着后备时间的延长，UPS 的成本将成倍提高。

在正常情况下，市电电源经整流器将交流变为直流（整流），该直流电对储能装置蓄电池组进行浮充电，同时又对逆变装置供电。逆变器再将直流电变为交流电，并向负载供电。由于蓄电池已在浮充状态，即在充分储能状态，故当市电突然中断时，逆变器用蓄电池的储能几乎可以毫无间断地对负载提供高质量的交流电。

UPS 通过从交流到直流，再从直流到交流的双能量转换，总能提供平稳和连续的电源输出。除了连续供电，使用 UPS 还可改善输出电源特性。对 MRI 系统来说，配备 UPS 是在突然断电后，保证受检者和设备安全的唯一措施。

UPS 的功率由 MRI 系统的总功耗（包括氦压缩机）选定，并注意留有 30% 左右的余量。例如，当 MRI 系统的总功耗为 45kVA 时，就应选购功率为 60kVA 左右的 UPS，所用 UPS 的后备时间要大于 15min，以便给工程技术人员进行断电处理留出足够时间。

3. 安全监测

为了保证 MRI 系统的安全运行，下述监测设施是必不可少的。

（1）警告标志：MRI 的建筑物周围及各通道口都应设置明显的警告标志，防止装有心脏起搏器等体内电子植入物的受检者误入高斯线内。

（2）金属探测器：在磁体间入口处要安装可调阈值的金属探测器，以免铁磁性物体带入室内。

（3）氧气监测器及应急排气机：磁体制冷剂挥发后将产生大量氮气和氦气，使得磁体室内的氧含量大幅度下降。因此，有必要在磁体室内安装氧气监测器，且当氧浓度降至 18%（人体所需的最下限氧浓度）以下时，它应能自动启动应急排气机排气。给磁体补充液氦时，有可能使氧含量过低，所以更要适时排气。

（4）断电报警装置：市电停止后，该装置应立即触发报警，提示工程人员进行断电处理。断电报警装置的电源可由 UPS 提供。

（5）紧急断电开关：在磁体室、控制室和设备室墙壁的明显部位都应安装系统紧急断电开关，以便在受检者或设备安全受到威胁时迅速切断电源。

第二节　磁共振成像设备的日常维护及保养

（1）电气环境：MR 设备对环境要求非常高，另外对电源地线、温度、湿度、信号干扰屏蔽等也有很高的要求。温湿度超过所设定的范围，机器均无法扫描。任何信号对电源地线或者扫描间的干扰，均会对扫描图像产生干扰。电压为 380V±38V，频率为 50Hz±0.5Hz。三相相间电压的差值最大波动不得超过最小相电压的 2%。温度为 22～26℃、温度变化率小于 3℃/h、湿度为 30%～60%、湿度变化率小于 5%/h。

（2）水冷系统：水冷系统是 MR 机重要的外围设备之一，承担着对梯度线圈和氦压机进行冷却的任务，直接关系到磁共振系统能否正常工作。除了定期更换水冷系统的冷却水、清洁管路外，日常工作中还要熟悉水冷机正常工作状态下的数值，定期观察并记录操作面板及各个压力表上的数据显示，保证在第一时间发现故障，减少因故障排查、维修带来的经济损失。

（3）氦压机：氦压机 24h 不停运转，保证 MR 机始终处于超导状态。氦压机工作时发出有规律的声音。日常工作中，通过监听氦压机的工作声音、监测并记录氦压机的压力及液氦的容量显示，判断氦压机是否处于正常工作状态，并在液氦量小于 65%时及时补充液氦，从而保证 MR 系统正常运转。

（4）超导磁体：超导磁体是患者直接接触的检查装置，由于其存在强大的磁场，在对患者进行检查前，务必由专人向患者及其陪同人员说明，不能携带任何铁磁性物质进入磁体间。

（5）扫描床：在日常工作中，要注意扫描床的运行状态，包括扫描床移动、升降或与磁体连接时是否有东西阻碍，运行是否流畅，定位是否准确。对活动部位定期进行清理，查看有无异物存留，及时给扫描床升降装置加油。

（6）扫描线圈：接收线圈是磁共振系统信号数据接收的精密部件，线圈由高材质铜片构成，通电后线圈形成电磁回路，产生大电流。在日常工作中，线圈要轻拿轻放，拔插电缆时要注意保护电缆和接口。定期检查线圈连接，对床体上所有线圈插口进行清洗，并对线圈进行图像质量检测。

（7）图像质量控制：为了保证 MR 图像质量真实、准确，除了以上对 MR 设备各部分硬件系统的监测外，还需要定期测量图像固定区域的信噪比、分辨率、低对比分辨率，并对所获得的数据进行记录及分析。测试工作可以分为日测、周测、月测及年度测试，有条件的医院可以采用厂家提供的专用测试体模，若没有，也可以使用系统装机附带的常规体模。

第三节　磁共振成像设备的常见故障及维修实例

目前市场上最常见的磁共振成像设备生产厂家有美国 GE 公司、德国西门子公司和荷兰飞利浦公司，本节以 GE 公司的 signaHDxt、西门子公司的 Avanto、联影公司的 uMR586 为例介绍磁共振成像设备的常见故障。

一、GE 公司 signaHDxt 型 3.0T MR 设备的故障实例

（一）故障现象

设备在正常开机登记患者资料后发现无法扫描，出现如下报错："Reference Scan has stopped. NO MrMail available"。采取以下措施均未能解决问题：重新插拔线圈、运行"TPS-reset"、重新关机后开机。查看系统故障信息后发现如下故障记录："Dummy packet was sent to TPS by Scan because Scan couldn't get Start Recon reply processing"。

（二）故障分析

根据报错记录，认为问题可能出现在数据重建过程，鉴于此前出现过容积重建引擎（volume frecon engine, VRE）故障，所以检测重点为 VRE。VRE 位于电源、梯度及射频（power gradient RF, PGR）系统机柜内部，用于图像重建，它由一台接口控制通知（interface control notification, ICN）的 Sun 服务器以及两块容积数据接收滤波器（volume data receiving filter, VRF）的接口卡组成。两块 VRF 均位于 ICN 的后部，分别通过光纤与信号接收装置（receiver）连接，其作用是转换来自于接收装置的光信号。ICN 接收来自 VRF 的校准数据并发送至接口及远程控制（interface and remote functions, IRF）。IRF 与应用网关处理器（application gateway processor, AGP）、序列相关功能（sequence relate functions, SRF）和触发及旋转功能（trigger and rotational functions, TRF）共 3 块电路板共同组成"序列控制子系统"。ICF 为序列控制子系统与信号发射装置（exciter）、receiver 与梯度子系统之间提供通信接口。AGP 一方面通过以太网（Ethernet）与磁共振主控计算机进行通信，另一方面通过外设部件互联标准（peripheral component interconnect standard, PCI）总线与 SRF&TRF 板进行连接。AGP 的作用是接收来自主控计算机的序列指令并将这些指令发送给 SRF&TRF，SRF&TRF 则会依据指令产生射频及梯度波形。IRF 板的作用则是为序列控制子系统与 exciter、receiver 及梯度子系统之间提

供通信接口。例如，在技师选定好扫描序列及扫描参数后，主控计算机会将序列信息传输给 AGP，而 AGP 会将信息转发给 SRF&TRF，由 SRF&TRF 产生的控制信号将会通过 IRF 发送给 exciter、receiver 等部件从而使扫描序列得到执行。图 15-13 为上述部件的连接示意图。

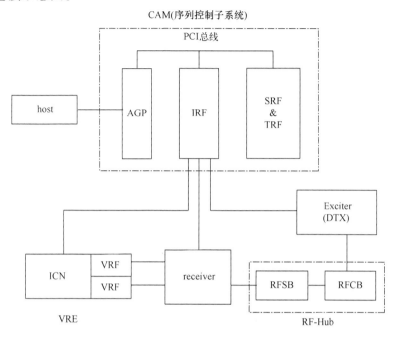

图 15-13　系统连接图

signaHDxt 3.0T MR 的 VRE 是由 4 块 ICN 面板（ICN1～4）共同组成的，在重建过程中只要一块面板出现故障，就无法重建图像。在此故障出现前不久曾更换过 ICN3 面板,结合本次故障第二条记录显示 VRE 未能正常工作,重点怀疑故障原因主要在于 VRE。首先需判断通信是否正常，需确认 PGR 系统机柜内 VRE 面板上的 VRF 接口光纤正确连接,检查发现网线接口处黄灯正常显示。然后进入 Service 界面,选择 Diagnostics→System Function→Recon→VRE Communication Diagnostics，检测未通过。该测试可以检测主机（host）与 VRE 开关、VRE 开关与 ICN 以太网通信网络是否通畅，三者的网络连接如图 15-14 所示。运行 Diagnostics→System Function→Recon→VRE Reconstruction Diagnostics 测试显示 "failed"。采用 Utilities→Toolbox→VRE→ICN Identification 检测发现 ICN1、ICN2、ICN4 测试可通过，ICN3 未通过，基本明确故障原因。

（三）故障处理

多次尝试 Reboot ICN3 均失败，需重新更换 ICN3 面板，由于当前未能及时找到新的 ICN3 配件，需对 VRE 进行重新配置。

（1）打开 PGR 系统机柜，在如图 15-15 所示 ICN 的 VRE 光纤接口板上移除 ICN3、ICN4 的 VRE 开关连接光纤。

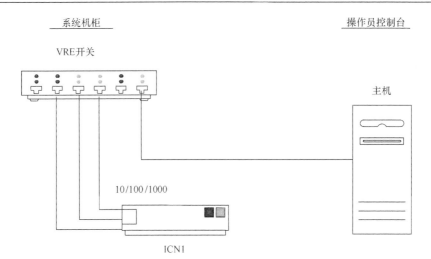

图 15-14　主机、VRE 开关、ICN 网络连接示意图

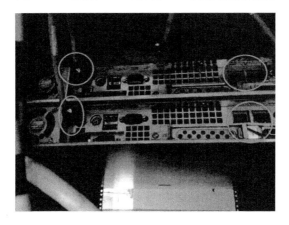

图 15-15　ICN 的 VRE 光纤接口

（2）原来设备重建采用 VRE Blades 为 4，在 ICN3 故障的前提下，采用正常的 ICN1 及 ICN2，空置 ICN3 和 ICN4。设置 VRE Blades 为 2。设置过程如下：进入 Service 界面，在如图 15-16 所示的界面上进行以下操作：VRE Configuration→Configure Blades→please select the number of VRE Blades connected 界面，输入 2 后单击"OK"，进行 VRE 重新配置，待机器识别 ICN1、ICN2 IP 地址（若机器暂时无法识别，此步骤可重复进行）并重启，最后出现如图 15-17 所示的界面即配置成功。

（3）VRE 配置成功后随即进行系统重启，设备可正常扫描，但重建图像速度不及故障前。欲提高重建速度，则需更换 ICN3 面板后，重新配置 VRE Blades 为 4。

（四）讨论与总结

通过对现象中故障的分析和处理，可知 VRE ICN3 面板的故障将导致设备无法正常扫描。在处理过程中，通过对 VRE 的重新配置，弃用故障的 ICN3 及正常的 ICN4 面板，达到基本解决问题的目的。

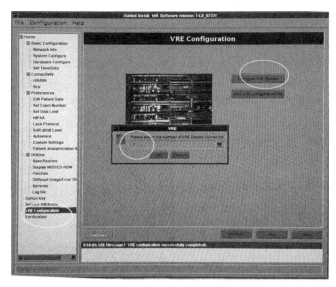

图 15-16　VRE 配置过程

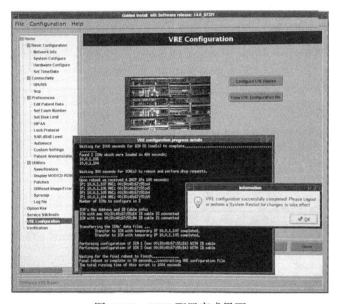

图 15-17　VRE 配置完成界面

二、西门子公司 Avanto 型 1.5T MR 设备的故障实例

（一）故障现象

现象一：设备正常开机后，腹部、脊柱、关节均可正常扫描，在进行颅脑扫描时，常规扫描 FSE T2WI、flair T1WI、flair T2WI 均正常，而进行 DWI 序列扫描时，经常中断并出现报错。报错信息如下："Coil change while scanning"。重新插拔线圈后，有时可正常扫描，有时仍出现扫描中断现象并需多次插拔线圈才可获得图像。

现象二：接到市电断电通知，设备正常关机。正常供电后开机，报警盒上"compressor"

提示灯提示报警，进入磁体间检查发现未听到正常工作时冷头发出的"咔嚓、咔嚓"的声音，机架处于断电状态。根据故障现象，首先判定机架供电电源不正常。进入设备间检查，发现墙上的供电电源指示灯处于红灯状态（正常为绿灯），提示总电源断开。打开总电源并确保电路电压正常，重新开机后显示设备机架供电，但仍未听到正常工作时冷头发出的"咔嚓、咔嚓"的声音，报警盒上"compressor"提示灯仍提示报警。查看设备间的氦压缩机、水冷机，发现水冷机散热风机不转动，机组内未听到"嗡嗡"的工作声。

（二）故障分析

现象一：根据故障现象及报错记录，认为该故障出现的最大问题可能存在于颅脑线圈。仔细观察 FSE T2WI、flair T1WI、flair T2WI 图像，未发现明显异常伪影。鉴于颅脑扫描只有 DWI 才出现报错的情况，认为最大的故障原因在于线圈本身或线圈接头连接处。

先检查线圈插座，用无水乙醇清理检查床上线圈插座处的灰尘，未发现异常。检查线圈接头，发现接头处插针粘有如图 15-18 所示的异物。磁共振成像设备工作时，梯度场在快速切换状态下工作，与主磁场相互作用产生洛伦兹力，可引起设备振动。常规 FSE T2WI、flair T1WI、flair T2WI 扫描采用 SE 或 IR 序列，梯度切换不如 EPI 序列快，振动幅度较小，一般不出现线圈接头松开的情况。而 DWI 采用 EPI 序列扫描，EPI 序列成像需要梯度场的高速切换，故 DWI 扫描时，高速切换梯度场产生较大的洛伦兹力从而导致检查床等设备振动幅度加大，较大的振动幅度可引起检查床上的线圈接口处插针与插座接触不良，从而出现 MR 信号回路中断的现象，导致扫描中断。该故障可在重新插拔线圈接头后消除，也从一定程度上提示维修者故障原因可能在于线圈接头。

现象二：水冷机工作时很明显的一个现象为散热风机高速旋转，在该故障中，风机不启动，由此判断该故障为水冷机未正常工作导致的设备故障。

制冷系统是磁共振关键的外围设备之一，其功能正常与否直接关系到磁共振设备能否正常工作。如图 15-19 所示，磁共振维持超导和制冷的装置主要由冷头、氦压缩机、水冷机及相互连接的绝热软管线组成，并要求 24h 不间断地工作。冷头的主要任务是制造冷量，并把冷量传递到保温层，而保温层内部的液氦层可以利用保温层和外界环境隔绝，降低液氦的热挥发。冷头在制冷过程中产生的热能

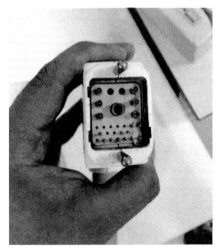

图 15-18　线圈接口异物

则通过和氦压缩机相连的连接管传给氦压缩机，而氦压缩机工作时产生的热量及冷头带回的热量都靠水冷机来降温。

本次故障的直接原因为医院电源断开。在市电断电而重新供电后，磁共振成像设备重新开机，氦压缩机、水冷机同时打开，由于氦压缩机一工作即产生大量的热量，而此

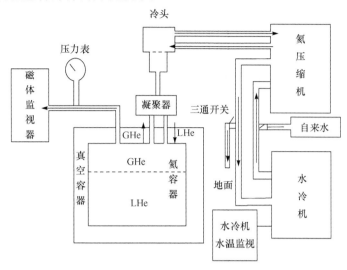

时水冷机处于未工作状态，无法完全带走这些热量，导致氦压缩机因热保护而停机并影响冷头正常工作。因此，在医院电源故障时，需密切关注氦压缩机、水冷机的工作状态，在重新开机时需注意各部件的开机顺序。

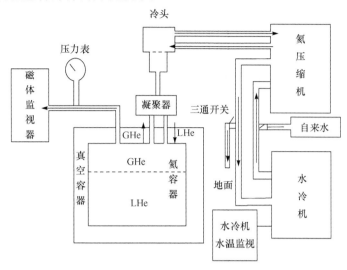

图 15-19　超导磁共振冷却系统的组成

水冷机是频繁开关的大功率部件，但易受外界的干扰，如打雷或其他大功率设备的使用都可造成水冷机工作异常。氦压缩机的正常运作是保障系统制冷的关键。因此，在日常工作中，对设备维持超导和制冷的装置检查与记录是必需的。

（三）故障处理

现象一：清除线圈接口处异物，清洁线圈接头，机器恢复正常。

现象二：通过进一步检查设备制冷装置，打开设备间的机柜，发现氦压缩机和水冷机均未正常工作。按照一定顺序（先打开水冷机，再打开氦压缩机）重新开机后，冷头工作正常。

（四）讨论与总结

在日常工作中，要求设备操作人员规范操作，定期清洁磁体孔径内表面，清除异物。线圈使用的过程中要注意线圈接头处的异物，定期用无水乙醇清理灰尘。

在每天开机工作前和下班关机后均需监听冷头工作的"咔嚓、咔嚓"声，由此来判断氦压缩机的工作情况。同时要定期查看并记录氦压缩机的压力和液氦水平。尽管氦压缩机一般都有断电后重启的功能，防止意外断电，但最好在维护保养或通知停电之前将氦压缩机空气开关关闭，待维护保养或通电后再打开空气开关，尽可能减少冷头的损坏。

工作人员需要掌握并了解磁共振制冷系统的工作原理和工作流程，特别是在制冷系统出现故障时正确的处理方法，才能在制冷系统失效时能迅速有效地解决问题，让设备恢复正常工作。

三、GE 公司 signaHDxt 型 1.5T MR 设备的故障实例

（一）故障现象

系统开机正常，无任何报错信息。上一位患者检查部位为腹部。发生故障时，检查部位为颅脑。插上 8 通道颅脑（brain）线圈后，线圈指示灯显示正常（绿灯），但当选定序列开始扫描时，无正常扫描时发出的共振声音，同时系统信息提示栏提示故障信息。报错信息为："Multicoil bias fault-open circuit, scan abort"。更换为腹部线圈及 CTL 线圈，均可正常扫描。重新使用 brain 线圈，同一故障再次出现。

（二）故障分析

磁共振系统所有接收线圈共用发射、接收、控制部分，在本次故障中采用其他线圈，如 CTL 线圈及腹部线圈，都可正常扫描，由此可以推断整个系统和其他线圈工作状态均正常，故障最大可能为 brain 线圈故障。

在磁共振工作原理设计中，每次扫描前，系统都要做很多检测来测试系统状态是否正常。GE HD 系统有一个线圈连接识别检测系统，每个线圈里都有一个 Coil ID chip，即线圈身份识别号，在线圈插入线圈座后，先是插座上方的红色发光二极管点亮，当线圈被系统识别后，绿色的发光二极管点亮，红色发光二极管熄灭。在本次故障中，连接 brain 线圈后，绿色指示灯亮，说明线圈可正常识别。对于接收线圈，系统还需检测其偏置电压是否正常，因为线圈只有被加上正常的偏置电压后，才能开始扫描。早上开机后，系统正常，腹部扫描未出现报错。但更换 brain 线圈后，不能扫描，而且系统的报错信息 "Multicoil bias fault-open circuit" 是指线圈偏置电路已经处于开路状态，故可判断故障出在线圈本身。

对照线圈接头电路，用万用表二极管测量挡测量互相对应的插孔，发现其中一组插孔的正向及反向电阻均为无穷大，意味着这组线圈插孔是断开的，打开线圈的电路板盖，发现其中一个光电二极管击穿。

（三）故障处理

更换该击穿的二极管后，brain 线圈故障消失。

（四）讨论与总结

MR 接收线圈是成像过程中必不可少的部件，并且种类繁多，不同成像部位需采用不同的接收线圈，这就意味着在日常使用中每检查一个部位需重新更换一次接收线圈。同时，随着多通道线圈的广泛使用，线圈接口处的插针越来越精细，在插拔过程中很容易出现折断现象，故接收线圈在使用过程中的长期频繁更换导致其普遍存在较高的故障率。

在实际工作中，患者上下床摆位时容易使线圈皱折或局部严重变形，造成线圈内部的铜带断裂或脱焊，导致多通道线圈某一线圈单元出现伪影。采用多通道线圈成像时，即使设备可正常扫描，一旦发现图像上出现如图 15-20（a）所示低信号区域，且该低信号区域位置与线圈实际摆放几何位置相对应，提示多通道线圈的某一线圈通道或某一线圈存

在问题，也需进一步检查线圈以便及时排除故障。根据经验认为在多通道线圈成像中，某一个线圈或通道发生故障时，并不一定只表现为低信号，有时也可表现为如图 15-20（b）所示的高信号区域，此时往往需要结合 asset Calibration 图像及其他切面的图像来进一步观察。

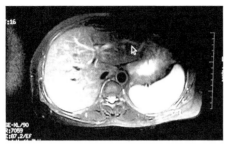
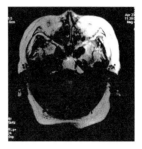

(a) 低信号区域　　　　　　　　　　(b) 高信号区域

图 15-20　线圈或通道发生故障时图像的信号表现

　　对线圈通道的检查有以下几种方式：①最简单实用的方式就是采用万用表。如图 15-21 所示，将万用表测量挡设置在二极管测量，测量互相对应的线圈插孔，正向可测得一个较小的电阻值，反向电阻为无穷大。②通过扫描水模的方式进行查找。8 通道颅脑线圈各个通道扫描水模信号如图 15-22 所示，若某一信号通道的信号较差，则强烈怀疑该通道存在问题。③采用设备自带的检查软件，对各个通道的 SNR 进行测试。

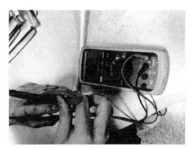

(a) 正向测量　　　　　　　　　　(b) 反向测量

图 15-21　万用表测量线圈通道

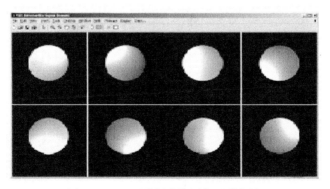

图 15-22　8 通道颅脑线圈各通道信号

四、联影 uMR586 型 1.43T MR 设备的故障实例

（一）故障现象

在扫描过程中，设备报错："host 与 MCIR 正在建立连接请等待 10min，若问题依然存在，请重启系统，若问题依然存在，请联系联影客户服务中心。"此时设备可执行完整的序列扫描，但是不出图像。若持续启动扫描，最后报错结果为："无法启动扫描"。关机后重新开机，在开机过程中出现以下提示："host 与 MCIR 正在建立连接请等待 10min"。开机完成后，在短时间内可正常执行序列扫描指令，在完成多个患者扫描后，设备出现报错："host 与 MCIR 正在建立连接请等待 10min，若问题依然存在，请重启系统，若问题依然存在，请联系联影客户服务中心。"多次开关机后，设备故障现象依旧。

（二）故障分析

设备报错后，关机后重新开机，设备可正常扫描，怀疑为硬件间歇性故障。根据故障报错信息，初步判断为网络通信故障，需要排查主机（host）与多功能输入/输出（MCIR）间网络通信。

（三）故障处理

在设备执行关机指令后，在不断电的情况下，观察 host 及 MCIR 端的网络端口指示灯，正常亮起。拔插 host 及 MCIR 端网线，故障依旧。更换备用集线器（hub），开机后故障排除，设备正常工作。

（四）讨论与总结

集线器（hub）的主要功能是对接收到的信号进行再生整形放大，以扩大网络的传输距离，同时把所有节点集中在以它为中心的节点上。在联影 uMR586 磁共振成像设备中，集线器连接的部件包括 24 小时设备监控中心（device control center，DCC）、主机（host）、图像重建器（image reconstruction system，IR system）、显示屏主机（DDP PC）、扫描控制（machine control，MC）LAN1、MC LAN2。每个部件具有各自的 IP。若发生通信异常，最简单的故障排除方式为：在主机端分别 Ping 各部件的 IP，若全部部件均不通，则可判读为 hub 故障或主机与 hub 间的连接故障，若单个部件不通，则极大概率为该部件发生故障。

MRI 设备的维修案例

第十六章 医用电子直线加速器

加速器是真空中用电磁场将带电粒子加速到很高能量的一种装置。医用电子直线加速器（medical electronic linear accelerator）是一种比较复杂的大型放射性治疗设备，涉及诸多学科和技术，如加速器物理、核物理、无线电、电工学、自动化控制、电磁学、微波技术、电真空、机械、精密加工、电子计算机、制冷、流体力学等，是产生高能电子束的装置。它是利用微波电磁场对电子进行加速，并使其具有直线轨道的一种装置，经过加速后的电子直接或经转换成 X 射线后供放射治疗使用。因此，医用电子直线加速器既可利用电子束对患者病灶进行照射，也可利用 X 射线束对患者病灶进行照射，杀伤肿瘤细胞。

第一节 医用电子直线加速器的结构

医用电子直线加速器按照微波传输的特点分为行波和驻波两类，其基本组成结构包括电子枪、加速管、微波功率源（磁控管或者速调管）、波导管（隔离器、射频（RF）微波源监测器、移相器、RF 吸收负载、RF 窗等）、脉冲调制系统、束流运输系统、真空离子泵、机械运动部分、水冷却系统、控制系统等，如图 16-1 所示。

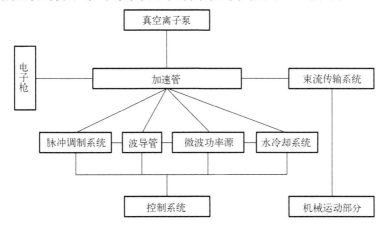

图 16-1 医用电子直线加速器基本组成结构图

（1）电子枪。电子枪的主要作用是发射电子，分为二极枪和三极枪。二极枪包括阴极、灯丝、聚焦极、阳极。三极枪是在二极枪的基础上加一个控制栅极，栅极控制产生束流的大小和宽度。行波医用电子直线加速器的电子枪的阴极采用钨或钍钨制成，有直热式、间接式和轰击式三种加热方式；驻波医用电子直线加速器的电子枪由氧化物制成。

（2）加速管。加速管是医用电子直线加速器的核心部分，电子在加速管内通过微波电场加速，按其加速原理可分为行波加速管和驻波加速管。加速管主要有两种基本结构：盘荷波导加速管和边耦合加速管。其中，盘荷波导加速管应用于行波电子直线加速器，其内部结构就是内嵌有中间带孔的圆形盘片的圆形波导管，盘片按一定规律放置，将加速管分割成不同的加速腔体，改变圆盘间的间距可以改变波的传播速度，起到减慢行波相速的作用。边耦合加速管应用于驻波电子直线加速器，是由一系列相互耦合的谐振腔链组成的，在谐振腔链中心开孔，让电子自由通过，在腔中建立交变高频场，在驻波场的作用下，电子沿着轴线方向不断加速前进，能量不断提高。盘荷波导加速管和边耦合加速管的结构图分别如图 16-2 和图 16-3 所示。

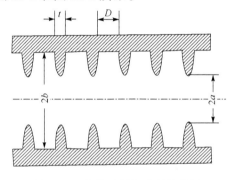

图 16-2　盘荷波导加速管结构图

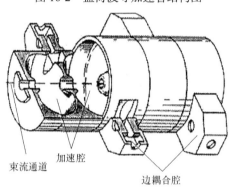

图 16-3　边耦合加速管结构图

（3）微波功率源。医用电子直线加速器一般工作在 S 波段，频率为 2998MHz（波长 10cm）和 2856MHz（波长 10.5cm），采用的微波功率源器件分为磁控管和速调管两大类型，其本质属于一种能量转换器件，即将高压脉冲调制器提供的高压电能转换成高功率微波能量，也就是加速管的动力来源，如图 16-4 所示。磁控管本身能够振荡，它通过自动稳频装置的自动频率控制系统把加速管中的 RF 信号反馈回来，再通过控制磁控管腔链中的调谐器，以稳定磁控管谐振在加速管中的固有频率。速调管本身不能振荡，作为微波放大器，其频率由 RF 驱动器来决定，RF 驱动器一般是全固态振荡放大器。微波源大多采用前者，高能机微波源大多采用后者。

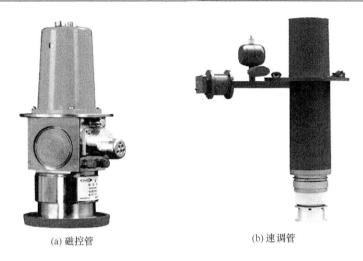

(a) 磁控管　　　　　　(b) 速调管

图 16-4　加速管微波功率源

（4）波导管。直线加速器的磁控管和速调管发出的微波必须用波导管来传输 RF 功率，隔离器让微波单向传输，防止反射波进入。为提高波导管的耐高压能力，一般在其中充入高纯度的六氟化硫或氟利昂气体，使微波在其中传输不至于打火。

（5）脉冲调制系统。脉冲调制系统利用储能放电的原理形成高压脉冲，经脉冲变压器将该电压进一步放大后，提供满足一定波形和频率要求的高压直流脉冲供给微波功率源（磁控管或速调管），一般由高压直流电源、脉冲形成网络（pulse-forming network，PFN）、自动电压控制电路（automatic voltage control circuit，AVC）、开关电路和脉冲变压器组成，脉冲调制系统实物图如图 16-5 所示。

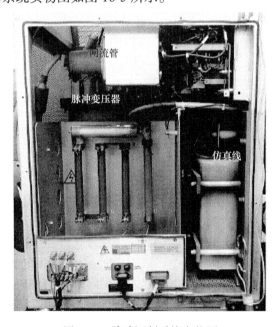

图 16-5　脉冲调制系统实物图

其中，仿真线常作为脉冲形成网络的储能元件；开关电路用来控制储能元件向负载放电，大多采用氢闸流管和触发电路组成；仿真线通过脉冲变压器接到负载上去，一般不直接对负载放电；脉冲变压器具有提高脉冲电压、进行阻抗匹配、改变输出电压极性、在调制器与负载之间隔离直流电四个作用。

（6）束流运输系统。束流运输系统一般包括聚焦线圈、导向线圈、偏转磁铁或扫描磁铁等。加速管外放置聚焦线圈以产生轴向磁场，使电子产生径向聚焦力；导向线圈和偏转磁铁使束流偏转一定角度，以合适的角度和位置输出。

（7）真空离子泵。加速管和电子枪都需要在高真空状态至超高真空的环境下运行，真空离子泵为加速管提供电子加速所需的真空环境。一般采用两个，即枪端、靶端各一个。

（8）机械运动部分。机械运动部分包括机架、治疗头、治疗床、光距尺、治疗附件等。现代医用电子直线加速器的机械运动部分采用的是等中心的原则，即机架、治疗头、治疗床三者的旋转轴线相交于一点，称为等中心，临床上要求中心误差在±2mm之内，其作用是提供临床所需的一定范围内大小、形状、位置可调的辐射束。医用电子直线加速器机械运动部分结构图如图16-6所示。

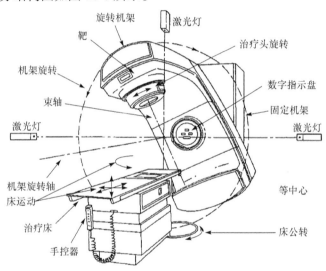

图 16-6　医用电子直线加速器机械运动部分结构图

（9）水冷却系统。医用电子直线加速器的很多组成部件产热，而温度对各个部件的输出性能参数影响较大，必须配备恒温水冷却系统，来控制其在一定温度内稳定地工作，当检测到任何部件的温度超出工作范围时都会报警，停止工作，保护这些重要的元器件。恒温水冷却系统一般由水循环系统、恒温系统、温度监测控制系统三部分组成，分为内循环、外循环和热交换器。

（10）控制系统。直线加速器的控制系统主要由以下几个部分组成。

① 各种供电电源。

② 连锁保护，包括水流、水温、水压、高压过载、微波功率源打火等各种保护。

③ 自动控制，包括自动频率控制、自动剂量率控制、自动均整度控制、自动楔形

过滤器控制、弧形旋转控制等。

④ 正常治疗程序控制，包括待机、预制、准备、出束等几种状态的程序控制。

第二节　医用电子直线加速器的加速原理

一、加速电场及电子能量的获得

"粒子加速器"简称"加速器"，指的是带电粒子加速器用人工方法借助不同形态的电场，将各种不同种类的带电粒子加速到更高能量的电磁装置。

加速器的类型根据加速粒子的种类不同、电场的形态不同及加速过程所遵循的轨道不同来划分。其中，医用电子直线加速器是利用微波电磁场加速电子并且具有直线运动轨道的加速装置。

医用电子直线加速器的加速方式有两种：行波加速方式和驻波加速方式。

二、行波加速方式概述

医用电子直线加速器的最基本加速原理模型如图 16-7 所示。由模型图可知，电子只有在通过加速缝隙 D 时，才能得到加速。假设加速系统能以与电子相同的速度向前运动，电子又能一直处于加速缝中，则电子可持续获得加速。

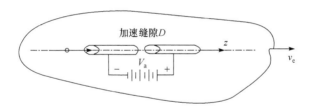

图 16-7　一种简化的同步加速电子的模型

但是，根据狭义相对论，现实中不可能制造这种系统。由于电子很轻，经过几十千电子伏的加速之后，理论上速度就可与光速相比拟，但在现实中，电子加速缝中获得的加速是不可能做到与光速相比拟的。在雷达技术中广泛应用的圆波导管，可以激励起一种具有纵向分量的电场（TM_{01} 模），用来加速电子。TM_{01} 模磁场分布如图 16-8 所示，但是在圆波导管中，磁场传播的相速度要大于光速，若想使电子在该电场中被同步加速，磁场传播的相速度必须设法慢下来。

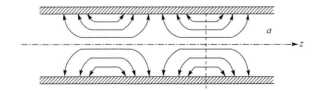

图 16-8　TM_{01} 模磁场沿圆波导管传播电场分布

在圆波导管中周期性插入带中孔的圆形膜片，依靠膜片的反射作用，使电磁场传播的相速度慢下来，甚至降到光速以下，以实现对电子的同步加速。这种波导管称为盘荷波导加速管，其结构示意图如图 16-9 所示。

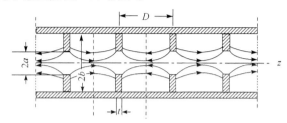

图 16-9　TM_{01} 型盘荷波导加速管结构示意图

由图 16-9 可知，在轴线附近，能提供一个沿 z 轴直线加速电子的电场。人们把这种加速原理称为"行波加速原理"。

三、驻波加速方式概述

驻波加速由一系列相互耦合的谐振腔链组成。在谐振腔链中心开孔，让电子通过在腔中建立交变高频场。在驻波场的作用下，电子沿轴线方向不断加速前进，能量不断提高。时变电场按直线连续加速电子的模型如图 16-10 所示，在一系列双圆筒电极之间，分别接上频率都是 f_a 的电源，如果频率 f_a 和双圆筒电极缝隙之间的距离满足式（16-1），则电子可以持续加速。

$$D = \frac{v}{2f_a} \tag{16-1}$$

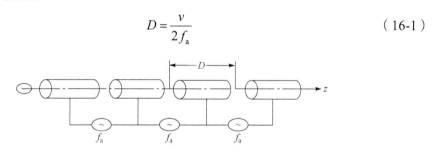

图 16-10　时变电场按直线连续加速电子的模型

电子的加速能量随着加速单元的数目呈线性增长，但是上述模型在现实中很难实现。若取 $D=5\text{cm}$，v 近似为光速，则 $f_a = 3000\text{MHz}$，电线不能传输如此高频率的高压。实现上述加速模型只能在一个谐振腔链中完成。

在如图 16-9 所示的加速管左右两端适当位置放置短路板，形成一种电磁振荡的驻波状态，其电场分布如图 16-11 所示。加速管结构中所有腔体都谐振在相同的频率上，相邻腔体之间的距离为 D，腔体之间的电场相位差为 180°，即相邻腔体间的电场方向刚好相反。假设接近光速 c 的电子在一个腔体中飞越，可知其飞越腔体所需的时间 $t=D/c$，刚好等于管中电磁场振荡的半周期，因此电子的飞越时间刚好和加速电场更换方向的时间一致，从而能持续加速。这种加速模型称为驻波加速。

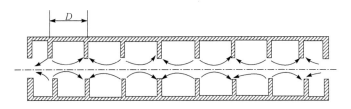

图 16-11　利用盘荷波导形成的驻波加速场分布图

第三节　行波加速结构概述

一、行波加速原理

医用行波电子直线加速器的核心是行波加速管，之所以能加速电子，是因为它不但具有电场的纵向分量，而且是慢波，能把 TM_{01} 模的电磁波的相位传播速度慢至光速，甚至光速以下。

1946 年，英国科学家沃金肖（Walkinshaw）等在圆形波导管中周期性地放置中心开孔的圆盘膜片，其圆盘膜片中心孔提供了电子束的通道和电磁波传播通道。圆盘膜片可以看作圆形波导管施加负载，故称为盘荷波导，是一种慢波结构，是目前多采用的一种结构。盘荷波导中行波电场分布及电子相对于波的位置示意图如图 16-12 所示，在盘荷波导中，高频电磁波以波的形式沿着轴线方向（z 轴）向前传播，此行波电场在轴线中有轴向分量，可对电子施加轴向作用力，电子处于轴线附近时，如果相位合适，电子就可以不断加速，把电磁能转换为电子的动能。这就是医用电子直线加速器行波加速原理。

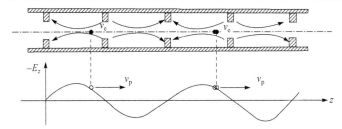

图 16-12　盘荷波导中行波电场分布及电子相对于波的位置示意图

行波电场要维持对电子进行不断加速，必须具备一定的条件，其中包括同步加速条件和相位稳定条件等。

二、同步加速条件

行波是按一定方向传播的电磁波，行波电磁场的方向在时间和空间上是交变的。电子在具备了一定的初速度后进入加速管，它可能处于行波场的加速相位，也可能处于行波场的减速相位。要使行波场不断对电子进行加速作用，必须要求其前进速度与电子前进的速度保持同步增加，也就是满足同步加速条件：

$$v(z)=v_p(z) \tag{16-2}$$

　　这种沿加速管运动速度和波速处处相等的电子称为同步电子。

　　同步加速条件可以用电子相对于波的相位关系图来描述，如图 16-13 所示。关于医用电子直线加速器电磁波相位的约定有两种：一种取 $\cos\varphi$，电子相位位于 0 相位时受到最大的加速；另一种取 $\sin\varphi$，电子相位位于 90°相位时受到最大的加速，这里采用第二种约定。当电子相对于波的位置处在加速方向的波峰上时，称为电子相对于波的相位为 $\dfrac{\pi}{2}$，即 $\varphi=90°$。只有当电子相对于波的位置保持在加速的正半波时（$0°<\varphi<180°$），电子才能不断得到加速，这时电子就好像骑在波峰上前进。同步电子在单位距离上所获得的能量为 $eE_z\sin\varphi$，其中，e 是电子电量，E_z 是行波电场场强分量的幅度。

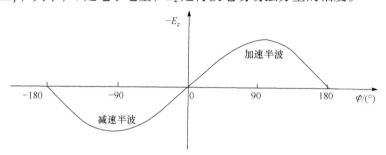

图 16-13　电子与波的相位关系图

三、相位稳定原理

　　在一个高压脉冲期间，进入加速管的电子是连续的，不可能所有电子都在波峰时间点注入，而且注入加速管的电子具有一定的初速度，所以大多数电子并不满足同步加速条件。即便是恰好在波峰点上的电子，也会由于偶然的扰动而偏离波峰位置，使电子相对于波的相位产生滑相。但这种滑相不能超出加速相位的范围，这是电子获得持续加速的前提。如果电子可以围绕波峰位置做稳定的相运动，就可以实现准同步加速，这就是自动相位稳定原理。

　　自动相位稳定原理是苏联的维克斯列尔（Veksler）和美国的麦克米伦（Macmillan）分别于 1944 年和 1945 年在研究同步加速器时独立发现并提出的，其原理图如图 16-14 所示。假设加速电子的理想加速相位（φ_s）不选取在波峰（$\varphi_s=90°$）上，而是选取在波峰前 $0°<\varphi_s<90°$，则在电子直线加速器中相当部分不严格满足同步条件的电子能围绕 φ_s 做稳定的相振荡，称 φ_s 为平衡相位。

　　如图 16-14 所示，定义 $\varphi=\dfrac{\pi}{2}$ 为加速相位的波峰，规定在 $\varphi=0$ 的左边，即 $-\pi<\varphi<0$ 处的时间相对为早，$\varphi=0$ 的右边，即 $0<\varphi<\pi$ 处的时间相对为晚。φ 值越大，电子相对波的时间关系越晚。可知，处于平衡相位 φ_s 上的电子在单位距离所获得的能量增益为

$$\frac{\mathrm{d}W}{\mathrm{d}z}=eE_z\sin\varphi_s \qquad （16-3）$$

　　假设有一个电子早于 φ_s 注入，其相应的相位为 φ_1，则此时 $eE_z\sin\varphi_1<eE_z\sin\varphi_s$，电子单位距离上的能量增益比同步电子的小，该电子有比同步电子慢的趋势，电子所处的相

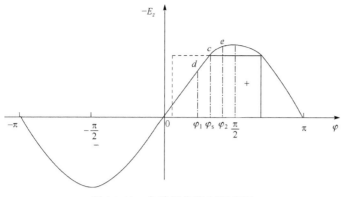

图 16-14　自动相位稳定原理图

位向晚的方向滑动。当电子相位滑到 φ_s 处时，尽管在这一瞬间电子获得的能量与同步电子相同，但是由于电子在此前获得的总能量小于同步电子，所以此时电子的速度仍然比同步电子小，即 $v<v_p$，此时电子所处的相位继续向晚的方向滑动。由于此时 $\varphi>\varphi_s$，这样一来，电子在单位距离上的能量增益大于同步电子，速度会逐步赶上同步电子。当电子的相位达到某一值 φ_2 时，电子的速度等于同步电子的速度，$v=v_p$。但是由于此时 $\varphi_2>\varphi_s$，电子在单位距离上获得的能力比同步电子大，瞬时同步的状态被打破，继而出现 $v>v_p$ 的现象，电子在相位上超过波，向早的方向滑动，又回到了 φ_s 处，此时仍然是 $v>v_p$，则电子继续向前滑动，直到滑到某一个相位处，再次出现 $v=v_p$ 时，该电子的相位反向折回，从而存在电子相对于波的相位围绕着平衡相位 φ_s 来回振荡的现象，称为"相振荡"。

　　当电子注入加速管时，既要考虑到使大多数电子能够稳定加速，又要考虑到使加速效率较高。因此，加速管的电子枪与主加速段之间有群聚腔，使注入主加速段的电子大多数集中在波峰之前的一个较小的相位范围内。

第四节　驻波加速结构概述

　　与行波不同，驻波电子直线加速器的加速管由一系列相互耦合的谐振腔链组成。在谐振腔链中心开孔，让电子自由通过，在腔中建立交变高频场。在驻波场的作用下，电子沿着轴线方向不断加速前进，能量不断提高。然而谐振腔链的结构有许多种，目前多采用的是边耦合驻波结构。这种结构有一半腔体实际上在所有时间内的电场为零，可以认为它起耦合作用和输送微波功率的作用，称为耦合腔；另一半起加速作用，称为加速腔。在这种结构中，不起加速作用的耦合腔从束流经过的轴线上移至轴线的外边。在束流经过的路径上都是加速腔，而且加速腔的形状经过优化设计，具有很高的分流阻抗，因此加速效率高。平均加速场强可达 140kV/cm，在 2MW 磁控管供电情况下，管长约30cm 的全密封轴耦合驻波电子直线加速管可加速电子到 4MeV。

一、驻波加速结构的发展

　　到 20 世纪 60 年代后期，驻波电子直线加速器才获得迅速的发展，然而其原理并不新颖。早在 20 世纪 40 年代中期，在开始研究行波电子直线加速器时，就有人已经注意到利用微波电场加速电子有两种可供选择的工作方式，一种是行波工作，一种是驻波工作。驻波工作方式，就是加速结构的末端不接匹配负载，而接短路面，使微波在终端反射，所反射的微波沿电子加速的反方向前进，如果加速结构的始端也放置短路面，上述的反射功率在始端再次被反射。如果加速结构的长度合适，则反射波和入射波相位一致，加强了入射波，提高了加速电子的场强。美国麻省理工学院的斯莱特等人在 1947～1948 年就指出：当加速结构比较短时，驻波加速方式是比较有利的，即在相同的微波功率、相同加速结构下，可使电子获得较高的能量，他们于 1951 年建成一台工作于 π 模的驻波直线加速器，将电子能力加速到 18MeV。

1964 年，驻波加速的理论与实践终于成熟，美国洛斯-阿拉莫斯实验室发明了一种崭新的驻波加速结构——边耦合驻波加速结构。它的基本思想是：把工作在 π/2 模时只起耦合作用的腔从束流轴线上移开，移到加速腔的边上，耦合腔留下来的空间被加速腔扩展，加速腔通过边孔和耦合腔耦合，相邻两个加速腔相差 180°。结构既有 π 模的效率，又具有 π/2 模的稳定性。这种边耦合驻波结构分流阻抗高、稳定性好、尺寸公差要求低，因此很快就被按比例缩小，做成适合加速电子的结构，从而使驻波电子直线加速器的发展进入一个新的阶段。

驻波电子直线加速器之所以能获得如此迅速的发展，不单是由于找到了具有良好性能的驻波加速结构，而且重要的是由于微波技术和无线电电子学技术等方面的成就提供了各种性能良好的辅助系统，保证驻波加速结构的稳定工作。

二、驻波加速原理

无论哪种驻波加速结构，都可看作一系列以一定方式耦合起来的谐振腔链。在谐振腔轴线上有可让电子通过的中孔，在腔中建立起随时间振荡的轴向电场，轴向电场的大小和方向都是随时间交变的，而这种振荡的包络线却是原地不动的，故称为驻波。

在盘荷波导加速管里激励起一种具有纵向分量的电场（即 TM_{01} 模），两头接上短路面，即成为驻波加速管。如图 16-15 所示，每一腔内的电场大小及方向是随时间交变的，但这种随时间振荡的轴向电场的包络线却是固定的，即电场是位置和时间的函数：

$$E_z(z,t) = E_z(z)\cos\omega t \tag{16-4}$$

式中，$E_z(z)$ 表示电场的包络线，可分解为不同的谐波：

$$E_z(z) = \sum_{n=-\infty}^{\infty} A_n \cdot \cos\frac{(2n+1)\pi z}{D} \tag{16-5}$$

式中，A_n 表示各次谐波的幅值。不同驻波结构，由于边界条件不同，$E_z(z)$ 形状会有差别。

当 1# 腔的电场渐渐随时间的变化从小到大，而方向又正好适合加速电子时，2# 腔的电场方向却是减速的。但过一会儿，当 1# 腔的电场随时间变化成为负值时（减速方向），2# 腔电场的方向变得正好适合加速电子。因此，可以设想，如果让电子在 1# 腔中的电场值正好由负变正的那一瞬间（场强正是加速方向）注入腔中，电子在前进时，场强不断

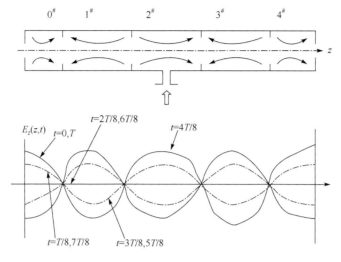

图 16-15 π模工作的驻波腔链场分布示意图

增加,电子不断获得能量。当场强达到峰值时,电子也正好到达腔的中央。其后,场强开始下降,电子在后半腔中飞行,但此时仍然处于加速状态。当场强开始由正变负时,电子正好飞出 1#腔,进入 2#腔,此时 2#腔的场强又正好由负变正,电子在 2#腔中又继续加速获得能量。如果这种安排能得到满足,电子就可以不断获得能量,这就是驻波加速。1968 年,美国 Varian 公司成功地把边耦合结构用于医用和射线探伤的驻波电子直线加速器上。

第五节 医用电子直线加速器的维修保养

医用电子直线加速器,尤其是具有多档能量的高能医用电子直线加速器,由于性能优良,具有多种治疗用途,早已引起放射治疗界的兴趣,但人们对这种大型复杂设备的实际运行效果往往有所担心。下面对加速器的维护保养程序做出建议。

通常用年停机率(downtime,故障停机天数/全年应开机天数 × 100%)来衡量医用电子直线加速器的运行成绩,一般来说,低能机的停机率较低,维修也较方便,而高能机的停机率较高,维修工作量较大。对于治疗量为 40~50 人次/天的典型负荷,机器每周工作 5 天,预防性保养在周末进行的正常工作程序,高能机的停机率约为低能机的 3 倍,而前者的维修工作量则可能是后者的 6~8 倍。

一般性的维修由医院进行,当主要部件损坏或更换时的大修则需厂方派人来进行,为缩短不必要的停机等待时间,医院自备一些如闸流管、磁控管等主要部件和印刷电路板插件、专用电缆以及继电器等零配件是必要的。

我国目前加速器应用尚不普遍。机器的运行负荷比较重,很多在 100~160 人次/天以上,因而停机率高,为了保证加速器的正常运行、缩短停机时间,预防性的保养和维修工作就显得格外重要。常见故障原因总结如下。

一、突然中断出束可能的原因

（1）电子枪灯丝烧断。

（2）速调管灯丝烧断或速调管损坏不能起振。

（3）调制器没有高压输出。

（4）加速器出现故障，如真空破坏、真空度不好、断水、水压不足、充气系统气压不足、调制器过流或过压，从而触发继电器保护系统工作，自动切断高压电源。

二、医用加速器的 X 射线剂量下降可能的原因

（1）速调管振荡频率漂移（包括 AFC 稳定点漂移及 AFC 不起作用）。

（2）磁控管发射功率不足。

（3）调制器脉冲高压幅值下降或 De-Qing 电路不起作用（De-Qing 电路是线形调制器中一种简单可靠的稳定高压脉冲幅度的线路）。

（4）脉冲调制器的脉冲波形变坏。

（5）电子枪阴极发射电流不足。

（6）加速管恒温冷却水系统稳定点漂移。

（7）聚焦导向线圈、透镜、偏转磁铁线圈的电参数漂移。

（8）长期使用后的加速管总衰减量增加。

三、加速器能量下降可能的原因

（1）速调管振荡频率漂移（包括 AFC 稳定点漂移及 AFC 不起作用）。

（2）磁控管发射功率不足。

（3）调制器脉冲高压幅值下降。

（4）调制器脉冲波形变坏。

（5）恒温水温度漂移。

（6）长期使用后的加速管总衰减量增加。

四、加速器流强下降可能的原因

（1）电子枪阴极发射不足。

（2）磁控管振荡频率漂移，从而影响俘获系数。

（3）电子枪阳极高压下降。

（4）磁控管发射功率不足。

（5）电子枪聚焦线圈、加速器主聚焦线圈等电参数改变。

五、医用加速器照射野内剂量均匀度恶化可能的原因

（1）均整度自动控制系统失灵。

（2）加速器能量变化。

（3）加速器能谱变坏。

（4）电子束打靶位置漂移。

六、微波功率传输系统打火可能的原因

（1）波导充气压力不足。

（2）加速管、耦合器和波导匹配状态变坏，反射增加。

（3）隔离器、定向耦合器、终端吸收负载等波导元件损坏。

七、加速器在运行中可能出现的最严重事故

（1）导窗破裂。

（2）钛窗打穿。

在处理事故时，首先要保护好磁控管、加速管、钛泵、电子枪。在处理步骤上，首先切断高压。为了保护加速管，避免致其衰减量增加，应尽量避免加速管暴露于空气中。在拆换电子枪等真空系统内的部件时，加速管应充气（一般为氮气）保护，气压要恰到好处。

八、保证加速器长期稳定运行的几个值得注意的问题

为保证驻波加速器长期稳定运行，必须重点保护好密封加速管和磁控管（或速调管）。

（一）密封加速管的保护

为了适应加速器高加速场强、高表面电场强度、低工作温度的氧化物阴极电子枪以及减少用户真空操作的麻烦，有些驻波加速器采用密封加速管。然而用户必须注意正确运行和保护，不然会导致整根密封加速管报废。

（1）加速管内部必须经常保持良好的真空状态。为此，钛泵必须经常启动或24h昼夜通电，加速器长期闲置时也必须如此。真空度降低可导致电子枪氧化物阴极中毒和加速腔高频击穿。加速管中的真空度可通过钛泵的离子流来监视。

（2）加速管长期闲置后，管内的结构材料受到电子轰击或受热时，都有可能从这些物体中逸出气体（"放气"）而降低真空度，导致加速管不能稳定工作甚至损坏，重新开机运行时，必须对加速管包括整个加速器进行老练，特别是微波老练，老练时微波功率逐步增加。每天正式开机运行前，也要进行数分钟的老练。

（3）电子枪热子的加热电流不能太大。一旦太大，就有可能把热子灯丝烧断，从而导致整根密封加速管报废。

（4）微波功率传输系统的充氮系统要压力合适。压力过大会压碎密封加速管的波导窗，导致密封加速管报废。

（5）注意密封加速管束流引出窗的水冷却和吹风系统，以免引出窗（钛窗）因过热或因臭氧长期氧化作用而损坏，导致加速管报废。

（6）对冷却加速管一次循环水的水质也要严格控制，以防止对加速管长期腐蚀作用降低冷却效果。

（7）加速管内的暗电流必须足够低，否则要采取措施降低。

（二）磁控管或速调管的保护

要严格按照说明书使用，要特别注意灯丝加热电流，并防止超脉冲功率或超平均功率运行，保证冷却水的流量和温度。当磁控管的磁钢磁场值低于说明书时，应该对磁钢充磁。

第六节　医用电子直线加速器的维修实例

一、Varian 加速器 GFIL 联锁

机型：Varian 2300cd，驻波加速器。

现象：加速器报 GFIL 联锁，冷端枪控制器显示"HD AD +"。

故障分析：

GFIL 联锁提示为电子枪的参数不正常，该部分的主要作用是为电子枪提供电压，其中包括阴极的高压、偏压、栅极的脉冲电压、灯丝电压。电子枪控制分为冷端与热端。冷端枪控制器显示"HD/ AD +"，查找 Varian 图纸中的提示是"HotDeck A/D converter over self test failure"，关闭冷端高压开关 S3，对热端进行放电，打开热端盖板，分别测量灯丝电源板测量点 S2、S3、S4 对地电压，其中 S1 为接地，分别为 4.75VDC、+15.36VDC、−15.14VDC。其中灯丝电压 S2 恰好比 5V 低 5%。判断为热端直流电源故障，更换同型号电源，调整+ 5V 输出为 4.98V 后，再试验机器时 GFIL 联锁消失，恢复正常。

故障讨论：

GFIL 联锁是较常见的机器自我保护联锁，引起故障的原因有很多，总结如下。

（1）冷端枪启动器（gun driver）的三个保险烧坏。

（2）枪灯丝电压设置错误。

（3）枪高压电源故障。

（4）冷端电路板故障。

（5）热端电路板故障。

（6）热端 7 根传输光纤故障。

（7）热端直流电源故障。

临床维修过程中，要具体问题具体分析，找到 GFIL 联锁的根本原因，才能提高维修效率。

二、Varian 加速器 HWFA 联锁

机型：Varian2300cd，驻波加速器。

现象：光栅开野最大为 40cm × 40cm 时，机器报 HWFA 联锁。

故障分析：

进入 COMMUNTION 模式，打开 EVENT LOG，计算机保存了加速器最近的 100 个报错记录，找到这次加速器报错信息，提示为下准直器 X2 主副电位器偏差超出允许范

围。光栅 X2 移动到 20cm 时，SPRO 读数为 19.5cm，超出误差范围 2%，因此产生 HWFA 联锁。这是由于次级电位器长期使用磨损，不能持续稳定工作。先进入维修界面 CALIB/Analog Scaling/Readout Calibration，选择光栅 X2，对其进行校准，校准后数据硬盘保存，退出校准界面后移动光栅 X2，联锁消失。正常使用一段时间，故障再次出现，更换光栅 X2 次级电位器，经过校准后，恢复正常。

故障讨论：

HWFA 联锁是 Varian 加速器较常见的机器自我保护联锁，联锁出现后，机器所有的运动，包括光栅、小机头、机架、治疗床等都将不被允许。HWFA 联锁的原因有很多，大致分为如下几点。

（1）初次级电位器读数（PRO）电压误差较大。

（2）初次级 PRO 通道不匹配。

（3）计算机发出命令，没有高压信号（HVON）响应。

（4）电源电压偏出正常范围较大。

（5）DAC/ADC 回路电压不匹配。

此类故障大多可以通过电位器的校准而临时解决，不至于停机影响临床治疗，然后在机器空闲时间将对应元件换新，重新校准即可。

三、BJ-6B 电子直线加速器地线故障

机型：BJ-6B 型医用电子直线加速器。

现象：无论按下的操作指示是逆时针旋转还是顺时针旋转，电子直线加速器操作机架只会单方向旋转，就算维修好后此故障还是可能频繁出现。

故障分析：

打开直线加速器电机设备查看，经测量未发现故障。根据厂家提供的设备图纸，经测量、分析故障，查出原因是控制正反转电路输送模块的输出信号出错，设备图纸上的电路图显示控制正反转信号经 SYSTEM 板，用数字式万用表测量发现 SYSTEM 板上的机架和治疗床运控集成块（74LS240）输出信号异常，更换此集成块后，故障解除。但更换后不久又再次出现此故障，用数字式万用表测量其工作电压，显示工作电压正常，再次更换集成块（74LS240），故障也再次得到解决。随后使用直线加速器一段时间，此故障再次频繁出现，由于更换频繁，74LS240 集成块成为了常用备件，更换后能正常使用一阶段，经过认真、仔细地观察与总结，发现大多数烧毁都是在出束后出现的，经过与厂家资深工程师探讨，排除其他因素，从处理地线着手，因加速器安装使用 5 年未做过地线清理。清理过程中发现很多地线接点已被灰尘覆盖，甚至有接点已长铜锈，用数字式万用表测量接点的电阻值，阻值接近 1Ω，清理铜锈及灰尘后，复测电阻值，测得阻值为 0.3Ω。清理后直线加速器恢复正常，再没出现上述故障。

故障讨论：

地线对电子直线加速器很重要，但平时医院设备维修人员很少去测量，地线的阻抗大对设备的信号干扰也很严重，甚至会经常烧毁一些低压元器件。电子直线加速器地线

故障的原因有很多，其大致分为如下几种。

（1）出束的时候高压对地放电。

（2）地线的阻抗过大，导致放电不能瞬间完成。

（3）高压脉冲放电不完全。

（4）电压电路元器件遭高压冲击，烧毁。

为避免此类故障，电子直线加速器的地线也需要纳入日常维护项，定期检查清理。

四、BJ-6B 电子直线加速器出束时电源跳闸

机型：BJ-6B 型医用电子直线加速器。

现象：电子直线加速器开机运行后，按下机器照射键，在出束约 5s 后，机器电源总闸便跳闸，操作台上并未显示任何报警提示。

故障分析：

对电子直线加速器试机加高压发现，在出束约 5s 后，调制器柜内继电器 KJP4 处发生打火的现象。关机，接着观察磁控管、高压脉冲变压器、闸流管等容易发生打火的高压部件，并未发现高压部件及其连线有明显打火烧焦痕迹。根据电子直线加速器厂家提供的设备图纸中的调制器原理图，再观察调制器柜内高压部件，用数字兆欧表测量 D1～D6 高压整流硅堆，结果显示未击穿；测量高压变压器 TA 初级与次级线包对地，结果同样显示无异常。然后根据设备图纸，用数字式万用表对调制器柜内高压回路上的电阻、电容等逐一进行排查，最后发现与继电器 KJP4 一组触点并联电阻 $R2$（7Ω、100W）被烧断，判定是由 KJP4 打火引起的。测量 KJP4 每组触点的导通情况，中间一组触点电阻的阻值异常，更换同型号的电阻 $R2$ 和继电器 KJP4，试机正常，故障排除。

故障讨论：

电子直线加速器的部分故障维修与继电器有关，医院设备维修人员在维修过程中，有时会临时从继电器端子引出电源线，这样的行为是非常不可取的，短时间内可能没有异常，但工作一段时间后可能干扰继电器触点的正常分离，今后应注意避免此类问题的发生。电子直线加速器继电器故障的原因大致分为如下两点。

（1）高压系统有器件短路，造成负载工作在负适配状态，电流过大引起继电器打火。

（2）继电器本身故障。此类故障大多数是由继电器本身老化引起触点接触不良，造成电压缺相电流失衡变大，从而引起在操作台上未显示报警提示的情况下发生电源总闸跳闸的现象。为避免此类故障，医院设备维修人员在日常保养机器设备时，也要注意定期清理或更换常用继电器，特别是大电流继电器，以免引起无谓的故障。

第十七章 制冷系统

第一节 概　　述

一、制冷的基本概念

制冷（refrigeration）是指用人工的方法，在一定空间和时间范围内，将某种物体或流体冷却，使其温度降到环境温度以下，并保持这个状态的过程。

制冷技术是所有达到制冷目的的方法的统称。制冷过程是运用制冷技术在实现制冷时，系统所表现出来的各种变化状态。制冷剂在制冷设备循环流动的过程中，通过自身热力状态的改变与周围物体进行热量交换，即从被冷却对象中吸收热量，实现其冷却（使其达到环境温度以下）并将热量排放到环境介质中去。

同一种物质，在不同条件（温度压力）下，由于分子之间的作用和分子热运动的强弱不同，会以不同的形态存在，在三种物质形态（固态、气态、液态）间相互转变，称为相变。物质相变过程示意图如图 17-1 所示。

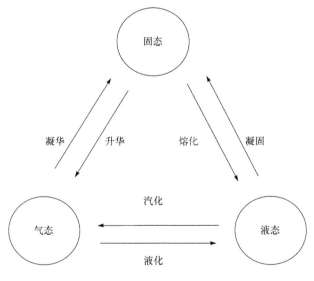

图 17-1　物质相变过程示意图

当物体从外界获得足够的热量时，物质形态就可以从固体形态转变成为液体形态——熔化；从固体形态直接转变成为气体形态——升华；由液体形态转变成为气体形态——汽化。

反之，当物质向外界环境释放出足够的热量时，就会由气体形态转变成为液体形态

——液化；由液体形态转变成为固体形态——凝固；由气体形态转变成为液体形态——凝华。

二、制冷循环工作过程

制冷根据其制冷方式不同可分为压缩式、吸收式、热电式等多种形式，本书主要探讨压缩式制冷。

（一）压缩式制冷机的制冷循环

制冷剂在系统中经过蒸发（evaporation）、压缩（compression）、冷凝（condensation）、节流（throttle）四个基本过程，完成一个制冷循环过程，图 17-2 为制冷循环示意图。

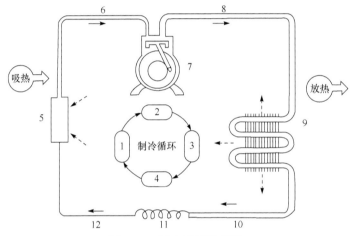

图 17-2　制冷循环示意图

1-蒸发；2-压缩；3-冷凝；4-节流；5-蒸发器；6-低温低压气体；7-压缩机；8-高温高压气体；
9-冷凝器；10-常温高压液体；11-毛细管；12-低温低压液体

制冷压缩机将蒸发器（5）内的低温低压制冷剂吸入压缩机（7）的气缸内，制冷剂蒸气经过压缩，压力、温度同时升高，变成高温高压制冷剂气体，高温高压制冷剂蒸气被压至冷凝器（9），在冷凝器内，温度较高的制冷剂蒸气与温度较低的冷却水或空气进行热交换，制冷剂的热量被水或空气带走而冷凝下来，制冷剂蒸气冷凝为常温高压液体。这部分液体再被输送至毛细管（11），经过毛细管节流成低温低压的制冷剂液体进入蒸发器；在蒸发器内，低温低压的制冷剂液体吸收空气（冷却介质）的热量而汽化（俗称"蒸发"），蒸发器中的制冷剂蒸气又被压缩机吸走，这样制冷剂便在系统中经过蒸发、压缩、冷凝、节流四个过程，从而完成了一个循环。

（二）制冷循环的四个过程

制冷剂在系统中不断地循环流动，发生状态变化，并与冷却介质（空气、水或氨气等）发生热量交换。制冷剂在循环过程中经过的部件和状态变化如表 17-1 所示。

表 17-1 制冷循环状态表

循环过程名称		蒸发	压缩	冷凝	节流
所用元件		蒸发器	压缩机	冷凝器	毛细管
作用		利用制冷剂蒸发吸热,产生制冷作用	提高制冷剂气体压力,造成液体条件	将制冷剂冷凝,放出热量,进行液化	降低制冷剂液体压力和温度
制冷剂	状态	液态→气态	气态	气态→液态	液态
	压力	低压	增加	高压	降低
	温度	低温→高温	低温→高温	高温→常温	常温→低温

（三）制冷剂在高压侧、低压侧的状态变化

在制冷系统中,从压缩机出口经冷凝器到膨胀阀入口的这一段,称为高压侧。制冷剂在高压侧的状态变化为:制冷剂在经过压缩机的压缩之后,变成高温高压的过热蒸气。接着,制冷剂蒸气进入冷凝器,在相同的压力环境下冷凝,并将自身热量释放到周围环境介质中,变成高压过冷液体进入节流装置。

在制冷系统中,从节流装置出口经蒸发器到压缩机入口的这一段,称为低压侧。制冷剂在低压侧的状态变化为:制冷剂在经过节流阀控制流量后,变成低温低压的制冷剂液体,进入蒸发器内,在相同的压力环境下,吸收介质热量沸腾汽化,变成低温低压的制冷剂干饱和蒸气。低温低压状态的制冷剂蒸汽再经过节流装置的节流减压之后,在蒸发器内吸收介质热量,变成高温低压的制冷剂气体进入压缩机。图17-3为制冷剂在高压侧、低压侧状态变化示意图。

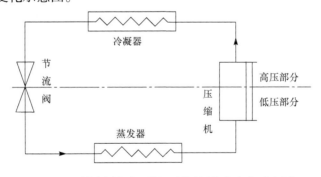

图 17-3 制冷剂在高压侧、低压侧状态变化示意图

（四）制冷剂在压缩机、节流装置中的状态变化

制冷剂在压缩机中的状态变化为:压缩机首先吸入蒸发器内低温低压的制冷剂干饱和蒸气,在经过绝热的压缩之后,成为高温高压的过热蒸气。

制冷剂在节流装置中的状态变化为:高压过冷制冷剂经膨胀阀等节流装置的节流减压作用后,成为低温低压的制冷剂液体,再进入蒸发器内吸收热量蒸发。

制冷剂经压缩机、节流阀状态变化图如图17-4所示。

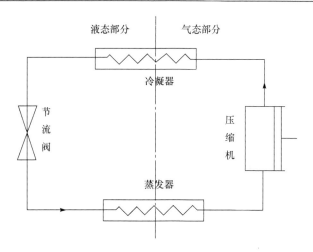

图 17-4　制冷剂经压缩机、节流阀状态变化图

三、制冷系统的基本组成

简单的制冷系统包括四个主要部件：压缩机（compressor）、冷凝器（condenser）、蒸发器（evaporator）和节流装置（throttling device）。图 17-5 为制冷系统基本组成原理图。

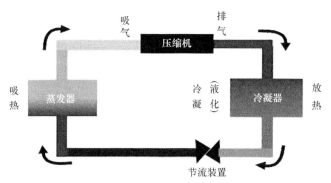

图 17-5　制冷系统基本组成原理图

（一）压缩机

压缩机是制冷装置中最重要的组成部分，人们形象地称为制冷装置的"心脏"。它在电动机的带动下，输送和压缩制冷蒸气，使制冷剂在系统中进行制冷循环。

（二）冷凝器

冷凝器是制冷系统中的基本组成部件之一，是制冷系统中制冷剂与外界介质进行热量交换的一种换热装置，其作用是将制冷剂蒸气转变成液体，并释放其中携带的热量，把热量传递到周围的空气中，属于众多换热器中的一类。常见的冷凝器包括钢丝盘管式冷凝器、百叶窗管板式冷凝器、内藏式冷凝器、风冷式冷凝器、壳管水冷式冷凝器以及套管水冷式冷凝器，如图 17-6 所示。

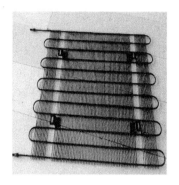
(a) 钢丝盘管式冷凝器

(b) 百叶窗管板式冷凝器

(c) 内藏式冷凝器

(d) 风冷式冷凝器

(e) 壳管水冷式冷凝器

(f) 套管水冷式冷凝器

图 17-6　冷凝器实物图

常见的冷凝器按照冷却方式可分为风冷式和水冷式，如表 17-2 所示。

表 17-2　冷凝器分类表

分类		说明
冷凝器	风冷式	风冷式冷凝器是利用常温的空气来冷却的。按空气在冷凝器盘管外侧的流动原因，可分为自然对流和强迫对流两种形式
	水冷式	水冷式冷凝器是利用低于大气环境温度的水来冷却的。按结构形式不同，可分为套管式和壳管式两类

（三）蒸发器

蒸发器是制冷系统中非常重要的部件之一，是制冷系统中制冷剂与外界介质进行热量交换的一种换热装置，制冷系统中低温的液体制冷剂经过蒸发器，和周围的空气进行热量传递，液态制冷剂吸收热量汽化，带走热量，形成制冷。常见的蒸发器包括管板式蒸发器、排管式蒸发器、多层搁架式蒸发器、翅片式蒸发器以及光管式蒸发器，如图 17-7 所示。

(a) 管板式蒸发器

(b) 排管式蒸发器

(c) 多层搁架式蒸发器

(d) 翅片式蒸发器

(e)光管式蒸发器

图 17-7　蒸发器实物图

常见的蒸发器按照冷却介质不同可分为冷却空气式和冷却液体式，如表 17-3 所示。

表17-3　蒸发器分类表

分类		说明
蒸发器	冷却空气式	冷却空气式的蒸发器用于直接冷却空气。制冷剂在管内流动气化，空气在管外流动被冷却。按空气流动原因，可分为自然对流式和强迫对流式两种
	冷却液体式	冷却液体式的蒸发器用于直接冷却液体，如用于冷却载冷剂，生产冷水或冷盐水，再由低温载冷剂去冷却制冷空间的空气和物体。按供液方式，可分为满液式和非满液式（又称干式）两种

（四）节流装置

节流装置，顾名思义就是节流的各种装置，包括手动、自动的装置，如手动节流阀、浮球节流阀、热力膨胀阀、电子膨胀阀等。在制冷系统中，节流装置对高压侧向低压侧输送的液态制冷剂进行流量控制与调节，从而确保制冷系统所需建立的压差，以满足低温制冷的要求。

四、制冷系统的其他部件

（一）过滤装置

在制冷系统中，不可避免地存有少量的水分和机械加工或磨损的杂质，过滤器的功用是滤去从冷凝器中排出的液体制冷剂中的水分和杂物污物，避免管道堵塞。

过滤装置可按其用途分为电冰箱空调器用以及冷库用两类。电冰箱空调器使用过滤装置内部结构图如图17-8所示，冷库使用过滤装置内部结构图如图17-9所示。

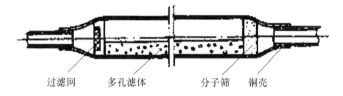

过滤网　　多孔滤体　　分子筛　　铜壳

图17-8　电冰箱空调器使用过滤装置内部结构图

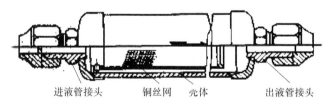

进液管接头　　铜丝网　　壳体　　出液管接头

图17-9　冷库使用过滤装置内部结构图

（二）减压元件

减压元件是制冷系统中控制制冷剂流量，最大限度地发挥蒸发器效率的装置。它的功用有两个：一是将高压制冷剂液体节流减压，让制冷剂受到的压力从冷凝压力降低到蒸发压力；二是调节蒸发器的制冷剂供液量。减压元件工作原理图如图17-10所示，膨胀阀内部结构图如图 17-11 所示。

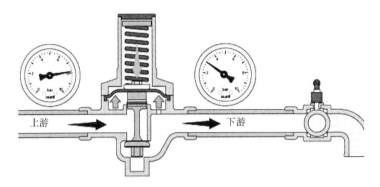

图 17-10　减压元件工作原理图

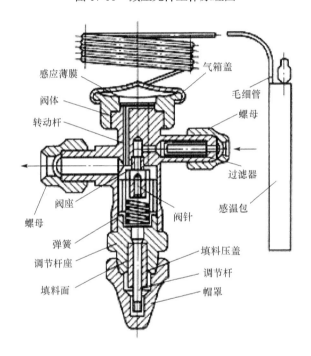

图 17-11　膨胀阀内部结构图

第二节　医疗设备制冷原理

医疗设备制冷原理以 CT（电子计算机断层扫描）和西门子 1.5T MRI（超导磁共振成像）制冷原理为例。

一、CT 制冷原理

CT 的冷却系统包括水循环系统和制冷系统两部分。

水循环系统原理简介：机架冷凝器里面的水，经过回水管道进入水泵，然后从水泵加压送入蒸发器实现降温。接着，低温的水通过进水管道、进水控制电磁阀，进入冷凝器中，从而形成一个循环的过程。机架中的三只风机，将空气加速通过冷凝器，和冷凝器中的冷却水形成热量交换。温热的水带着热量被输送到制冷机内，降低了机架周围的空气温度。

制冷系统的原理简介：高温高压的制冷剂，被压缩机送到冷凝器中，在冷凝器冷却之后进入储液罐，随后进入热力膨胀阀中。制冷剂通过热力膨胀阀调节流量之后，成为低温低压状态进入蒸发器，和机架水管道进行热交换，最后返回压缩机，从而形成一个循环，将制冷剂机架中的水温度降低至17～19℃。

二、西门子1.5T MRI 制冷原理

西门子1.5T超导磁共振成像设备采用液氦作为制冷媒介。超导线圈需要建立和保持超导环境（4.2K，即-269℃），因此磁体需要采用真空绝热结构。但因为磁共振结构等各种因素，整个系统无法做到完全隔绝热量的传递，为了将超导线圈保持在4.2K，液氦会以蒸发的形式，释放热量。磁共振所携带的制冷系统，能够排放超导线圈释放的热量，降低液氦的损耗量。

磁共振的冷却系统是给氦压机散热，氦压机通过冷头给磁体制冷，使得磁体内的线圈保持超导状态。磁共振有两个制冷系统，一个称为内冷却系统（氦制冷系统），一个称为外冷却系统（水制冷系统）。线圈热量通过氦制冷系统，转换到水制冷系统。概括而言，水冷机组冷却液氦，液氦再冷却磁共振的线圈。

西门子1.5T超导磁共振制冷系统主要包括三大部件：意大利EMICON公司的CH.A.421水冷机组、德国莱宝公司COOLPAK 6000压缩机以及冷头。

（一）冷头

冷头寿命为1.5～2.5年。冷头的好坏可以由声音和监视器压力来反映。冷头的声音是规律的、有节奏的。冷头的工作原理示意图如图17-12所示。

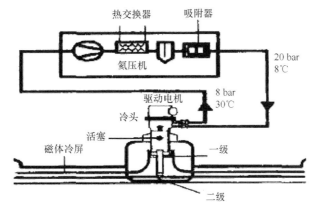

图17-12 冷头工作原理示意图

冷头的工作原理及运行方式如下：冷头与氦压机组成一个闭路氦气循环，两者通过绝热柔性压力管相连，充满高纯度氦气。磁共振机磁体为减少辐射传热，设有两个冷屏。冷头是一个二级膨胀机，经过压缩的高纯氦气在这里膨胀带走周围的热量，通过两极缸套端面的铟垫圈将冷量传输到磁共振的这两个冷屏上，为其提供 20K、77K 两级低温。冷头由驱动电机、旋转阀、配气盘、活塞和气缸组成，其运行方式是驱动电机控制旋转阀在配气盘上旋转，控制活塞压缩和膨胀气体，形成高压气体腔和低压气体腔的交替循环，完成吸入高压低温氦气（20bar，8℃）、排出低压高温氦气（8bar，30℃）的过程，同时将冷头中的热量带到氦压机中。氦压机将返回的低压氦气经过压缩提升压力，并与水冷机组提供的冷却水换热、滤油，将高压氦气输送回冷头，建立氦气循环过程。通过冷头和压缩机 24h 不停地工作，就可以源源不断地为磁共振磁体冷屏提供冷量，以减少液氦的挥发。

（二）氦压机

氦压机前接冷头，后接水冷机，如图 17-13 所示。冷头电源是从氦压机分出来的，所以关闭氦压机就是关闭冷头。在停电前关闭氦压机和冷头，在停电后再打开氦压机和冷头，可以减轻停电带给冷头的损伤，保护冷头。氦压机的工作压力为 2.1～2.3MPa，若压力以不易觉察的速度缓慢下降，应警觉氦气泄漏。漏气部位一般发生在冷头到氦压机的送气管上。如果漏气太严重，氦压机工作压力达不到 2.1MPa，就要给氦压机充气。充气时，关闭氦压机，充气至压力为 1.7MPa（不要超过 1.7MPa）。开机后，压力可达 2.2MPa。

水冷机组故障，应首先关上氦压机到水冷机的进水阀和出水阀，然后打开氦压机到自来水、氦压机到下水道的阀门。顺序不能错，因为水冷机的水中加有防冻液，所以要尽量保持防冻液的浓度。暂停一会儿，打开氦压机，用自来水临时冷却氦压机。

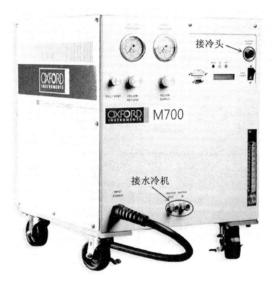

图 17-13　氦压机

（三）水冷机组

水冷机组类似于一个普通的制冷系统，经过热交换器给氦压缩机提供 3～9℃的冷水。为保证安全，磁共振的冷却系统一般配置两套水冷机组。当一套水冷机不能达到制冷效果或出现故障时，另一套水冷机马上启动运行状态，且控制模式是一主一备，自动切换。

需指出一种现象，由于许多维护人员对维护措施认识上的不足，磁共振运行成本支出不合理，其主要表现在以下两方面：①维护冷头要停机很长时间，损失大量液氦。磁共振的超导环境是由液氦来维持的，因此冷头停机不影响患者做检查，另外，冷头并不与液氦层相连而是与冷屏相连，更换活塞与系统纯化时间不能过长，防止造成液氦的大量损失。②等到机器彻底不能用，再考虑维修。这种情况会造成系统严重污染，即使更换部件进行系统纯化，也难以全面根除污染物，此时再换新冷头，其寿命也将受到很大的影响。

第三节　制冷系统维修操作技能

设备的制冷系统出现故障，维修操作需细致到位才能保证维修效果的可靠性。在制冷系统维修过程中，会用到很多的操作技能，包括焊接操作、检漏操作、清洗操作、制冷剂充注操作以及润滑油添加操作等。

一、焊接操作

焊接是指加热、加压或者两种方法结合使用，使得焊件达到原子或离子的结合，在焊接的过程中可以选择性使用填充材料。

下面以铜管与铜管的焊接为例来说明焊接的具体步骤。

（1）选用中性火焰，如图 17-14（a）所示。

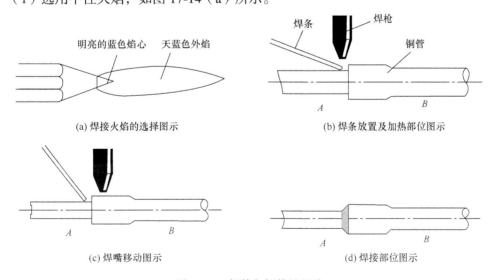

(a) 焊接火焰的选择图示　　　　　　(b) 焊条放置及加热部位图示

(c) 焊嘴移动图示　　　　　　(d) 焊接部位图示

图 17-14　铜管与铜管的焊接

（2）焊条放置及加热部位图示如图 17-14（b）所示。

（3）焊条熔化后，焊嘴（火焰）在 A、B 间来回移动，如图 17-14（c）所示。

（4）焊接部位示意图如图 17-14（d）所示。

二、检漏操作

制冷系统的管路经常需要进行检漏，常见的检漏方法包括目测检漏、肥皂水检漏、浸水检漏、卤素灯检漏、电子卤素检漏仪检漏等，其中使用最多的是电子卤素检漏仪。

金属铂在 800～900℃的条件下，会发生正离子发射。在卤素气体条件下，正离子发射会急剧增加，即卤素效应。卤素检漏仪就是应用了卤素效应进行工作。

卤素检漏仪的阳极采用铂材料，加热后发射正离子。阴极接收发出的离子流，在检流计上显示出来，并伴随声音指示。

电子卤素检漏仪的工作原理图如图 17-15 所示。

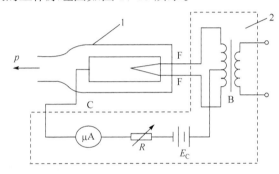

图 17-15　电子卤素检漏仪工作原理图

1-检漏管(C-收集级；F-F-发射级)；2-测量电路(B-变压器；E_C-直流电源；R-可变电阻；μA-指示仪表)

（1）将电池装入电子检漏仪器内，打开电源开关，此时若电源指示灯亮，同时听到检漏仪发出缓慢间断的嘀嘀声，则表示检漏仪处于正常状态；若打开电源，且此时仪器不间断啸叫，则只需按一下复位键，便可恢复正常，如图 17-16（a）所示。

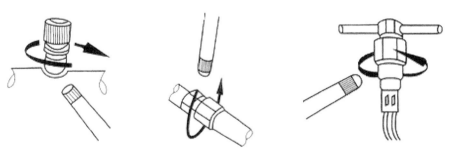

(a) 电子检漏仪自检图示　　　(b) 电子检漏仪检漏操作图示　　　(c) 电子检漏仪确定漏点图示

图 17-16　电子检漏仪

（2）通过观看电源指示灯，核对电池电压是否正确。

（3）选择合适的灵敏度，然后将检漏仪的探头沿系统连接管道慢慢移动进行检漏，速度为 25～50mm/s，并且探头与被检测表面的距离不大于 5mm，如图 17-16（b）所示。

（4）若检漏仪发出"嘀——"的长鸣叫声，说明该处存在泄漏。为保证准确无误地确定漏点，需要及时移开探头，再次调节仪器灵敏度至合适位置，待检漏仪恢复正常后，在发现漏点处重复检测 2～3 次，如图 17-16（c）所示。

（5）找到一个漏点后，一定要继续检查剩余管路，确认是否还有其他漏点存在。

三、清洗操作

制冷系统的管路需按照铜管、钢管以及毛细管区分，进行不同的清洗操作，换热器则通常采用酸洗法或者机械清洗法。管路及换热器清洗说明如表 17-4 所示。

表 17-4　管路及换热器清洗说明

清洗方法		说明
管路的清洗	铜管	首先用流速为 10～15m/s 的压缩空气吹扫，再用 15%～20%氢氟酸溶液腐蚀 3h 以除掉弯管内的砂子，再用 10%～15%的苏打水溶液和热水冲洗，最后在 120～150℃下烘干 3～4h
	钢管	首先向管内注入 5%的硫酸溶液并保留 1.5～2h，再用 10%的无水碳酸钠溶液中和，然后用清水冲洗干净，用氮气或干燥空气吹干，最后用 20%的亚硝酸钠溶液钝化
	毛细管	先用高温（650℃左右）烧去管内油污，待冷却后用压缩空气吹净灰尘，再用四氯化碳清洗，用氮气或干燥空气吹干
换热器（冷凝器、蒸发器）的清洗		通常采用酸洗法或者机械清洗法

四、制冷剂充注操作

制冷系统中制冷剂的充注方法可分为低压充注法和高压充注法。

五、润滑油添加操作

压缩机有专用的润滑油，在添加润滑油时按照压缩机类型进行操作。

（1）开启式压缩机系统添加润滑油的方法：从吸气截止阀旁通孔吸入、从加油孔中加入或从曲轴箱下部加入。

（2）封闭式压缩机系统添加润滑油的方法：对系统进行抽真空，然后用低压工艺管吸入润滑油。

六、冰堵故障的排除方法

（一）故障的排除方法方框图

一旦发现管路被冰堵塞，需要排出系统中的制冷剂除去堵塞的冰，并在抽真空操作后重新注入制冷剂，恢复系统的正常工作。冰堵故障排除方法的操作如图 17-17 所示。

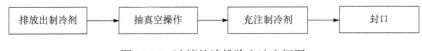

图 17-17　冰堵故障排除方法方框图

（二）冰堵故障排除的操作步骤

1. 排放出制冷剂

（1）将自工艺管端部起 15～20mm 处切断。

（2）在切断铜管时，注意防止制冷剂气体冲击脸或者身体的各部分，造成冻伤。

2. 安装修理阀

（1）制冷剂排出后，将压缩机的工艺管和延伸管焊接好并安装修理阀。

（2）修理阀安装妥当后，应保持关闭状态。

3. 安装真空装置

（1）将真空泵与分歧管、压缩机、冷凝器、蒸发器、毛细管等必要部件连接起来。

（2）打开分歧管的阀门手柄和真空阀、修理阀。

（3）将真空泵的开关合上，让制冷设备运转起来，并确认真空压力指针已下降至（100.3kPa），若指针不下降，则说明阀门未打开。

（4）检查是否真空化，制冷设备真空化的时间见表 17-5。

（5）诊断故障，若制冷系统里无制冷循环，则需要进行 60min 真空化。

表 17-5　真空化时间表

制冷设备周围温度/℃	30	15～30	15 以下
将制冷剂中空气排出所需时间/min	5	5	5
真空化所需时间/min	15 以下	30 以下	60 以下

4. 安装充气装置

（1）关闭修理阀和真空阀，将真空泵的开关切断，停止真空泵的工作。

（2）将分歧管的阀门卸下。

（3）将压缩机、修理阀、充气管与制冷剂钢瓶连接好；连接部件系紧前，先用制冷剂冲净充气管内的空气，制冷剂的填充量可参照制冷设备上标牌写明的规定量，用秤称量制冷剂重量时，秤要保持水平。

（4）轻轻地用双手把钢瓶的充气阀和修理阀打开。

（5）检查填充是否到规定量，然后关闭钢瓶充气阀和修理阀，将充气管从修理阀上拆卸下，填充完毕之后，应再检查填充情况。

5. 封口

（1）对距离压缩机 50～120mm 的延伸管和修理阀连接处加热，然后用夹扁工具将管道夹扁，选择合适位置切断后，用气焊连接其端部。

（2）封口工作需要注意，对夹扁的地方或者焊接处不能用力，若发现漏气现象，就不可以再进行焊接。

七、脏堵故障的排除方法

轻微"脏堵"的处理，采用 $0.6\sim0.8MPa/cm^2$ 的压缩空气或氮气反复地吹扫（管道）进行"堵、放"操作：开动压缩机，并用手指按住系统管道的出口，待管道内的压力升高后，迅速放开手指，重复"一堵、一放"的动作，利用压缩空气或氮气清洁管道污垢。

若"脏堵"较为严重，需要放掉系统中的制冷剂，更换部件后再进行冲洗、抽真空、重新注入制冷剂等操作，严重"脏堵"处理流程图如图 17-18 所示。

图 17-18 严重"脏堵"处理流程图

八、泄漏故障的排除方法

管路存在泄漏时，通过检漏操作找到泄漏点，放空制冷剂后焊接补漏，重新检漏，确认无泄漏后，抽真空再注入制冷剂。泄漏故障处理流程图如图 17-19 所示。

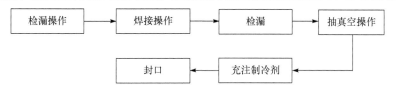

图 17-19 泄漏故障处理流程图

九、压缩机的故障检修

（一）压缩机故障检修流程

压缩机出现故障的原因较多，需要根据实际情况从多方面进行判断，图 17-20 为压缩机故障检修流程图。

（二）压缩机的一般检查方法（以全封闭式压缩机为例）

1. 手指检测法

手指分别按在压缩机的吸气口和排气口，正常情况下压缩机吸气口有吸入气流，排气口有排出气流。

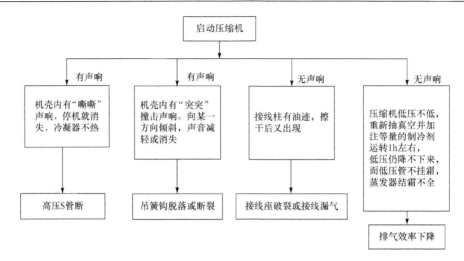

图 17-20　压缩机故障检修流程图

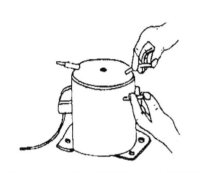

图 17-21　压缩机手指检测方法示意图

如果压缩机的工作电流较大，用手分别按住吸气口和排气口，若有振动的感觉，一般表示压缩机卡死，图 17-21 为压缩机手指检测方法示意图。

2. 实测法

将压缩机放在压缩机测试台上进行检测，在测试台上启动压缩机约 1min 后，低压端压力应为 0，高压端压力为 1.17MPa 左右；在停止运转 3min 后，压力不得下降到 0.05MPa，即合格。

十、蒸发器的修补方法

（1）简易修补法。把蒸发器漏孔附近清理干净，将自凝牙托粉和自凝牙托水以 10∶6 的比例调和，待数分钟后，黏丝即可涂于漏孔处，面积视漏孔大小而定，厚度以 2～3mm 为宜。

（2）胶黏修补法。将蒸发器漏孔附近的油污拭净，然后用环氧树脂金属胶或分装于两管现场配制的 CH-31 型胶黏剂粘接（两管的胶挤出等量后调匀），在洞的周围 2mm 范围涂覆，使其固化 24～48h。为了保险起见，可以进行第二次涂覆，范围可再大一些。也可以用 1mm 厚的铝片拭净后，涂上黏胶覆于洞上，固化后即可。

（3）酸洗焊接法。先将蒸发器漏孔附近用细砂皮处理干净，再用 1%稀磷酸溶液进行处理，稍等片刻后抹一层三氯化铁，1min 后，用氯化锌溶液作为助焊剂，用 300W 电烙铁或火烙铁进行锡焊，焊补完后把残余的氯化锌溶液清洗干净。

（4）锡铝焊接法。需要碎铝片和锡块，以 2.5∶5.5 的比例加热熔化铸成 1.5～2mm 粗的铝锡焊条。把蒸发器漏孔周围用刀刮干净，然后用 300W 电烙铁将焊条熔化，可在焊接部位下面用酒精灯或蜡烛加温，直到漏孔都被焊料填满，再用锡条（不含松香和焊油）进行搪锡，使其表面光滑。

（5）环氧树脂粉摩擦焊接法。用一块废印刷电路板，用三氯化铁除去敷铜层，然后将环氧树脂板锉成粉末，用80目铜丝网过筛，与松香粉混合，各占50%，再于漏孔的周围放一些配对的焊剂，用300W电烙铁与锡条在漏孔处用力摩擦，即可将漏孔处焊牢。

十一、冷凝器（钢丝盘管式）修补方法

（1）钢丝从冷凝器盘管上脱落的处理方法：把钢丝和蛇形盘管上的黑漆涂层刮除，将点焊处用细砂纸砂光，用去漆皮的漆包线将钢丝和盘管捆扎紧，最后用烙铁把漆包线、蛇形盘管和钢丝牢牢焊在一起。

（2）冷凝器管弯头或连接焊部位出现泄漏的处理方法：在焊补前，放净制冷剂，再用小号焊枪对故障点进行银焊。在焊补时，火焰不能过于强烈，尽量做到操作时间短、动作快、补漏准确。

第四节 医疗设备中冷却系统的检修与保养

在医疗仪器设备中，冷却系统有着非常重要的作用。如果冷却系统无法稳定工作，医疗设备特定部件则无法及时降温、散热，温度异常产生的干扰、噪声会使得设备性能下降，缩短使用寿命，严重的甚至会导致设备停工或者损坏。

一、故障现象及原因分析

在医疗仪器设备保养过程中发现，许多的故障是由其冷却系统故障所导致的。很多看似疑难的医疗仪器设备的故障，只要解决冷却系统故障就可迎刃而解。

选取几个比较典型的、由冷却系统故障导致医疗设备无法正常工作的例子进行说明，表17-6为医疗设备冷却系统故障表。

表 17-6 医疗设备冷却系统故障表

故障现象	原因分析
某院有两台磁共振成像设备（3.0T和1.5T），运行过程中制冷剂高压报警而停机	其冷却系统是水冷机组，在实际运行过程中冷却系统制冷剂故障，导致制冷剂压力升高
某院3.0T磁共振设备的冷头停止运行	检查后发现是由冷头的氦压缩机停机造成的，进一步核查得知氦压缩机停机是由于为其散热的水冷机组没有工作，最后得出冷头停止运行的根本原因是水冷机组的冷冻水系统缺水，而导致水冷机组停机保护
某院有一台彩超机，其显示的色彩时常混乱	经检查彩超的显示器内积尘非常严重，用吹风机将灰尘吹去后，显示就完全正常，事后分析就是因为彩超设备的冷却系统出现故障，其显示器积尘严重而直接影响了设备散热或导电功能，导致其电路产生混乱现象而出现色彩混乱
某院有一台PICKER 1200SX型CT设备，运行一段时间就报6号故障代码而停工，过一段时间又能工作	经检修，发现其冷却自来水有杂质，冷却系统因杂质堵塞使水流量变小，导致CT设备的油箱温度传感器温度升高过快而保护CT机器，经过一段时间的冷却作用，其传感器自动解除了保护状态，CT设备又恢复工作状态

二、故障应急预案及预防性维修

由于医疗设备具有连续性的要求，所以其冷却系统对医疗仪器仪器来说非常重要，要尽量确保设备的连续不断运行，做好系统损坏后的各种故障的应急预案。例如，一台3.0T磁共振水冷机组因故障无法运行，会导致磁共振设备的氦冷却系统无法正常运行，因此在水冷机组的冷冻水系统应设置可用自来水代替其冷冻水工作的装置，如管路增加三通等，不过使用中发现这样做的坏处除了浪费自来水外，在盛夏还会因自来水水温不够低而无法满足氦冷却散热要求，导致磁共振设备中的液氦挥发速度加快。又如，一台NESLABHX-300型水冷机冷凝器的散热风扇烧坏，在水冷机冷凝器外面具有可设置一个轴流风机应急代替的条件，因为散热风机故障会使磁共振设备的水冷机组无法正常运行，而导致磁共振机器停机等。

种种现象和经验表明，医疗设备的冷却系统工作失常很多都是因为日常的维保工作不受重视，所以对医疗设备的适时检查和保养能有效地减少故障的发生。例如，定期清洁设备的空气过滤网、清洁或更换冷却水过滤器、时常检查冷却风扇工作是否正常和定期检查制冷剂以及循环水或油的压力或液面等是否都能及时地发现和有效地预防故障。

三、注意事项

在检修与保养医疗设备的冷却系统时，有些事项值得警惕。例如，有一台磁共振线路板在保养时损坏，经检修分析发现该设备的风扇使用直流电机，在对冷凝器保养时，用强力吹风机进行除尘，当用吹风机时，由于其风扇叶旋转，进而带动此电动机发电，对其电路造成加极性相反的电压等不良影响导致损坏。

（1）医疗设备机房环境的温湿度控制条件设定和设备的安装要求。空调系统温度与湿度的设定应全面综合考虑设备运行条件，若机房空调温度设置过低，医疗仪器设备的金属表面容易出现冷凝水结露现象，这样容易损坏设备线路。某些制冷机组的安装环境应保持通风、不积尘，因为系统的温度和湿度传感器较敏感，若积上灰尘，传感器的温湿度显示会出现偏差，从而影响系统的正常运转。

（2）有些精密医疗设备冷却系统的控制原理与常规设备不同，在检修时应仔细研读检修手册。例如，美国NESLAB水冷机组的启停模式是通过制冷剂的截止阀通断控制的，无论制冷与否，其压缩机一直处于工作状态，这样即可高精度地保持恒温又能避免压缩机的频繁启动对电网与周围设备的干扰。因此，在设备的检修过程中，若按常规制冷设备检修思路就会走很多弯路。

（3）有些大型制冷设备的压缩机采用的是三相交流电源，制冷设备工作异常时，别忘了检查电源相位是否改变，三相电源相位的改变能使三相电机反转或触发相位保护电路，造成设备不能启动。在检修时，用钳形电流表很容易测其三相交流电流是否平衡，进而帮助判断其电机线圈本身的通电状态。因此，在设备的安装和检修过程中，应检查三相交流电源相位是否正确，否则就会导致压缩机反转。

（4）有些设备的冷却系统存在高压报警复位开关，在检修完成后应记得复位。例如，意大利海洛斯S23UA型空调机有时出现高压报警后，要用手将其压力传感器上的小按钮复位，否则即使消除了散热不良等故障导致的高压报警，也无法正常运转，因此压力传感器的高压开关未复位，开机一会儿就又会出现高压报警。

（5）有些冷却系统中设有制冷剂状态观察窗、冷冻油液位观察口、制冷系统高低压压力表等装置，这些都是检修工程师的眼睛，是很好的检修诊断工具。建议在制冷设备的检修过程中分别记下系统正常运行时压缩机启停的状态或读数，以备与制冷设备不正常运行时比较，这对制冷设备的故障排查将有很大的益处。甚至一些有经验的制冷设备维保工程师只要摸一摸制冷设备高压管路和低压管路的温度，就能对设备状态作出大概的判断。因此，熟悉制冷设备正常运行时制冷设备的高、低压管路的温度，对迅速判断系统的故障会有很大的益处。

（6）有些制冷设备的室外机组在室外环境温度低到一定程度就会进入自身防冻保护状态而不工作，这是为了防止压缩机里的密封润滑油冷凝后使压缩泵无法启动而烧毁压缩机电机。因此，有些制冷设备会在压缩机上加有辅助电加热带以确保设备在极端气温条件下仍能正常运转。

（7）有些制冷设备提供超低温功能，在检修此类设备时应注意许多不同于普通制冷设备的注意事项。例如，德国 CFL 型超低温冰柜的制冷形式采用二级制冷循环原理，二级制冷循环是相对独立的制冷循环过程，其制冷剂分别是 F502 和 F107，F107 很贵，很有必要回收。回收前要准备两个抽好真空的回收罐，且回收罐的温度越低，其回收的效果会越好，若在条件允许的情况下，也可在回收之前和回收过程中用液氮冷却回收罐，但必须保持回收罐所处的场所通风，因为氮气虽然无毒，但是在空气中浓度过高易对操作人员造成窒息的危险。

（8）在进行医疗仪器的检修保养过程中，有的医疗仪器设备机壳兼具散热片功能，千万不要在机壳做加电试验，否则可能会烧坏设备元器件。

（9）在检修时应时刻注意设备所用的元器件原理，例如，目前出现的一种新型热管式散热片对安装方位有一定的要求。这种散热器内有一个含低沸点液体的密封管，正常工作时热管最热一端靠近热源，受热后使液体汽化而吸收热量，汽化的蒸汽扩散到热管远端，冷却后液化释放热量，使热管式散热器的散热能力有所提高。

（10）美国 NESLAB HX-300 型水冷机和 GE Hispeed CT/I 型 CT 扫描架等的散热风扇不总工作，主要靠温度传感器控制其开关，在检修不但要清楚这一点，更要防止此类风扇突然工作而伤人。

（11）意大利海洛斯 S23UA 型等空调机冷凝器散热风扇一般不是常速运转的，有时会转得很慢，在日常维护过程中不要误以为是被风吹的或有故障。安装空调机室外机组时，既要保证通风散热，又要注意安装方向与位置，以确保冷凝器不被积雪、落叶和杨柳花絮等覆盖。

第十八章　医用气体系统

第一节　医用气体系统概述

一、医用气体系统的组成

医用气体（medical gas）是指直接或间接用于临床医疗的气体总称。对于医用气体，有的直接或间接用于治疗，有的用于麻醉，有的用来作为医疗设备和治疗工具的动力，有的用于医学试验和细菌、胚胎培养等。

在医院中常见的医用气体可分为正压类医用气体和负压类医用气体。其中，正压类医用气体通常称为供气系统，如氧气系统、笑气（一氧化二氮）系统、二氧化碳系统、氩气系统、氦气系统、氮气系统、压缩空气系统等医用气体系统；负压类医用气体通常称为抽排系统，如负压吸引系统、麻醉废气排放系统等医用气体系统。

在实际运行中，医院应根据自身需求决定医院所设的医用气体系统种类，但氧气系统、压缩空气系统和负压吸引系统是必备的，其他气体可根据实际需求配置，医用气体分类如表 18-1 所示。

表 18-1　医用气体分类表

气体种类	具体气体系统名称
正压类医用气体	氧气系统、笑气系统、二氧化碳系统、氩气系统、氦气系统、氮气系统、压缩空气系统
负压类医用气体	负压吸引系统、麻醉废气排放系统

医用气体系统（medical gas system）是指向患者和医疗设备提供医用气体或抽排废气、废液的一整套装置。每个供气系统一般由气站、输气管路、监控报警装置和用气设备四部分装置组成。以氧气（分子筛制氧）系统和负压吸引系统为例进行介绍。

分子筛制氧系统由氧气站、氧气管路、氧气监控报警装置和用氧设备组成。其中，氧气站可由空气压缩机、冷干机、制氧机、氧气储罐、一级减压器等组成；输氧管路由输气干线、二级稳压箱、表阀箱、楼层总管、支管、检修阀、分支管、流量调节阀、氧气终端等组成；氧气监控报警装置由电接点压力表、报警装置、情报面盘等组成；用氧设备一般为湿化瓶、麻醉剂、呼吸机、高频氩气刀等。氧气系统装备组成详见表 18-2。

表 18-2 氧气系统装备组成

氧气系统设备	氧气站	输氧管路	氧气监控报警装置	用氧设备
部件列表	1.空气压缩机 2.冷干机 3.制氧机 4.氧气储罐 5.一级减压器 ⋮	1.输气干线 2.二级稳压箱 3.表阀箱 4.楼层总管 5.支管 6.检修阀 7.分支管 8.流量调节阀 9.氧气终端 ⋮	1.电接点压力表 2.报警装置 3.情报面盘 ⋮	1.湿化瓶 2.麻醉剂 3.呼吸机 4.高频氩气刀 ⋮

负压吸引系统（vacuum aspiration system）由吸引站、输气管路、监控报警装置和吸引设备组成。吸引站由真空泵、真空罐、细菌过滤器、污物接收器、控制柜等组成；输气管路由吸引干线、表阀箱、楼层总管、支管、检修阀、分支管、流量调节阀、吸引终端等组成；监控报警装置由电接点真空表、报警装置、情报面盘等组成；吸引设备为负压吸引瓶。抽排系统以麻醉废气排放系统为例，麻醉废气排放有两种方式：负压式麻醉气体排放和正压式麻醉气体排放（引射式排放技术）。正压式麻醉废气排放系统由射流式排放装置、管路系统、正压动力源三部分组成。

二、医用气体的种类和用途

（一）氧气（oxygen）

氧气的分子式为 O_2。它是一种强氧化剂和助燃剂。高浓度氧气易和油脂产生剧烈的氧化反应，容易发生剧烈燃烧甚至爆炸，所以在《建筑设计防火规范》（GB 50016—2014）中，氧气被列为乙类火灾危险物质。

然而，氧气也是维持生命的基本物质之一，在医疗上用来给缺氧患者补充氧气，但直接吸入高纯氧则对人体有害，人体长期使用的氧气浓度一般不超过 30%，普通患者通过湿化瓶吸氧；危重患者则通过呼吸机吸氧。

氧气还用于高压氧舱，治疗潜水病、煤气中毒以及用于药物雾化等。

（二）一氧化二氮（nitrous oxide）

一氧化二氮分子式为 N_2O。它是一种无色不可燃气体，气味微甜，有轻微麻醉作用，人少量吸入后，面部肌肉会发生痉挛，出现笑的表情，故俗称笑气（laughing gas）。

笑气微溶于水，易溶于丙酮、甲醇和乙醇，可被含有高氯的漂白粉液和纯碱等碱溶液中和、吸收。

人少量吸入笑气后，有麻醉止痛的作用，但大量吸入会使人窒息。医疗上用笑气和氧气的混合气（混合比为 65% N_2O + 35% O_2）作为麻醉剂，通过封闭方式或呼吸机给患者吸入。麻醉时要用准确的氧气、笑气流量计来监控两者的混合比，防止患者窒息。停吸时，必须给患者吸氧 10 多分钟，以防缺氧。

用笑气作为麻醉剂具有诱导期短、镇痛效果好、苏醒比较快、对呼吸和肝肾功能无不良影响的优点。但是笑气对心肌略有抑制作用，使肌松不完全，且全麻效能弱。单用笑气作为麻醉剂，仅适用于拔牙、骨折整复、脓肿切开、外科缝合、人工流产、无痛分娩等小手术。大手术时常要与巴比妥类药物、琥珀酰胆碱、鸦片制剂、环丙烷、乙醚等联合使用，以增强效果。

（三）二氧化碳（carbon dioxide）

二氧化碳分子式为 CO_2，俗称碳酸气。它是一种无色、无味、无毒的气体。二氧化碳常温下不活泼，可溶于水，溶解度为 0.144g/100g 水（25℃）。在 20℃时，将二氧化碳加压到 5.73×10^6 Pa 即可变成无色液体，常压缩在钢瓶中储存。

医疗上，二氧化碳用于腹腔和结肠充气，以便进行腹腔镜检查和纤维结肠镜检查。此外，它还可用于实验室培养细菌（厌氧菌）。高压二氧化碳还可作为冷冻疗法，用来治疗白内障、血管病等病种。

（四）氩气（argon）

氩气分子式为 Ar。它是一种无色、无味、无毒的惰性气体。它不可燃、不助燃，也不与其他物质发生化学反应，因此可用于保护金属不被氧化。

氩气在高频高压作用下，会被电离成氩离子，氩离子有良好的导电性，能够持续地导电。氩气作为一种惰性气体，能够给手术中的创面降温，减少组织氧化、炭化，因此在医疗上常用于高频氩气刀等手术器械。

（五）氦气（helium）

氦气分子式为 He。它也是一种无色、无味、无毒的惰性气体。它不可燃、不助燃，也不与其他物质发生化学反应，因此可用于保护金属不被氧化，在医疗上常用于高频氦气刀等手术器械。

（六）氮气（nitrogen）

氮气的分子式为 N_2。它是一种无色、无味、无毒、不可燃的气体。常温下不活泼，不与一般金属发生化学反应，在医疗上常用来驱动医疗设备和工具。

液氮常用于外科、口腔科、妇科、眼科的冷冻疗法，治疗血管瘤、皮肤癌、痤疮、痔疮、直肠癌、各种息肉、白内障、青光眼，以及用于人工授精等。

（七）压缩空气（compressed air）

压缩空气用来为医疗设备提供动力，主要用于骨科器械、呼吸机、口腔手术器械等。

除了以上 7 种常用气体外，还有一些特殊用途的医用气体。

（八）医用氙气（medical xenon）

医用氙气主要应用于气体管 CT 机内，氙气通过吸收能量激发电离，其离子在电场中加速运动撞击金属板产生 X 射线，由于人体组织对 X 射线的吸收及透过率不同，X 射线照射人体后获得的数据再经过计算机运算处理，就能够得到人体检查部位的断面或者立体图像。

（九）氪气（krypton）

氪气主要应用于医院激光源激发的辅助原料，使原来的激光光源强度加强，从而便于临床医生对疾病进行准确诊断和治疗。

（十）氖气（neon）

氖气主要应用于医院常用激光手术机的清洗置换气，具体要求据医院不同的激光手术机型而定。

（十一）混合气（gas mixture）

1. N_2+CO_2 或 CO_2+H_2

N_2+CO_2 或 CO_2+H_2 主要用于医院无氧细菌培养，达到营养所要求培养细菌的目的，方便检测细菌的种类，满足鉴别细菌的要求，从而有利于临床诊断及治疗。

2. 5%～10%CO_2/Air

5%～10%CO_2/Air 用于脑循环系统，目的是促进与加快脑循环中血液循环的推进，维持脑循环的稳定。

3. 医用三元混合气体

医用三元混合气体主要用于细胞培养及胚胎培养，是医院生殖中心等部门常用的气体。

4. 血液测定辅助气体

血液测定辅助气体主要用于血液测定时对血液成分的分离稳定进行保护，从而准确计算各成分的数量，如红细胞、白细胞等。

5. 肺扩散气

肺扩散气主要用于肺部手术进行扩容，方便手术进行，同时也防止肺萎缩变小。

（十二）废液、废气的排放及处理

1. 废液

治疗中产生的液体废物有痰、脓血、腹水、清洗污水等，它们可由负压吸引系统收集、处理。

2. 麻醉废气

麻醉废气一般是指患者在麻醉过程中呼出的混合废气。其主要成分为一氧化二氮，二氧化碳，空气，安氟醚、七氟醚、异氟醚等醚类气体。

麻醉废气对医护人员有危害。同时，废气中的低酸成分对设备有腐蚀作用，所以患者呼出的麻醉废气应当由麻醉废气排放系统（anaesthetic gas scavenging system）收集处理或稀释后排出室外。

目前常用的处理方法是用活性炭吸收麻醉废气，然后烧掉。

三、科室医用气体种类需求概况

医院中使用医用气体的科室主要有手术室、预麻室、恢复室、清创室、妇产科病房、重症监护病房以及普通病房等。氧气、压缩空气和负压吸引是最基本的医疗气体，氧气在普通病房、重症监护病房、手术室、高压氧舱中会配备；压缩空气在重症监护病房、手术室、高压氧舱、口腔科诊室中会配备；负压吸引系统在普通病房、重症监护病房、手术室、口腔科诊室中会配备。各用气单元经常使用的气体如表 18-3 所示。

表 18-3　医疗单元医用气体配置表

气体系统	氧气	压缩空气	负压吸引	笑气	二氧化碳	氩气	氮气	废气排放
普通病房	★		★					
重症监护病房	★	★	★					
普通手术室	★	★	★	★				★
腹腔手术室	★	★	★	★	★			★
胸脑手术室	★	★	★	★		★	★	★
高压氧舱	★	★						
口腔科诊室		★	★					

第二节　医院常备医用气体系统

医院常备的医用气体系统分别是氧气系统、压缩空气系统以及负压吸引系统，每种医用气体系统一般由气源（气站）、输气管路、监控报警装置和用气设备四部分组成。下面对各气体系统做简单介绍。

一、氧气源

现在国内外医院的氧气源主要采用分子筛变压吸附制氧、液态氧供氧和汇流排供氧三种形式，具体选择供氧方式需结合医院自身特点决定。

（一）分子筛变压吸附制氧设备方式

变压吸附制氧设备采用碳分子筛为吸附剂，在一定的压力下，碳分子筛表面对空气中的氧、氮吸附量存在差异，使用可编程逻辑控制器（programmable logic controller, PLC）负责气动阀的开闭动作，使得 A、B 吸附塔交替循环，在加压时吸附、减压时脱附，从而实现氧气、氮气两种气体的分离，以获得要求纯度的氧气。

分子筛制氧装置工艺流程图如图 18-1 所示。

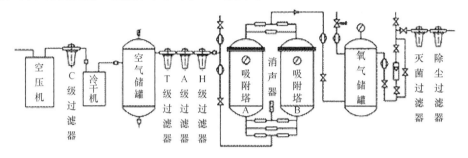

图 18-1　分子筛制氧装置工艺流程图

分子筛空气分离设备原理图如图 18-2 所示。

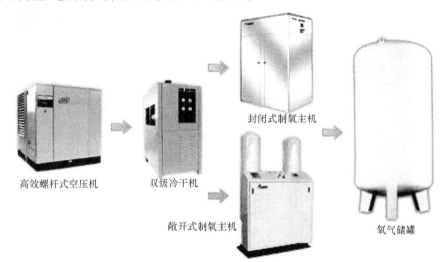

图 18-2　分子筛空气分离设备原理图

（二）液态氧供氧方式

液态氧供氧系统主要由中心液氧站、二级稳压稳流箱、输氧管路、管路开关、氧气快速接头及氧气湿化器等组成。液态氧供氧系统的最核心部分是中心液氧站，它主要包含真空粉末绝热低温液氧储罐、升压盘管、汽化器、氧气分配器（分气缸）等。液态氧供氧系统的工作流程如下：首先液氧储罐中的液态氧通过汽化器汽化，然后进入氧气分配器（分气缸），通过分配器上的各手动阀门调节，分开进入各功能分区的主管路。

液化气供应方便的地区、用气量大的医院可采用此类气源。这种气源一次性投资较小，供气量可大可小，适应性强，但要考虑足够的储备量（不少于 3 日），以防供应不及时。

（三）汇流排供氧方式

汇流排供氧系统主要用于小型医疗机构或大型综合性医院的重症监护病房、急救室、观察室和手术室等处。系统一般包括氧气气源、减压稳压装置、控制器、氧气管路、氧气终端以及报警器等。气源即汇流排，由高压氧气钢瓶组成，可以按照用氧量设计 2～20 个氧气钢瓶。氧气瓶按照功能划分成两组：一组供应氧气；另外一组作为备用，用来满足医院各区域供氧的不可间断性要求，如图 18-3 所示。气站的报警装置为氧气欠压声光报警，并且供氧的模式可以选择切换手动或者自动，汇流排的控制器一般由气源自动切换装置、减压稳压装置、阀门以及压力表等组成。输氧管路使用的无氧紫铜管、不锈钢管，都需要脱脂处理，氧气连接附件都要使用专用部件。氧气汇流排双路切换系统如图 18-4 所示。

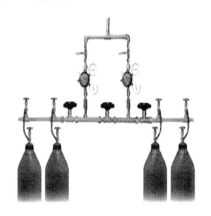 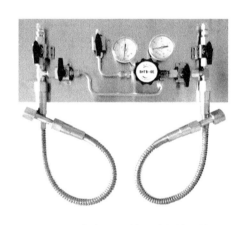

图 18-3　氧气汇流排　　　　　　　图 18-4　氧气汇流排双路切换系统

二、压缩空气源

压缩空气一般用空气压缩机生产。空气压缩机分为活塞式、离心式、螺杆式等多种形式。按润滑形式，还可分为有油润滑和无油润滑两类。医用压缩空气要求清洁无油，因此最好采用无油润滑的空气压缩机生产。但有油润滑的空气压缩机目前价格较低，在加装油水分离装置后，也可使用。压缩空气站现场如图 18-5 所示。

用气量大的医院和无供气渠道的医院一般采用此类压缩空气气源。这种气源一次性投资较大，管理、维修成本较高，生产成本不高，且无停气之忧。

三、负压吸引气源

负压吸引系统的气源是负压吸引站。负压吸引站一般由水环真空泵、真空罐、气水分离器、灭菌器、控制柜及管路、阀门等组成。负压吸引站工作时，通过真空泵抽气使真空罐的内压维持在–0.07～–0.03MPa，再由真空罐通过管路系统和负压吸引瓶抽吸污液。负压吸引站现场如图18-6所示。

图18-5 压缩空气站现场

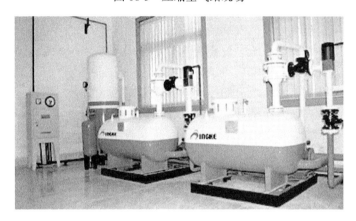

图18-6 负压吸引站现场

四、输气管路及管路连接

气站对气源提供的气体进行除油、除水、过滤以及减压等一系列处理，使得气体指标满足医用要求，经输气管路干线送到门诊、手术部和病房所在的楼层，接着经楼层总管、支管、分支管将气体送到各个气体终端。楼层医用气体管路一般由管道、管道连接件（简称管件）、阀门及二级稳压箱、表阀箱、气体终端设备（嵌壁终端箱、吊塔、设备带）等设备组成。

输气管路的材料一般采用铜管或不锈钢管。这两种材料的耐腐蚀性较好，在医用气体中不会生成容易脱落的锈粉或有害气体，因此不会污染医用气体。负压吸引管和废气排放管可以采用镀锌钢管和PVC（聚氯乙烯）管，价格相对低廉。管路连接方式分为两大类：一类是不可拆连接，如焊接、胶接等；另一类是可拆连接，如螺纹连接、活接头连接和法兰连接等。管子采用焊接有利于保证气密性。铜管与管件常采用承插式银基钎焊连接。不锈钢管与管件常采用氩弧焊对焊连接。PVC 管和管件常采用胶接或塑料焊接。需要拆卸的地方，如管子与阀门的连接一般采用可拆连接，即螺纹连接、活接头连接或法兰连接。活接头连接有球面连接、卡套连接、平面连接等多种形式。

医用气体管路上还装各类附件，如安全阀、减压阀（减压器）、切断阀、调节阀等。

五、监控报警装置

医用气体系统的监控报警装置，一般分为三级气体监控报警系统。报警系统的功能主要是向设备维护人员、医护人员提供实时的医用气体系统状态参数，包括压力、流量等，当系统参数出现异样时，系统便会触发声光报警信号发出警报。

第一级是气站监控报警系统，位于气站，负责气站的信息收集，用来监控气源、气体处理装置和存储设备的状态，如图 18-7 所示。它由安装在高/低压气体管道或气罐上的电接点压力表、安装在气体管道上的流量计、安装在控制箱（柜）内的控制报警装置及报警线路组成。

维护人员可以查看压力表、流量计，观察气站设备工作情况。若气体管路或气罐内的气体压力超、欠压，控制箱（柜）上的报警红灯就会亮起来示警，同时蜂鸣器（或电喇叭）发出报警声，向维护人员发出警示信息。

第二级是楼层监控报警系统，位于用气楼层，用来监控该楼层供气状态。它由位于楼层气体报警装置表阀箱上的电接点压力表（图 18-8）、装在楼层气体管道上的流量计、装在报警装置表阀箱或护士站附近的控制报警装置以及相关报警线路构成。供气区域内的医护人员、维护人员根据流量计随时检查楼层气体管路的气体工作情况。若气体管路的气体压力超、欠压，管路上的报警红灯就会亮起来示警，同时蜂鸣器（或电喇叭）发出报警声，向维护人员发出警示信息。

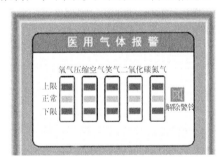
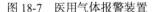

图 18-7　医用气体报警装置　　　　　　　　图 18-8　电接点压力表

第三级是末端设备监控报警系统，如手术室的监报系统，位于各手术室内，监控气体系统对所在手术室供气的情况，如图 18-9 所示。该末端设备监控报警装置包括嵌壁终端箱上的电接点压力表、手术室情报面盘中的控制报警装置以及相关报警线路等。手术室的医护人员可根据手术室情报面板随时查看手术室供气情况。若气体管路的气体压力超、欠压，管路上的报警红灯就会亮起来示警，同时蜂鸣器（或电喇叭）发出报警声，发出警示信息给维护人员。

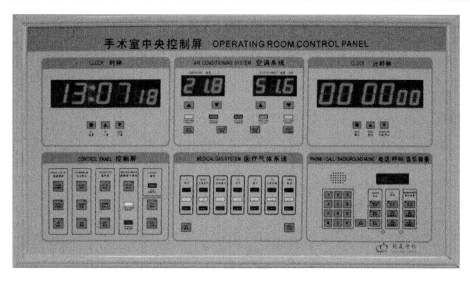

图 18-9　手术室中央控制屏面板

六、医用气体终端设备

医用气体终端一般采用插拔式自封接头的形式。它由一个气体自封插座和一个气体插头组成，如图 18-10 所示。使用时，将空心的气体插头插进气体插座，顶开其中的活门，使管道中的气体能从插座和插头的内腔通过。一旦拔出气体插头，阀座中的弹性元件就将活门关闭，禁止气体通行。

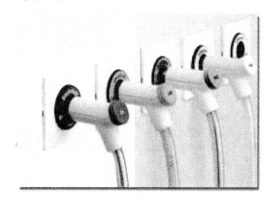

图 18-10　医用气体终端

废气排放终端有时带有气体引射器，利用喷嘴中高速喷出的压缩空气建立负压区，吸引废气并与之混合，带动压缩空气和废气混合后的气体一起经废气排放管排出。其结构图如图 18-11 所示。

一般每个手术室都装有两套医用气体终端。一套装在吊塔上，一套装在嵌壁终端箱内，一用一备。预麻室、苏醒室、重症监护病房等房间的医用气体终端一般装在设备带上。若用户用的是吊塔，就装在吊塔上，如图 18-12 所示。吊塔上配置相应的气体插座，如图 18-13 所示。

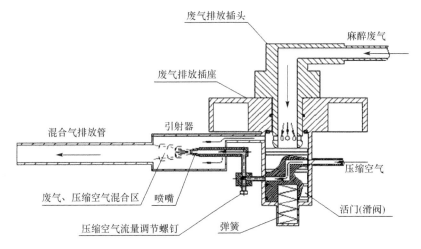

图 18-11　废气排放终端结构图

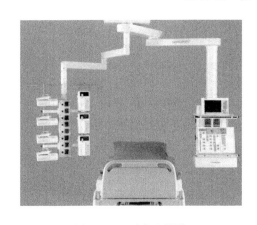

图 18-12　手术室吊塔

图 18-13　吊塔上的气体插座

　　吊塔按用途可分为麻醉科吊塔、外科吊塔、内窥镜吊塔、显示器吊塔等种类；按形式又可分为柱式、转臂式、电动升降式三类，其中转臂式又可分为单转臂式和双转臂式两种，电动升降式也可分为单转臂和双转臂两种。此外，按放置设备的平台数，吊塔还可分为单平台和双平台两种。

　　吊塔的用途不同，上面安装的气体终端品种也不同。例如，麻醉科吊塔一般要装笑气、氧气、压缩空气、负压吸引和麻醉废气排放终端，因为这都与使用麻醉机有关。

　　嵌壁终端箱的面板上装有各种气体终端及气体的电接点压力表和真空表，其结构图如图 18-14 所示。箱内则装有气体检修、调节阀。嵌壁终端箱应暗装。面板与墙面齐平并保证气密。面板底边的离地高度为 1～1.2m。

　　一般麻醉科吊塔和嵌壁终端箱应安装在手术床上患者的头部右侧。

　　医用设备带安装在病床头部的墙上，其底边离地高度为 1.4m，比病床稍高。设备带上一般装有各种气体终端、电源插座等，还可安装微光灯、呼叫按钮等装置，如图 18-15 所示。

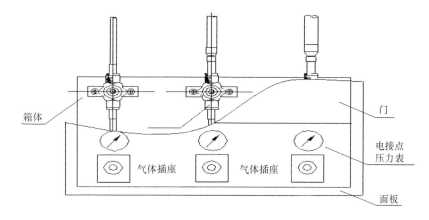

图 18-14　嵌壁终端箱结构图

图 18-15　医用设备带

七、用气设备

（一）氧气湿化瓶

氧气湿化瓶是供患者氧气吸入的重要器械，其结构如图 18-16 所示。

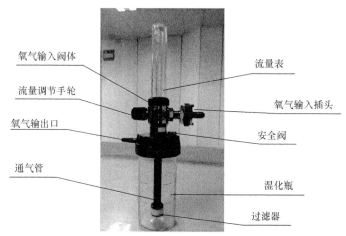

图 18-16　氧气湿化瓶结构

氧气湿化瓶的功用如下。

（1）调节氧气的输出压力和流量。

（2）使氧气和空气按一定比例混合后供患者吸入。

（3）给氧气加湿，使患者感到舒适。

（4）给氧气加湿，可以过滤沉淀氧气中杂质。

（二）呼吸机

呼吸机已经成为常规医疗装备，已被临床科室广泛应用于急救和重症监护等医疗过程。

呼吸机一般分为以下 3 类。

（1）定容型呼吸机：吸气转换成呼气是根据预调的潮气量而切换的。

（2）定压型呼吸机：吸气转换成呼气是根据预调的压力峰值而切换的（与限压不同，限压是气道压力达到一定值后继续送气并不切换）。

（3）定时型呼吸机：吸气转换成呼气是通过时间参数（吸气时间）来确定的。20 世纪 80 年代以来，出现了定时、限压、恒流式呼吸机。这种呼吸机保留了定时型及定容型在气道阻力增加和肺顺应性下降时仍能保证通气量的特点，又具有由于压力峰值受限制而不容易造成气压伤的优点，吸气时间、呼气时间、吸呼比、吸气平台的大小、氧浓度均可调节，同时还可提供间歇指令通气（intermittent mandatory ventilation，IMV）、气道持续正压通气（continue positive airway pressure，CPAP）等通气方式，是目前最适合婴儿、新生儿的呼吸机。

常频呼吸机又包括正压呼吸机和负压呼吸机，最常用的就是气道内正压呼吸机。

完整的呼吸机包括供气装置、控制装置以及患者气路三部分，图 18-17 为蓝韵凯泰型号为 HVJ-880C+的呼吸机。

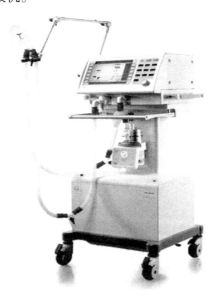

图 18-17　HVJ-880C+呼吸机

（1）供气装置，由空气压缩机（提供高压空气）、氧气供给装置或氧气瓶（提供高压氧气）和空氧混合器组成，主要提供给患者吸入的氧浓度为21%～100%的高含氧气体。

（2）控制装置，由计算机对设置参数及实测值进行智能化处理，利用控制器发出控制指令来控制各传感器、吸气阀、呼出阀以满足患者呼吸需求。

（3）患者气路，由气体管道、湿化器、过滤器等组成。

呼吸机型号众多，目前医院中常见的呼吸机型号如表18-4所示。

表18-4　常见呼吸机型号

型号	供气压力/MPa	通气量调节范围/(L/min)	氧气浓度调节范围/%
SV-3000	—	成人 10～120	21～100
Shangrila500	0.3～0.5	0～99	—
TPR-4000	0.03～0.4	10～99	45～85
TPR-5000	0.03～0.4	10～99	21～100
HVJ-880C+	0.25±10%	6～60	≤45
SV-900C	0.02～0.7	0.5～40	20～100
Drager	0.27～0.6	0～99	21～100

呼吸机按呼吸频率又可分为常频呼吸机（成人 10～60 次/min）、高频呼吸机（成人 >60 次/min）和体外膜肺。

（三）麻醉呼吸机

麻醉呼吸机从结构分析，包括以下几部分：机架、外回路、呼吸机、监护系统，图 18-18 为 RY-11B 型麻醉呼吸机。麻醉呼吸机从工作原理分析，包括四个主要分系统：气体供给和控制回路系统、呼吸和通气回路系统、清除系统，以及一组系统功能和呼吸回路监护仪，麻醉机工作原理图如图 18-19 所示。某些麻醉机还有一些监护仪和报警器，以指出与心肺功能或呼吸混合气体中气体和麻醉剂浓度有关的某些生理变量和参数的数值及变化。通常生产厂家对标配产品都仅提供较少的监护和报警组合。

下面主要从工作原理说明麻醉机的构成和作用。

1. 气体供给和控制回路系统

医院一般利用中央供气系统或氧气钢瓶，为麻醉机工作提供需要的大量氧气。从钢瓶进入系统回路的气体都要经过过滤器、单向通气阀以及压力调节器。压力调节器可将压力降到麻醉机合适的工作压力。中央供气系统供给的气体不需要经过压力调节器，因为气体压力已经降到 0.4MPa 左右了。麻醉机的合适工作压力为 0.3～0.6MPa。麻醉机一般都具有氧源故障报警系统，假如氧气压力低于 0.28MPa，麻醉机会减少甚至切断其他气体的流量，并启动报警器。

每种气体在连续流动装置中的流量都由流量计调控，参数在流量计上显示。流量计分为机械性的或者带 LCD（液晶显示器）电子传感器的。气体在经过控制阀和流量计之后，到达低压回路，根据需求决定是否再通过蒸发罐，最后供给患者。对于完善的麻醉机，笑气和氧气的流量控制应当是联动的，联动控制使得笑气和氧气的流量远不会降到最小值 0.25L/min。

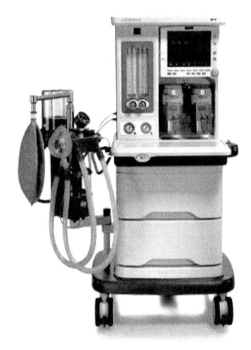

图 18-18　RY-11B 型麻醉呼吸机

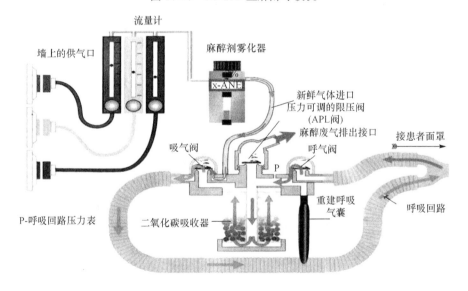

图 18-19　麻醉机工作原理图

2. 呼吸和通气回路系统

大部分麻醉机能够提供持续循环流动的氧气和麻醉气体，自成一个循环系统。在具有气体循环系统的麻醉机中，常分为两种呼吸回路：封闭式和半封闭式。在封闭式的呼吸回路中，患者呼出的气体被除掉 CO_2 后，全都回到循环系统中。在半封闭式的呼吸回路中，患者呼出的气体一部分回到循环系统中，另一部分排出循环系统。在循环系统中，供给的新鲜气体流量低于 1L/min 的，称为低流量麻醉；低于 0.5L/min 的，称为最低流量麻醉。

操作者在手动通气时，需要不停地手动挤压储气囊让患者呼吸，在手术时间较长时，操作者明显感到疲劳，影响工作效率，使用自动呼吸机机械地让患者呼吸带来了很大的便利。呼吸机将麻醉混合气体输入患者回路和呼吸系统中，吸入患者呼出的气体以及新鲜气体。根据患者的实际情况，麻醉师可以调节呼吸频率、潮气量、吸呼比以及每分通气量等各种参数，满足患者治疗的各种要求。

3. 清除系统

清除系统即二氧化碳吸收系统，主要是 $1\sim2$ 个 CO_2 吸收罐，罐内放置钡石灰或钠石灰，作用是吸收患者呼出的 CO_2 气体。

4. 监护与报警系统

麻醉机有多种配置，需要选择一套符合监护要求的装置，如用于监测气道方面、麻醉气体浓度、生理方面和能够间接反映患者肌肉松弛程度、麻醉深度的监护。

麻醉机的监护系统一般配一台基础监护装置，作为系统的平台。监护的项目包含吸入潮气量、呼吸频率、气道压力、每分通气量和相关报警系统。如果需要其他功能，可以单独配置并入系统。

另外，麻醉工作站要具备麻醉信息管理系统。麻醉信息管理系统能够接收、分析、储存麻醉临床资料以及行政管理相关信息，自动采集监护仪信息并生成麻醉记录单。常见的麻醉工作站型号如表 18-5 所示。

表 18-5　常见麻醉工作站型号

型号	氧气压力/MPa	笑气压力/MPa	快速供氧流量/（L/min）	流量调节范围/L
Aeon7100	0.3～0.4	0.3～0.4	35～75	0～10
Aeon7200A～Aeon7400A	0.3～0.5	0.3～0.5	35～75	0～10
航泰 200A～航泰 200D	0.27～0.55	0.27～0.55	35～70	0.1～10
航泰 200F	0.3～0.55	0.3～0.55	35～70	2.0～10
ZY9500	0.4～0.5	0.4～0.5	35～75	0.1～10
M-903E	0.4～0.5	0.4～0.5	≥35	0.1～10

第三节　医用气体站的具体要求

医用气体站又称为中心气站，一般包括氧气站、压缩空气站和医用吸引站。其中氧气站根据医院自身要求，可分为制氧机房、液氧汽化站和氧气汇流排等形式。

一、医用气体站的一般要求

（1）医用气体站在工作期间应保证连续、足量供气，供气质量和供气压力应符合使用要求。

（2）气瓶、储气（液）罐、制气装置等关键设备应分为两组，两组间可进行手动和自动切换，以保证连续供气。

（3）为调节用气量与产气量之间的不平衡，宜采用高压或者中压储气罐。

（4）站房应具有良好的通风和采光条件。

二、液氧汽化站的要求

（1）容积大于 500L 的液氧罐应放在室外。室外液氧罐周围 5m 内不得有通往低处（如地下室、地穴、地井、地沟等）的开口。

（2）室外液氧罐和病房、办公室、公共场所以及繁华道路的距离需大于 7.5m。

（3）室外液氧罐周围 6m 内不允许堆放可燃物和易燃物，不允许有明火，否则要用高度不低于 2.4m 的隔墙隔开。

（4）若液氧罐放在室内，应设专用房间和安全通道。

（5）液氧站设计容量不少于 3 日的储备量。

（6）液氧站需要保持通风状态，氧气浓度要低于 23%。

（7）液氧系统禁止接触油脂，防止引起燃烧和爆炸。可燃、易燃流体管路和裸露电线不允许穿过液氧罐房间。

（8）液氧站使用和维护人员应避免液氧冻伤。

三、压缩空气站的要求

医用压缩空气站一般由空气压缩机、储气罐、过滤器、冷干机、通气管道、阀门和控制报警系统等部分组成，医用压缩空气站示意图如图 18-20 所示。当采用有油空气压缩机时，为防止气罐发生爆炸，应使进入气罐的压缩空气含油量降至 $1mg/m^3$ 以下。为此，在空气压缩机和气罐之间应加装油水分离器。系统具体要求如下。

（1）为了避免压力波动，应设储气罐。储气罐容积不应小于空气压缩机每分钟最大流量的 10%～15%。

（2）为保持气体的清洁度，冷干机、过滤器以后的设备、管路内壁建议采用不生锈材料制作。

（3）空气压缩机数量应设两台以上，系统根据用气量设定开机顺序。

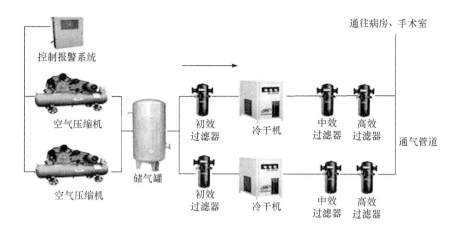

图 18-20　医用压缩空气站示意图

（4）压缩空气站输出端应设取样阀，以便检测气体质量。

（5）气站选址要尽量远离散发爆炸性、腐蚀性和存在有毒气体以及粉尘等有害物的场所，选地应尽量设于上述场所的下风侧。

（6）设在多层建筑内的压缩空气站宜布置在建筑物的底层。

（一）压缩空气站设计的特殊要求

（1）气站输出的压缩空气应符合下述质量指标。

① 所含固体颗粒物的大尺寸应不大于 0.01μm。

② 总含油量（液态、气态、油雾的总和）不大于 0.003ppm（检测时空气压力为大气压）。

③ 含水率不大于 60mg/m³（检测时空气压力为大气压）。

④ 无油雾及其他异味。

⑤ 压缩空气的供气压力应稳定。

（2）控制系统至少应具备下述功能。

① 可以实现监控每一台空气压缩机的运行，完成启停、稳压、保护等功能。

② 采集空气压缩机运行时的所有参数，避免紧急情况时系统失控发生危险，并采集报警信息。

③ 系统可以存储并记录所有运行状态及报警的实时及历史记录，并向系统发出控制指令以及设置各运行参数。

（3）排污排水系统的设计应尽可能考虑油污对环境的影响。

（二）压缩空气站设计要点

1. 空气压缩机的选择

空气压缩机的形式和型号应根据设计要求来确定，如使用压力、最大用气量、安装环境、经济性等。

　　医用压缩空气站最好采用无油空气压缩机。若受经济能力限制，也可采用有油的空气压缩机，但要配相应的除油装置。

　　选择空气压缩机时应考虑的因素如下。

　　（1）气体的质量指标。压缩控制的质量参数包括含油量、含水量、尘埃粒子数量等，在实际工作中对气体含油量要特别注意。ISO8573 规定的无油标准是 1ppm 以下，人们常常认为无油机排出来的气体是不含油的，所以无油机的后处理中是没有高效除油器的。实际上无油机排出来的气体不可能不含油，因为空气中本身就含有油分。有油机排出的气体经过高效过滤器除油后，气体含油量只有 0.001ppm，而无油空压机含油量是 0.03ppm，两者相差 30 倍。这个数据是美国一个研究压缩机的专家做实验比较出来的。有油螺杆压缩机排气含油量是 1～5ppm，无油螺杆压缩机排气含油量取决于进气的含油量，通常为 0.2～1ppm。

　　（2）风险程度。如果有油螺杆压缩机的油气分离器被击穿后，会对压缩空气质量造成严重影响。不过，油气分离器被击穿的事故是很少发生的，此外，有油机的后处理设备中都装有除油设备，即使击穿了还有这一道屏障，当然油分含量会增大一些。此外，还应考虑经过 2～3 级过滤后所造成的能量损失（约 1.5bar 的压损）等。

　　（3）经济承受能力。

　　（4）决策人的喜好。

　　选择空气压缩机时应注意：空气压缩机的排气量是指单位时间内空气压缩机排出的标准状态的空气的体积，即必须将压缩空气的体积换算为标准状态的空气体积。

　　2. 冷干机的选择

　　冷冻式干燥机简称为冷干机，工作时将通过冷干机且需要干燥的气体降温至露点温度，除去水分。露点温度是指在一定的湿度和气压条件下，水蒸气冷却到饱和状态时（即产生露珠）的温度。冷干机应根据气体的流量和要达到的露点温度来选择。

　　一般冷干机样本给出的压力露点最低为 3℃。国外对冷干机的压力露点定为 5～10℃（湿空气介质），而不是 2℃或 3℃，更不像有的厂家所说的 1.7℃。这是因为要使压缩空气温度降至 3℃，蒸发器的表面温度就必须低于 3℃，并且蒸发放出的冷量与压缩空气放出的热量必须达到一个动态的平衡点。而热量（冷量）在介质、流量一定的情况下只与温差成正比，要把压缩空气的温度降至 3℃，经过计算，蒸发器表面温度须低于 0℃（当然这里还有蒸发器的面积、传热效率、蒸发器的温度梯度等问题要考虑），而当蒸发器表面温度低于 0℃后将会出现冰堵。由此可见，国外对冷干机的压力露点定为 5～10℃（湿空气介质）是有道理的。

四、医用吸引站的要求

　　医用吸引站一般由污物收集罐、真空罐、真空泵、气水分离器、电磁阀、灭菌消毒装置、电控柜及管路系统等组成，其实物如图 18-21 所示，医用吸引站原理图如图 18-22 所示。医院吸引系统不仅吸入液体，还会吸入各种气体。有的气体，如氧气等接触润滑油后会发生化学反应，以至于引起事故，所以医用吸引站一般不选用内腔有润滑油的旋板泵和活塞泵，通常使用的是水环真空泵。

图 18-21　医用吸引站实物

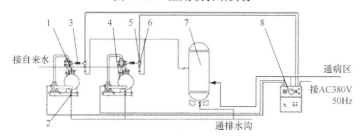

1-排污阀；2-加水阀；3-止回阀；4-射流真空泵；
5-真空电磁阀；6-球阀；7-真空罐；8-负压控制柜

图 18-22　医用吸引站原理图

1-排污阀；2-加水阀；3-止回阀；4-射流真空泵；5-真空电磁阀；6-球阀；7-真空罐；8-负压控制柜

（一）医用吸引站设计的特殊要求

（1）吸引站的吸气能力应大于所需的最大流量。

（2）真空泵应有自动、手动两种启动方式，还应有备用真空泵。当值班的真空泵发生故障时，备用泵应能自动启动，保证吸引系统正常工作。

（3）真空罐的设计和制造应符合《特种设备安全监察条例》（国务院令第 549 号）和《钢制压力容器》（GB 150—2011）的有关规定。

（4）吸引站吸入部分应有超、欠压报警装置。当负压高于 0.019MPa（140mmHg）或低于 0.073MPa（550mmHg）时，应发出声、光报警信号。

（5）系统应装有灭菌过滤器。排气口排出的空气中，细菌总数不得超过 500cfu/m^3。

（6）中心吸引站内噪声不超过 80dB（A），室外不超过 60dB（A）。

（7）供应吸引站的冷却水流量应大于水环真空泵所需的最大流量。

（8）系统小时增压率不超过 1.2%（负压达到 0.07MPa）。

（9）吸引管道可靠接地，接地电阻小于 10Ω。

（10）电控柜的绝缘电阻值不小于 2MΩ。

（二）气体汇流排间设计的特殊要求

（1）氧气、笑气汇流排间应与其他气站严密隔开，防止氧气、笑气飘逸进其他气站。

（2）汇流排间应通风良好。汇流排间的气体放散管应引至室外安全处，放散管口应高出地面至少 4.5m。

（3）氧气、笑气汇流排间室内的氧气、笑气浓度小于 23%。

（4）汇流排间及控制间的室温应为 10～38℃。

（5）每个汇流排间的气瓶总数不得超过 20 瓶。

（6）氧气、笑气汇流排间的电气设备（灯、开关、排风扇等）应采用防爆型的。

（7）汇流排间一般应配 220V 交流电源。

（8）两支汇流管应分别接地。

（9）室内、室外地面若有高差，应有斜坡过渡，以便气瓶的运输。

（10）室内通道的净宽度由气瓶运输方式确定，宜为 1.5m。

（11）汇流排间应设安全出口。

（12）汇流排间应有防止瓶倒的措施。

第四节　医用气体设备的维护

一、医用气体管网的日常维护

医用气体管网的可靠性一方面取决于材质、设计、安装质量，另一方面与在日常的维护和保养中输送气体的特性、设备使用环境、操作运行以及日常检查维护等诸多因素相关。医用气体管网需要做好日常检查、维护及保养工作，以保证其安全运行。

（一）医用气体管网检查和维护的重点

（1）各类气体管道接口处的锁紧螺母是否松动，焊接口是否存在泄漏迹象。

（2）气体管道是否固定在支承、吊架上，并和支承、吊架绝缘隔离，支承、吊架是否稳固。

（3）气体管道是否有接地。

（4）隐蔽处的部位是否完好。

（5）管道附件是否完好，管网的环境温度是否正常，有没有接触油脂。

（二）严格执行医用气体输送的操作规程

严格按照操作规程，确保管道各种状态参数在管道允许使用的参数范围内，是医用气体管网安全使用和运行的前提。

（1）调节最大工作压力和压力升降速度，避免压力过高致管道变形、开裂、爆裂、泄漏、爆炸以及仪表失效等。

（2）避免升降压速度控制不当，致管道应力增大、连接密封失效、加速原有裂纹扩大，管件受损。

（三）加强巡回检查及维护保养

医用气体系统的稳定工作、使用寿命的延长，很大程度上取决于巡回检查和维护保养工作的完善到位。医用气体系统管理部门需要按照医用气体管网分布情况，划分区域，制定操作规程和严格的巡回检查制度，相应监督管理部门平时需要督促执行。

巡回检查制度应明确巡检时间、巡检人员、巡检项目。维护人员按照既定要求定期巡回检查路线，完成每个项目的检查，依照要求做好工作记录。检查中发现异常情况，须及时按规程进行处理并报告主管上级。

1. 巡回检查项目及维护保养内容

（1）检查运行情况、工艺参数、系统稳定情况。

（2）检查阀门及管件、附件密封是否存在泄漏情况，发现漏气现象需要及时解决。

（3）检查防护层（装置）情况，如果沾染油脂，将氧气管道和附件用四氯化碳溶剂清洗干净。

（4）检查管道受力情况。若外界因素对管道产生作用，导致产生较大振动，应及时采取加强支承、隔断振源等防护措施；若发现管道有碰撞、摩擦等情况，应及时采取防护措施。

（5）检查管道支承、吊架的完好状况。在维修施工中，禁止将管道和支承作为起重工具的支撑点或者电焊的零线。

（6）检查管道与管道、管道与相邻构件之间发生的摩擦情况。

（7）检查阀门等操作部件开启状态。

（8）检查压力表、安全阀、爆破片等安全保护装置工作情况。检查压力表指示灵敏度、铅封完好情况、导压管畅通情况；安全阀损坏漏气情况，铅封完好情况，有无异物卡在阀芯和弹簧之间，调整螺丝松紧度情况，弹簧及其他零件完好情况；爆破片膜片损坏缺陷情况，导管畅通情况；压力表、安全阀校验周期是否超期等情况。

（9）检查管网接地装置是否完好。

2. 其他缺陷的检查

定期检查螺栓的齐全、紧固情况，做到丝扣完整、不锈蚀、不缺失；对于有保护层存在的管道，要注意保护层和支架处防锈。管道的弯曲处和底部是气体管网的薄弱环节，容易出现锈蚀，应定期进行薄弱部位防锈检查。

二、医用变压吸附制氧机的使用及维护

医用 PSA（变压吸附）制氧机分离空气主要由两个填满分子筛的吸附塔组成。在常温条件下，将压缩空气经过过滤器、冷干机、高效除油器等净化处理，再通过空气缓冲

器进入吸附塔，接着在吸附塔中，空气里的氮气等被分子筛所吸附，氧气则在气相中富集起来。氧气从出口流出来，在氧气缓冲罐中储存。另外一个吸附塔完成吸附的分子筛迅速降压，已吸附的成分被解吸出来。两个吸附塔交替循环，就能得到纯度高于90%的低成本的氧气。

医用PSA制氧机的工作流程图如图18-23所示。

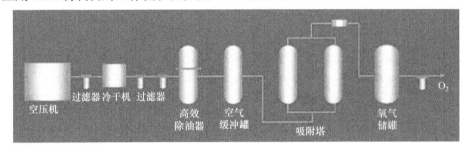

图18-23　医用PSA制氧机工作流程图

医用PSA制氧机的使用及维护要求如下。

（一）设备开机步骤

（1）开启空压机、冷干机电源开关，打开系统前后阀门。

（2）空压机启动之后，压缩空气通过冷干机、过滤器、高效除油器进行处理之后，进入制氧机空气缓冲罐中，各压力表指示逐渐上升。

（3）供气压力逐渐满足要求后，开启电控柜电源开关，进入供气状态。

（4）在氧气储罐压力满足要求后，开启气阀或放空阀放空，看到流量计浮子浮起，放空阀开启大小根据流量示值是否满足要求而定，以小于额定流量为准。在氧气纯度逐渐满足工艺要求之后，关闭放空阀门，开启通往后级用气设备的阀门，流量控制在要求范围内，氧气就可使用。关机步骤和上述开机步骤顺序相反。

在第一次制氧机开机时，吸附塔内的吸附气体要进行置换，进氧气储罐的阀门需关闭。等制氧吸附塔循环运行约10min，再开启氧气气阀，让氧气进入储罐。开启氧气储罐上的排污阀放空约20min，置换氧气储罐。关闭排污阀，在氧气压力逐渐上升，氧气储罐压力慢慢达到0.4MPa后，控制氧气减压阀，让出口压力调整在使用要求范围内。

因为氧气一开始进入氧气储罐时，储罐中存在空气，氧气储罐内的氧气纯度不够高，无法满足使用要求，需要先放空。操作步骤如下：先缓慢完全开启流量计下球阀，再缓慢开启放空阀，看到流量计中浮子浮起，放空阀开启大小根据流量示值是否满足要求而定，通常制氧机开机连续工作4h后，氧气的纯度才能达到稳定值（断电中断后再次开机工作，时间会延长）。

（二）操作注意事项

（1）根据用气压力和用气量，调节流量计前面的调压阀和流量计后面的产气阀，切勿随意增大流量，影响设备的正常工作。

（2）为了保证氧气最佳纯度，空气进气阀和氧气产气阀不应开到最大。

（3）对于调试人员已经调节好的阀门，不要随意调整，避免影响氧气纯度。

（4）不要随意动电控柜内的电器件，不要随意拆卸气动管道阀门。

制氧主机基本上不用周期性维护，用户可向厂家申请定期检查制氧机是否运行正常。

三、压缩空气系统的维护和保养

空压机的维护与保养包括总体维护保养、日常维护保养以及定期维护保养。总体维护保养侧重在固定的操作程序以及固定的操作时间；日常维护保养侧重在经常性的检查与护理，发现问题及时解决；定期维护保养侧重在一个时间段内的检查与护理，发现问题及时解决。

（一）总体维护保养

空压机在更换部件时，需要在关闭机组后释放掉内部压力，再拆卸端盖、螺母等部件；在机组第一次工作 500h 以后，需更换磨合期油并清洗回油阀，更换油滤；在开机50h 和每工作 6 个月，需要检查控制线路和电机的接线牢固程度。

（二）日常维护保养

日常维护保养主要对以下情况进行经常性的检查：压缩机的润滑油油位；机组是否有异响和气体泄漏；控制器是否有故障报警；为保持机组的散热效果，需要检查机组表面清洁情况，清理冷却器表面，重点是四个角和风扇叶片。

（三）定期维护保养

定期维护保养的内容包括月维护、季维护、半年维护以及大修维护。

月维护主要包括以下内容：排气温度开关是否有故障；润滑油是否变质；清理电控箱中灰尘；机组软管是否有破损、老化；每两个月在电机前后轴承上加注润滑脂。季维护包括对空气过滤器芯、油过滤器芯、空压机油进行清洗和过滤。

半年维护主要包括以下内容：对油气分离器芯进行清洗更换；对空气冷却器以及油冷却器进行清洗。大修维护主要是对空压机进行全面的检查维护，通常在机组使用较长时间或出现故障时进行，主要维护内容包括：对转子、定子腔和滑片进行清洗；对部分损坏阀体、密封圈、油气分离器芯、油过滤器芯和空气过滤器芯进行更换；对润滑油循环系统进行清洗。

（四）空压机的维修措施

1. 空压机发生的故障及原因

空压机发生的故障主要是下面几种：不能启动、压力不正常、排气量不足、温度异常、燃烧以及爆炸等。

故障原因如下：零件磨损导致空压机配合间隙变化，造成压力不正常、排气量不足。另外，空气消声滤清器和其气阀严密性差、润滑油质量不达标、缺油以及排气温度超高也会导致排气量不足；监测装置故障导致不能启动；冷却系统故障导致温度异常；机组系统积碳、温度异常可能会引起的机组燃烧或爆炸。

2. 空气压缩机排气量不足的维修方法

（1）缺油导致的故障。首先查看并清洗空气消声器，如果油位低于 1/3 油标位，先添加同牌号机油，再试探启动电源开关。若有敲击声，检查拆开后的活塞、曲轴、连杆和气缸，如果曲轴上有裂纹，根据裂纹的大小，就能够判定缺油时间。缺油导致运动部件的干摩擦，加大工作负荷，引起部件不同程度损伤。维修的主要措施是对损伤的运动部件进行清洗、研磨或者更换。如果重新安装后，试机时敲缸声消失，说明排气量恢复正常。

（2）空气消声滤清器和气阀严密性差的故障。频繁清洗空气消声滤清器、阀片、气阀板。每 200h 对滤清器进行清洗，每 500～800h 对气阀进行清洗。

（3）润滑油质量不达标导致的故障。更换高质量润滑油，每 500～800h 对机油进行更换，并对前一次用的机油进行过滤。

（4）排气温度超高导致的故障。机组环境温度通常应低于 40℃。若气阀有漏气，应研磨阀板或更换阀片。

（5）冷却系统故障导致的故障。空气带入灰尘导致冷却系统结垢，可以在冷却水出水管线上装水表外壳，防止空气进入冷却系统。表镜上如果有气泡，说明空气进入，需要进行修理。修复冷却系统结垢问题，保证冷却水水质并采用铜制波纹管冷却器芯。定期清垢可使用机械方法和化学方法。

参 考 文 献

蔡葵, 2013. 中国医疗设备维修技术指南[M]. 北京: 光明日报出版社.

陈双佳, 2013. AK96 血液透析机原理与故障检修[J]. 中国医疗设备, 28(7): 141-143.

陈香美, 2010. 血液净化标准操作规程（2010 版）[M]. 北京: 人民军医出版社.

陈跃龙, 黄忠宇, 夏红林, 等, 2001. 医用液态氧中心供氧系统的使用及维护[J]. 医疗装备, 14(6): 62-63.

邸刚, 朱根娣, 2011. 医用检验仪器应用与维护[M]. 北京: 人民卫生出版社.

杜树春, 2016. 常用电子元器件使用指南[M]. 北京: 清华大学出版社.

顾本广, 2003. 医用加速器[M]. 北京: 科学出版社.

国家质量监督检验检疫总局, 2010. 医用注射泵和输液泵校准规范（JFF1259-2010）[S]. 北京: 中国计量出版社.

李昌厚, 2005. 紫外可见分光光度计[M]. 北京: 化学工业出版社.

李晓强, 2009. 超导磁共振低温制冷系统的原理及维护[J]. 中国医学装备, 6(4): 49-50.

李秀忠, 2002. 常用医疗器械原理与维修[M]. 北京: 机械工业出版社.

连尔茵, 2015. 医用注射泵校准中的注意事项[J]. 计量与测试技术, 42(8): 62, 65.

刘学军, 2010. 血液透析实用技术手册[M]. 2 版. 北京: 中国协和医科大学出版社.

刘艳丽, 2012. 可调谐二极管激光吸收光谱检测 HF 气体的技术研究与装置实现[D]. 天津: 天津大学.

倪萍, 蔡华, 2003. 超导磁共振低温制冷系统的原理及维护[J]. 医疗设备信息, 18(7): 71-76.

欧阳宇, 2012. 磁共振制冷系统的维护[J]. 成都大学学报（自然科学版）, 31(4): 385-386, 410.

任艳鸿, 苏重清, 刘亚芹, 2005. 谈医疗仪器设备中冷却系统的检修与保养[J]. 医疗卫生装备, 26(10): 78-79.

石明国, 2011. 医学影像技术学: 影像设备质量控制管理卷[M]. 北京: 人民卫生出版社.

王保国, 周新建, 2005. 实用呼吸机治疗学[M]. 2 版. 北京: 人民卫生出版社.

王国明, 2011. 常用电子元器件检测与应用[M]. 北京: 机械工业出版社.

王辉林, 黄昌永, 马彪, 等, 2012. 超导核磁共振水冷系统的工作原理及维护保养[J]. 中国医疗设备, 27(1): 50, 97-98.

王晋宏, 2003. 西门子 1.5T 磁共振制冷系统的原理及维护[J]. 医疗设备信息, 18(8): 37, 39.

王利艳, 马玉霞, 2015. GE HDx1.5T 磁共振系统线圈故障维修 3 例[J]. 医疗卫生装备, 36(3): 155, 157.

王研, 2015. GE 1.5T HDxt 医用磁共振机的维护和保养[J]. 机械管理开发, 150(8): 121-123.

王艳华, 2009. 对冲型振荡管性能研究[D]. 大连: 大连理工大学.

王艳梅, 2014. 基于 Selenium 的 Web 应用测试框架的开发[D]. 上海: 上海交通大学.

王质刚, 2010. 血液净化学[M]. 3 版. 北京: 北京科学技术出版社.

吴成斌, 2013. 空调用制冷设备季节性能评价方法研究[D]. 北京: 清华大学.

徐沙林, 2011. 基于 Modbus 协议的医用气体压力集散监测系统开发[D]. 南京: 南京理工大学.

薛晓琦, 田金, 许锋, 2012. GE Discovery MR 750 3.0 T 型磁共振扫描仪故障分析与处理[J]. 中国医疗设备, 27(7): 128-131.

杨波, 2012. 间接式移动蓄热系统蓄热器的加肋强化换热研究[D]. 天津: 天津大学.

杨成才, 2011. 延长磁共振线圈使用寿命的方法和技巧[J]. 中国医疗设备, 26(11): 3.

杨绍洲, 2004. 医用电子直线加速器[M]. 北京: 人民军医出版社.

杨正汉, 冯逢, 郑卓肇, 等, 2023. 磁共振成像技术指南[M]. 2 版. 北京: 中国协和医科大学出版社.

应滋栋, 张飞鸿, 赵丽萍, 2014. 不同类型血液透析机的超滤系统原理及其应用[J]. 中国医学装备, 11(3): 54-57.

余刚, 2011. 窄间隙 TIG 焊枪设计研究[D]. 上海: 上海交通大学.

余建明, 2015. 实用医学影像技术[M]. 北京: 人民卫生出版社.

曾照芳, 贺志安, 2012. 临床检验仪器学[M]. 2 版. 北京: 人民卫生出版社.

张学龙, 2011. 医疗器械概论[M]. 北京: 人民卫生出版社.

张玉海, 2005. 新型医用检验仪器原理与维修[M]. 北京: 电子工业出版社.

赵广林, 2011. 常用电子元器件识别/检测/选用一读通[M]. 2 版. 北京: 电子工业出版社.

志刚, 2005. GE Signa 1. 5T 核磁共振 TORSO 线圈断线故障的修复探索[J]. 医疗设备信息, 20(3): 2.

周丹, 2016. 临床工程师认证考试参考教程[M]. 2 版. 北京: 光明日报出版社.

周宏峰, 2008. 大型公共建筑空调系统节能运行若干问题分析[D]. 哈尔滨: 哈尔滨工业大学.

朱根娣, 2005. 现代检验医学仪器分析技术及应用[M]. 上海: 上海科学技术文献出版社.